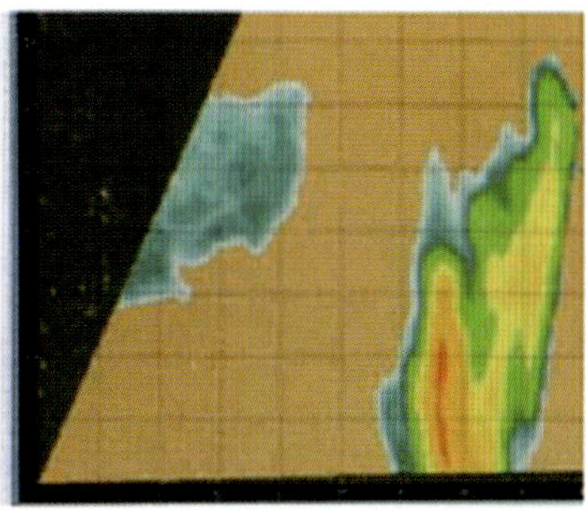

（ａ） RHI 表示

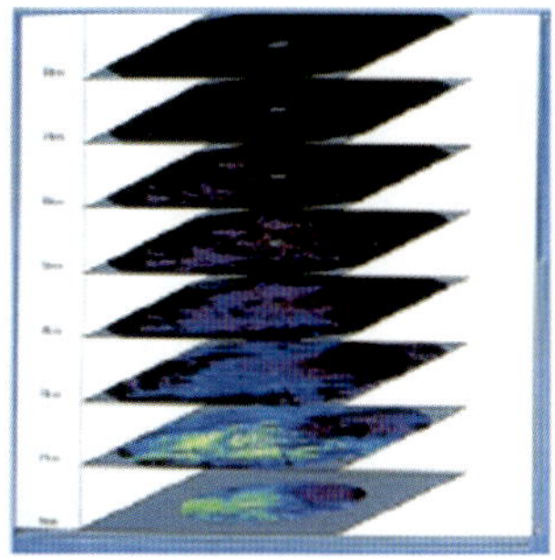

（ｂ） CAPPI 表示

口絵１　気象レーダの表示例（p.24）

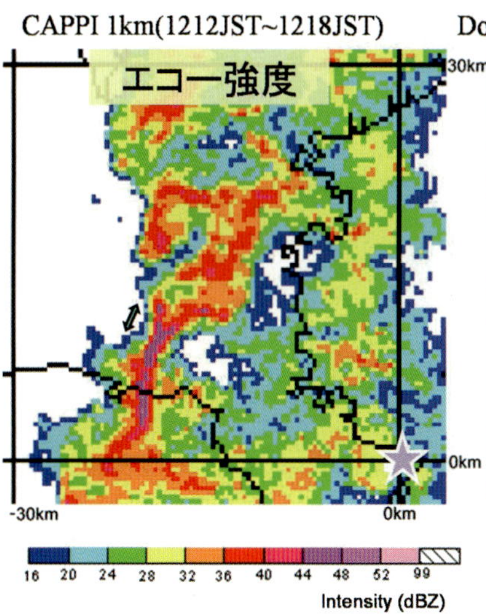

（ａ） フックエコー

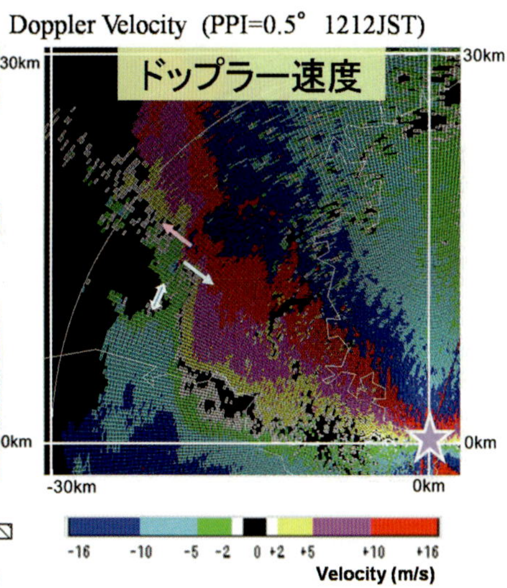

（ｂ） ドップラー速度パターン

口絵２　フックエコーとドップラー速度パターン[1)]（p.153）

（ａ） ガストフロントで形成されたアーククラウド

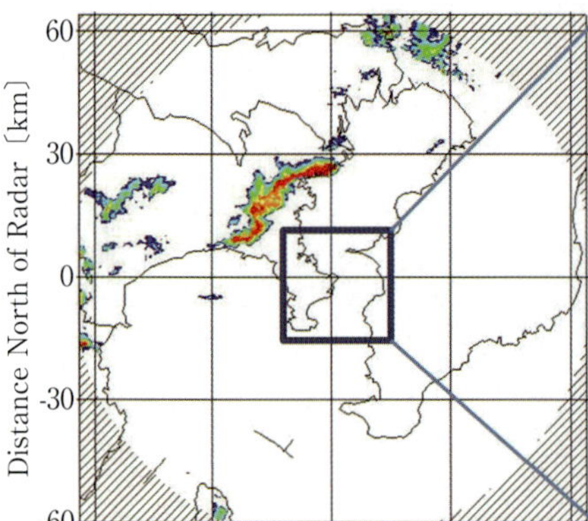

（ｂ） レーダ反射強度

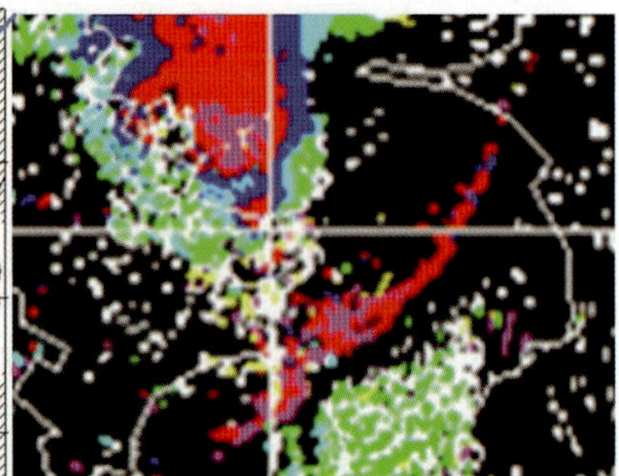

（ｃ） ドップラー速度パターン

口絵３　ガストフロントで形成されたアーククラウド，レーダ反射強度，ドップラー速度パターン（拡大図）[2]（p.172）

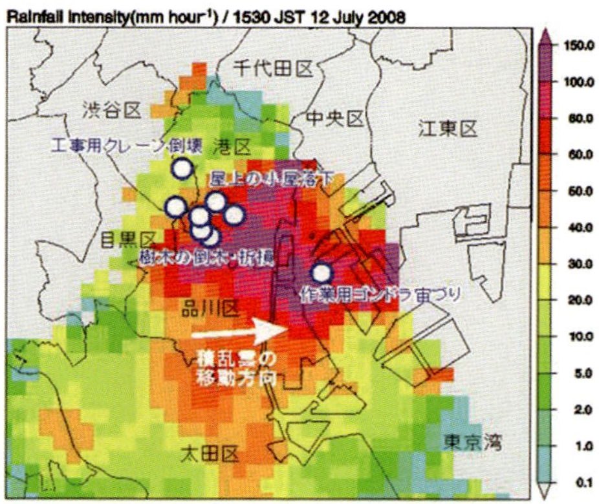

（a） 高度 1 km における反射強度

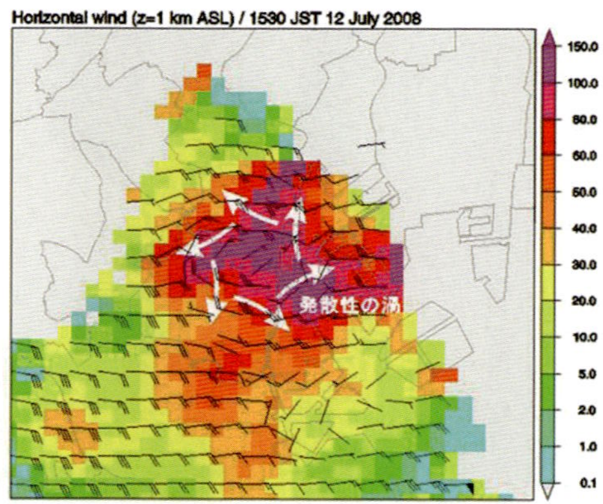

（b） 水平風

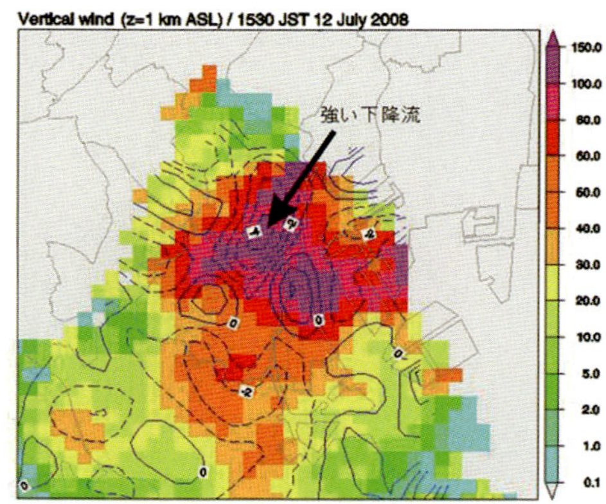

（c） 鉛直流

口絵 4　X-NET で観測されたダウンバースト（提供：前坂 剛氏）(p.176)

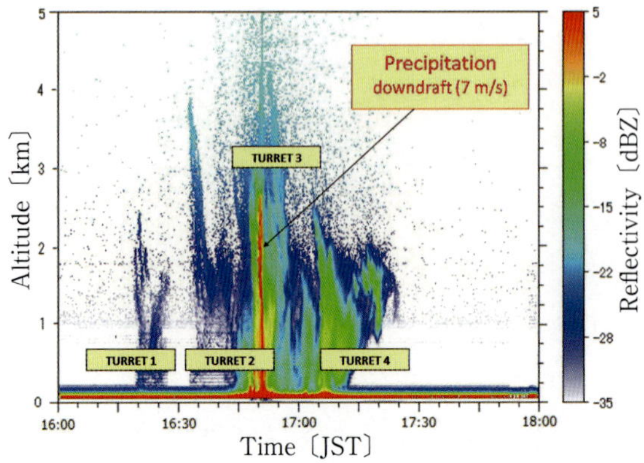

口絵５　雲レーダで観測された積乱雲タレット[3]（p.177）

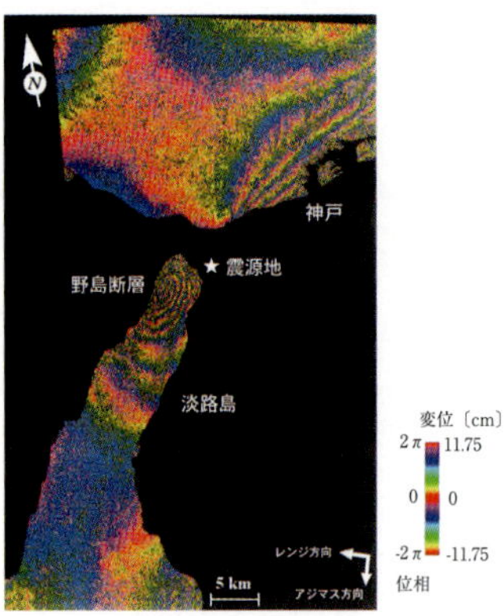

口絵６　兵庫県南部地震による地殻変動を示す
JERS-1 DInSAR 位相画像
（データ提供：大倉 博氏）
（p.227）

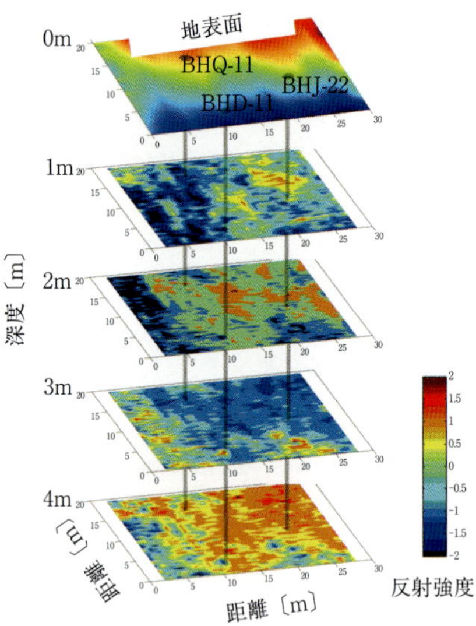

口絵７　水平面表示した GPR 画像の三次元配列（p.242）

レーダの基礎

― 探査レーダから合成開口レーダまで ―

大内　和夫　編著

平木　直哉
木寺　正平
松田　庄司
小菅　義夫　共著
小林　文明
松波　　勲
佐藤　源之

コロナ社

はじめに

近年のレーダのハードウェアとソフトウェアの発展にはめざましいものがあり，従来の探査・追尾レーダから最新の各種レーダに関する多くの研究成果が発表され，新技術が開発・運用されてきている。同時に，レーダ技術に関する優れた専門書も出版されてきた。一方，解説書の多くは比較的専門性の高い内容で，理解するには高度な知識が必要とされている。このような背景のもと，基礎知識を含めたレーダの最新技術を入門者にも理解できるような解説書が必要と考えて監修・執筆したのが本書である。限られたスペースでの詳細な数式の導出と説明は困難であることから，数学的記述には必要最小限の数式を使用した。本書でカバーできない，より高度で詳細なレーダ技術の解説と送受信機や関連装置などのハードウェアに関しては本文中に引用した参考文献と専門書を参照することをお勧めする。

本書の1章から4章まではレーダの基礎を中心に解説し，5章から9章で最新のレーダ技術について述べる。1章の序論では，レーダの歴史と電磁波およびレーダの種類などを解説し，2章ではレーダの基礎となるレーダ方程式とマイクロ波の散乱特性，および近年注目を浴びているステルス技術を紹介する。実際のレーダ受信信号にはクラッタと呼ばれるターゲット以外からのノイズが含まれており，ターゲット検出にはランダムに分布しているクラッタの統計的分布を理解する必要がある。3章では，このようなクラッタとターゲット検出に利用される一定誤警報率について解説し，4章で送受信信号のアナログ処理とディジタル処理によるレーダ信号処理を説明する。5章から9章は，それぞれ，最新の探査・追尾レーダと気象レーダ，発展のめざましい車載レーダ，画像レーダで多岐の分野で活躍している合成開口レーダ，および土木建築と地質調査，さらには地雷探査や埋没遺跡探査等に利用されている地中レーダの原理と応用について解説する。

本書の各章はレーダにおけるそれぞれの分野の第一人者によるものであるが，独立した章の集まりとするのではなく，統一した内容とすることを心がけた。しかし，本書では電磁波，レーダの基礎から異なる種類のレーダまでを取り扱っており，数式のパラメータには各分野で従来から使われて定着している英文呼称がある。このような多岐の分野においてパラメータを限られた数のアルファベットで統一することは困難であることから，章によって同じ英文字とギリシャ文字が異なる内容を記述する場合もある。そのため適時に必要な定義を加えてある。本書がレーダの入門者を始めとする研究者の参考になれば幸いである。

本書の完成までには多くの方々の協力があった。特にコロナ社には構想から出版までの長期間にわたり多大なご尽力をいただいた。レーダ画像や資料を提供していただいた方々には，それぞれ該当する箇所で提供の旨を表示してるが，ここにあらためて感謝の意を表する次第である。

2017 年 1 月

大内　和夫

目　　　次

1. 序論：レーダの概要

2. レーダ方程式とマイクロ波の散乱

3. レーダクラッタ

4.　レーダ信号処理

5.　搜索・追尾レーダ

6.　気象レーダ

7. 車 載 レ ー ダ

8.　合成開口レーダ

9.　地　中　レ　ー　ダ

執筆分担

1～3 章，8 章　大内和夫

1 章　平木直哉

4 章　木寺正平

5.1 節　松田庄司

5.2 節　小菅義夫

6 章　小林文明

7 章　松波　勲

9 章　佐藤源之

1 序論：レーダの概要

レーダ (radar) は，“RAdio Detection And Ranging” の文字からなる略語†で，アンテナから電波を放射して遠方のターゲット（一般的な意味での目標物または観測対象）を探知し距離・方位を計測，あるいはレーダ画像を生成する装置である。可視光と比べて非常に長い波長の電磁波を使うので，雲や霧，さらにはある程度の雨や雪を透過してはるかに遠方の目標物を探査することが可能で，太陽光を必要としないので夜間でも利用できるという特長を持っている。本章ではまず，ガンマ線から電波までの電磁波と一般的なレーダに利用されるマイクロ波の周波数帯と特徴を説明し，レーダの原理を解説する。つぎに，ヘルツによる電波実験から現在に至るまでのレーダの小史を要約した後に，本書で取り扱う捜索レーダと気象レーダ，車載レーダ，合成開口レーダおよび地中レーダを簡単に紹介する。

1.1 電磁波スペクトル

われわれが利用している電磁波には，図 1.1 にあるように，最も波長の短い高周波の γ 線からレントゲン撮影に使用される X 線，非常に長い波長を持った低周波の電波が含まれる[1),2)]。ここで，電磁波の波長 λ と周波数 f には $c = \lambda f$ の関係があり，$c = 3 \times 10^8$〔m/s〕は電磁波の自由空間での速度である。周波数の単位は〔1/s〕で，波動が 1 秒間に振動する回数を意味し，一般的にはヘルツ〔Hz〕で表示される。電磁波は粒子と波動の性質を持ち，高周波の γ 線や X 線は粒子として取り扱われ，比較的低い周波数の光や電波は波動で表現される。電磁波のエネルギーは周波数に比例するので，γ 線などの放射線 1 個の粒子

† 1940 年に米国海軍によって使用された名称で，英国では以前から RDF（Radio Detection Finding）という名称が使われていた。

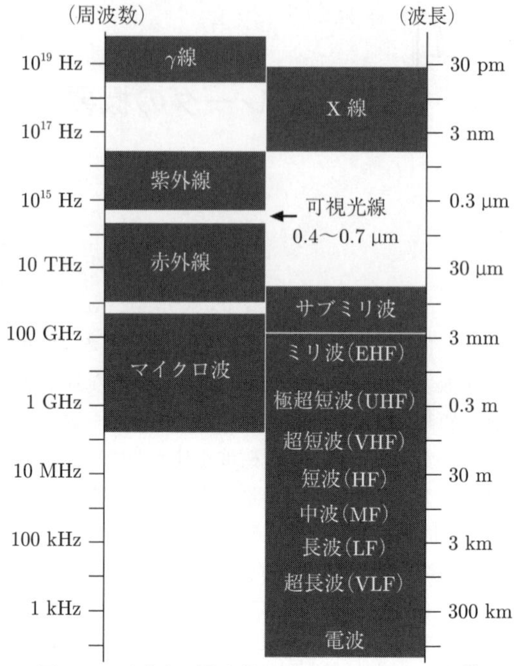

図 1.1　電磁波の周波数と波長およびバンド名[†1]

は生体の細胞を破壊するほどの膨大なエネルギーを持つが，低周波の電波が持つエネルギーは少なく生体への影響も少ない。3 THz [†2]（波長 0.1 mm）以下の周波数の電磁波は総称して電波と呼ばれ，一般的なレーダは 300 GHz（波長約 1 mm）から 0.3 GHz（波長 1 m）の周波数帯のマイクロ波を利用する。マイクロ波の低周波数帯とより低周波の電波を使ったレーダには，周波数約 50 MHz〜1 GHz（波長 6.0〜0.3 m）の UHF から VHF 帯を利用した地中レーダ（ground penetrating radar，GPR）（9 章参照）と，HF 帯を使った地平線越えレーダ（over-the-horizon radar，OTHR）がある。地中レーダでは物質を透過する信号が必要なので，土壌への透過率の比較的大きい長波の電磁波を利用している（2 章参照）。また，一般的なレーダでは，地球の曲面のため最長の視野が地平線によって制限されており，より遠くのターゲットを地上から検出することが

---

†1　電磁波の周波数帯の分類には学問・応用分野によって多少の違いがある。
†2　$1\,\mathrm{THz} = 10^{12}\,\mathrm{Hz}$, $1\,\mathrm{GHz} = 10^{9}\,\mathrm{Hz}$, $1\,\mathrm{MHz} = 10^{6}\,\mathrm{Hz}$

困難である。OTHR では，HF 帯の電波が電離層によって反射される特性を利用して，地平線を超えた最も遠方で数千 km 先の航空機や船舶からの反射波を受信することでターゲット検出を行う。詳細は本書の範囲外であるが，OTHR には非常に大きなアレイアンテナを使い，ターゲットの移動による受信信号のドップラー周波数変化を利用している（ドップラーレーダに関しては6章参照)。

レーダに使われるマイクロ波は，図 1.2 にあるように，波長（周波数）ごとに細分化されている。IEEE Standard の例図 (a) では，波長の短いミリ波の中で 40～110 GHz 帯の周波数帯は，W と V バンドに分割され車載レーダや電波天文学の分野で使われており，周波数 40～12 GHz 帯のマイクロ波は波長の短い順から Ka，K，Ku バンドと呼ばれ，降雨レーダや衛星通信に広く利用されている。X バンドもよく使われているバンドの一つで，一般的な探査レーダを始め，合成開口レーダ（synthetic aperture radar，SAR)，ドップラー気象レーダ，通信などに利用されている。S と L および P バンドはおもに通信とテレビジョン放送などに利用されているが，一部の合成開口レーダにも使われている。また，前述したように P バンドから 1 GHz の周波数帯は地中レーダに利用さ

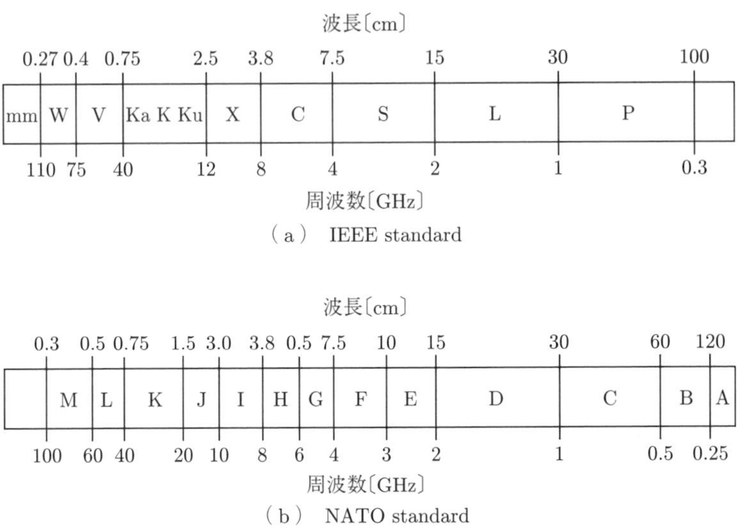

図 1.2 マイクロ波の波長と周波数帯およびバンド名

れている。NATO standard ではより民間での利用目的として図 1.2（b）のように分類されている。

1.2　レーダの原理と定義

1.2.1　パルスレーダ[3)~6)]

レーダにはさまざまな種類があるが，最も一般的なレーダは，短いパルスを連続的に送信し同じアンテナで受信するパルスレーダである。図 1.3 にその原理を示す。まず，送信回路のマグネトロン[†1]や半導体回路を使って発生したマイクロ波を増幅し，指向性の鋭いアンテナを通して目標方向に向かって放射する。パルス放射後は送受信切替器がある一定時間だけ受信モードに切り替わる。図 1.3 で，照射内にあるターゲット A は入射波をあらゆる方向に再放射し，アンテナ方向に反射されたエコー[†2]電磁波がアンテナで受信される。受信後に送受信切替器が送信モードになりつぎのパルスを放射する。受信波のパワーは送信波と比べて非常に小さいため，送信時に大出力の信号が受信機に流入し受信回路を壊さないように，送受切替器には送受信経路を電気的に分離するデュプレクサ（duplexer）と呼ばれる分波器が使われる。

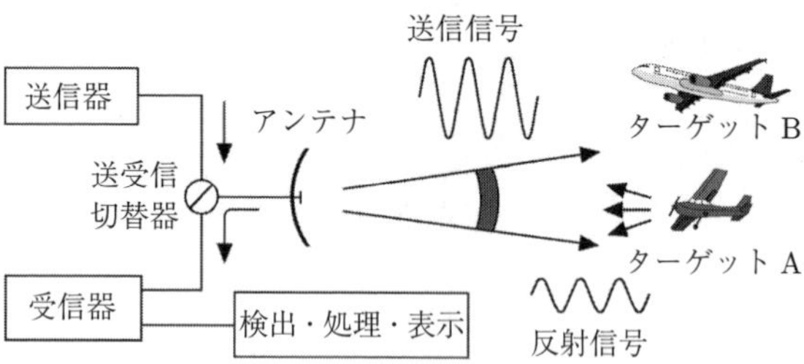

図 1.3　パルスレーダの原理

レーダはアンテナを回転しビーム方向を変化させながら，送信と受信のプロセスを繰り返す。ターゲットのアンテナとの距離は送信時刻と受信時刻から算

†1　マイクロ波を発生する一種の真空管で電子レンジにも利用されている。
†2　受信信号はこだまのように帰ってくることから echo（エコー）とも呼ばれる。

出され，方位は回転アンテナの放射方向から推定される。図 1.3 の例では，アンテナの放射方向が変化するにつれ最初に照射されたターゲット A が照射圏外になり，ターゲット B が照射圏内に入ると B の距離と方位が同様に算出される。

より定量的には，電磁波の空気中での速度を $c\,(= 3 \times 10^8\ \mathrm{m/s})$，パルス放射時刻とターゲットからの受信時刻との差，つまりパルス往復時間を τ_R とすると，ターゲットの距離は

$$R = \frac{c\tau_R}{2} \tag{1.1}$$

となる。距離 R は一般的にレンジ（range）あるいはレンジ距離と呼ばれる。

1.2.2　最大探知レンジ[3)～6)]

図 1.4 にあるように，もしターゲット A がパルス 1 と 2 の時間帯の距離にあるとすると，ターゲット A の距離は式 (1.1) から測定できる。しかし，もしターゲット B がパルス 1 と 2 の時間帯に相当する距離に位置せず，より遠方の位置にあるとすると，ターゲット B の位置はパルス 2 の送信後に検知される。ターゲットの距離は送信時刻と受信時刻から算出されるので，ターゲット B の距離は間違った値となってしまう。この現象は，二次エコー（二次以降は多次の）周

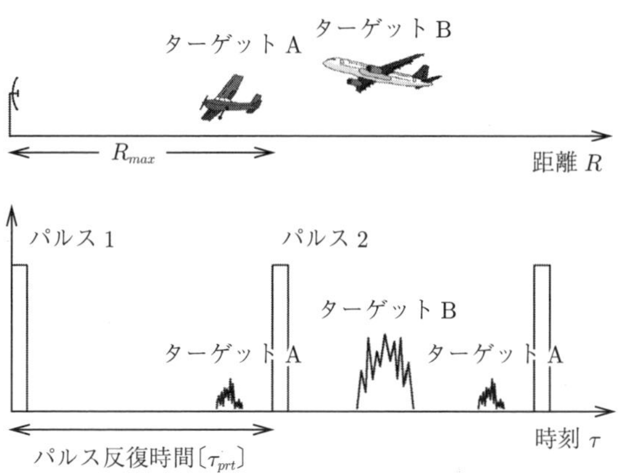

図 1.4　パルス反復時間 τ_{prt} と最大探知距離 R_{max}，および B の二次エコー

期外エコー（second-time-around echo）あるいは単に二次エコーと呼ばれ，いくつかの補正法が提案されている（2.2 節参照）。このような二次エコーが発生しない距離，つまり，あいまいさのない最大探知レンジ（maximum unambiguous range）は，パルス反復周期 f_{prf}，あるいはパルス反復時間 $\tau_{prt} = 1/f_{prf}$ によって決まる†。2 章でも述べるが，この距離は式 (1.1) から

$$R_{max} = \frac{c\tau_{prt}}{2} \tag{1.2}$$

と定義される。

1.2.3 分　　解　　能[3)～6)]

パルスレーダでは三角関数で記述される電磁波信号を短い矩形の持続時間内に振幅変調したパルスを使用している。微小な点状のターゲットがあるとすると，受信信号の振幅は減少するが形状は原則同じパルス幅となる。もし，二つのターゲットが十分離れていると，図 1.5 にあるように，二つの受信信号は識別できる。しかし，ターゲット間の距離が短いと，二つの受信信号が重複してしまい識別ができなくなってしまう。識別がちょうど可能な条件は，二つの受信信号の時間差がパルス幅 τ_0 以上であればよいことになる。この時間が分解能時間で，パルス往復時間を考慮すると空間分解能幅は

$$\delta R = \frac{c\tau_0}{2} \tag{1.3}$$

と定義される。つまり，分解能向上にはパルス幅を短くすればよい。

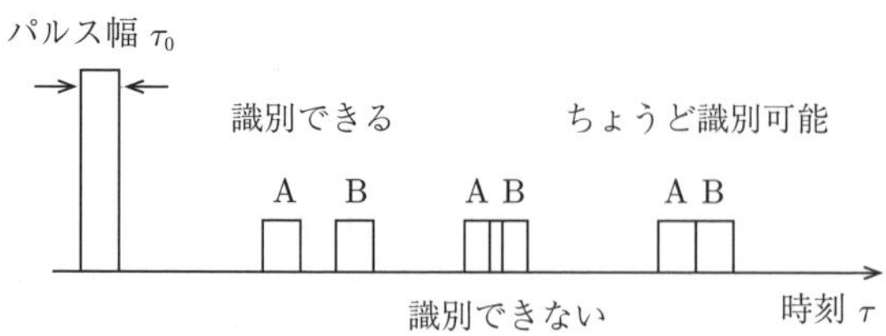

図 1.5　レンジ分解能とパルス幅

† 一方，パルス反復時間は，受信信号のパワー対システムノイズ比を考慮して設定される。

方位の分解能幅はビーム幅に相当し

$$\delta D \simeq 2R\tan\left(\frac{\theta_D}{2}\right) \tag{1.4}$$

と定義される。ここで，θ_D は水平方向のビーム幅（角度）である。ビーム幅はレンジ距離が増加するに従い増加するので分解能も劣化する。例えば，パルス幅 0.15 μs，水平ビーム幅 0.25° の一般的な港湾監視レーダでは，空間分解能幅は $\delta R \simeq 23\,\mathrm{m}$，$R = 1\,\mathrm{km}$ での方位分解能幅は $\delta D \simeq 4\,\mathrm{m}$ で，レンジ 10 km では約 44 m となる。また，垂直方向の分解能幅も式 (1.4) と同様に定義でき，垂直方向のビーム幅 15° では，レンジ距離 1 km と 10 km での分解能幅はそれぞれ約 26 m と 263 m となる。

1.2.4 チャープ信号とパルス圧縮技術

レーダの探知距離を向上するためには，送信電力を大きくする必要がある。受信信号パワーはターゲットとの距離の 4 乗に逆比例するので（式 (2.24) 参照），例えば探知距離を 2 倍にするためには送信信号のピーク電力を 16 倍にする必要があり容易ではない。パルス幅を長くすることで平均電力を増加するという意味で探知距離を長くすることができるが，前述の式 (1.3) から空間分解能の劣化となる。この探知距離と分解能の相反する問題を解決する手法にパルス圧縮技術がある[2)]。

パルス圧縮処理では，図 1.6（a）に示す直線状の周波数変調を加えた比較的長いパルス図（b）（および図 4.2）のようなパルスが使用される。このような周波数変調されたパルスは FM（frequency modulation）あるいはチャープ（chirp）パルスと呼ばれる。チャープパルスは周波数変調変換されて図（c）の RF（radio frequency）送信波となりアンテナから放射される。微小散乱体から反射され受信された信号図（d）は受信機で周波数変調変換され中間周波数信号図（e）となる。この信号を送信信号と同じ参照信号を使って図（f）のような周波数対遅延特性を持つ回路で処理（相関処理）すると，長いパルス内に分散されていた周波数成分が 1 点に集約され図（g）のような急峻（きゅうしゅん）なパルス

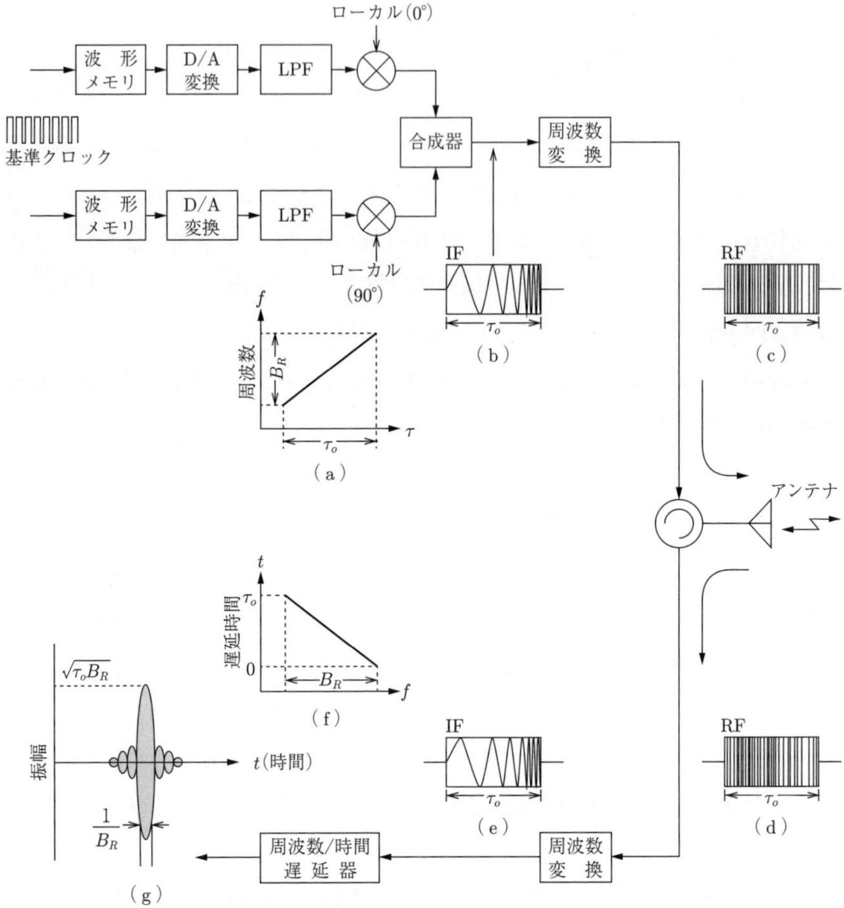

図 1.6　パルス圧縮処理のフローチャート

に変換される。圧縮後のパルス包絡線波形（振幅）$E_R(\tau)$ は

$$E_R(\tau) = \sqrt{\tau_0 B_R}\,\frac{\sin(\pi B_R \tau)}{\pi B_R \tau} \tag{1.5}$$

となる。ここで，B_R は，チャープバンド幅（周波数変調幅）と呼ばれる定数で，τ_0 は送信パルス幅である。したがって，圧縮後のパルス幅は $1/B_R$ となる。チャープ信号の詳細は 4.1.3 項で，圧縮処理は 8.1 節で解説するが，B_R は τ_0 に比例するので，パルス圧縮処理では前節の矩形パルスとは逆に，長いパルス

ほど高分解能になる。

パルス圧縮処理に使われる周波数対遅延特性の回路には，従来 SAW デバイス[†]が多用されてきたが，近年では FPGA（field programmable gate array）等の性能向上により図 1.7 に示すようなトランスバーサル（transversal）形の非再帰型ディジタルフィルタも使用されている。図 1.8 はパルス圧縮処理の実現例で，チャープパルスの幅が急峻な幅の短いパルスとなっており圧縮パルスパワーのピーク値も大幅に上昇しているのがわかる。

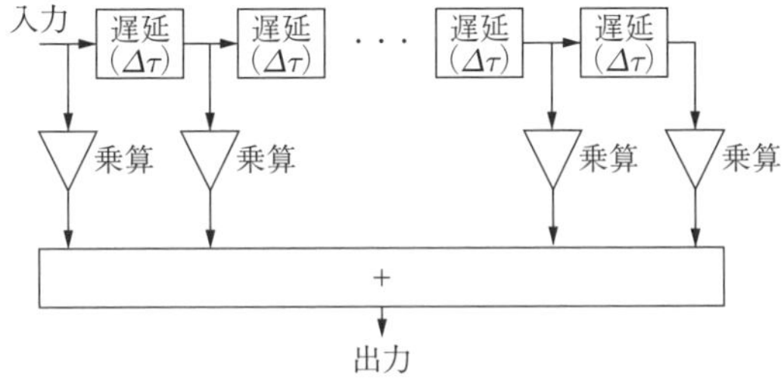

図 1.7　トランスバーサルフィルタによる周波数対遅延回路

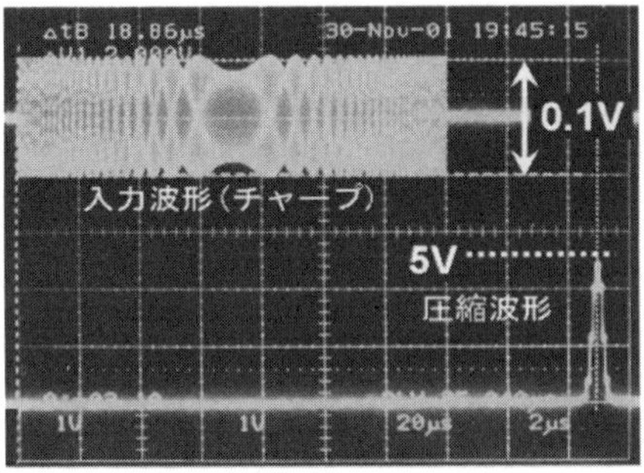

図 1.8　パルス圧縮処理の実現例

パルス圧縮技術は一般的な捜索レーダを始めさまざまなレーダの分解能向上に利用されているが，特に衛星搭載合成開口レーダなどでは電源を太陽電池に頼っており，高出力の短いパルスを連続して放射することが困難であるため，必要不可欠となっている。

---

† Surface Acoustic Wave フィルタで，圧電体の薄膜等に形成された規則的な櫛形電極を使って特定の周波数帯の電気信号を取り出すフィルタ。

1.3　レーダ小史

1.3.1　黎明期（19 世紀後半〜1920 年代）[7)〜9)]

19 世紀後半以降の古典電磁気学の確立と実験による証明，電波の性質の解明により，1920 年代には，現在に続くレーダの基本であるパルスレーダ，CW（continuous wave，連続波）レーダの原理は完成していた。しかし，当時はまだ周辺技術が伴わず，また，その有効性が社会に理解されなかったこともあり，実用化には至らなかった。以下にレーダの発展過程を年代を追って要約する。

1888 年：ドイツの物理学者ヘルツ（H.R. Hertz）が初めて電磁波の放射と検出に成功し，電波が波動と同じ特性を持っていることを示す。この実験は，英国の物理学者マクスウェル（J.C. Maxwell）が 1864 年に完成した電磁波理論の実証実験として，その後のレーダの発展の基礎となるものである。

1901 年：イタリアの物理学者で無線のパイオニアと呼ばれるマルコーニ（G. Marconi）がボース（J.C. Bose）のダイオード検出器を使った大西洋横断無線実験に成功する。

1904 年：ドイツの物理学者で発明家のハルスマイヤー（C. Hülsmeyer）が，闇夜や霧中でも動作する船の衝突防止装置を開発し，ライン川での実証実験に成功。これは初のレーダ特許として認められている。しかし，船舶の探知はできるが距離は計測できず，実用化には至らなかった。その後，20 年間にわたり同様の装置が開発されているが，現在の形での実用的なレーダが開発されたのは 1930 年代になってからであった。

1905 年：ブラウン管の発明（1897 年）で知られるドイツの物理学者ブラウン（K.F. Braun）が，複数のアンテナ素子（そし）の位相を制御することでビーム形成を行い照射方向を電気的に制御するフェーズドアレイアンテナ（phased-array antenna）を開発する。このシステムはのちのレーダの発展に大きく貢献するとともに通信分野での MIMO (multiple-input and multiple-output) 技術へと発展する。

1922 年：米国海軍研究所（Naval Research Laboratory，NRL）が無線通信の実験中，近くを通過する船によって電波が乱されることから障害物探知の可能性を報告した。これは，CW レーダの原理であるが，この時点では，ターゲット検出のためのレーダ開発には至らなかった。

1925 年：Carnegie Institute of Washington D.C. のブライト（G. Breit）とチューブ（M.A. Tuve）がパルスレーダを使って電離層の高度を計測する。パルスレーダの原型はハルスマイヤーの衝突防止レーダだが，実際に利用されたのはこの実験が初となる。電離層に向けて放射されたパルスが航空機や鳥の群れによって反射され受信されたことから，物体探知のためのパルスレーダの研究が始まった。日本の八木アンテナが発明されたのもこの年である。

1.3.2 発展期（1930 年代～1940 年代半ば）[10)]

1930 年代から第二次世界大戦前後は，軍事目的でレーダ開発が急速に発展した時期である。第一次世界大戦（1914～1918 年）後，それまでの木枠布張りの複葉機に代わって，航行距離が長く高高度を飛行する金属製の単葉機が開発され爆撃機として利用された。その結果，大型爆撃機に対する早期警戒レーダの開発が急務となり，レーダ技術は目覚ましい発達を遂げた。また，高出力のマイクロ波発振を可能にするマグネトロンなど周辺分野の発達により，小型で高分解能のレーダが実用化し，船舶や航空機検出のために利用された。しかし，戦局を分けたのは，レーダの性能だけでなく，その運用によるところも大きいといわれている。

1935 年：英国の物理学者で後に「レーダの父」と呼ばれる Sir R. Watson-Watt が電波探知方式を提言し，連続波による航空機探知実験，そしてパルス方式の航空機探知実験が行われた。短波パルスレーダを使って 120 km 離れた航空機の距離と方位を探知することに初めて成功し，この結果，英国では，レーダを前提にした防空体制を築くことが決まった。

1936年：英国が20〜30 MHz（波長15〜10 m）の地上設置CH（ChainHome）レーダを開発し，急ピッチで送信塔の建設を進め，1939年にはイギリス東海岸すべてをカバーするに至った。同時期ドイツでは200 MHzという高い周波数のレーダを開発するなど高度な技術を持っていたが，英国は，各レーダをすべて通信線で結び，情報を集中管理し命令を下すといった運用面において勝っており，CHレーダは航空防御に大きく貢献したとされる。この頃，NRLがターゲット検出目的のパルスレーダのプロトタイプを開発する（1938年）。

1939年：ドイツで直径3 mのパラボラアンテナを使った周波数565 MHz，最大出力8 kWのウルツブルグ（Würzburg）レーダが開発された。最長測定距離は40 kmであった。当時のレーダ技術はドイツが最も進んでいて，当時同盟国であった日本は，ウルツブルグレーダの導入を決め，困難の末1944年図面を持ち帰った。その後ウルツブルグレーダの国産化に成功するが，実戦で成果を挙げる機会を得ることなく終戦を迎えた。

1940年：英国で高出力（従来の三極管の約10倍）の空洞マグネトロンが開発され，3 GHzバンドのAI（airborne interception，要撃機搭載レーダ）などの開発が始まった。ちなみにマグネトロンは英国に先駆けて，1939年に日本でも開発されていたが，レーダに利用されることはなかった。PPIスコープ（plan position indicator，平面座標指示画面）を使ったレーダシステムが開発されたのもこの頃（1942年，英国）である。

1.3.3　最盛期（1940年代半ば〜）[7)〜9)]

第二次世界大戦中に発展したレーダ技術は，戦後，多方面で利用されるようになった。その要因として，ディジタル技術・コンピュータ技術の急速な発達による信号処理能力の向上，半導体技術の発展に伴うマイクロ波発振の安定化や送信機の固体化などがあげられる。信号処理技術と電子機器の発展に伴いレーダ技術発展の最盛期を迎え，フェーズドアレイレーダや，広い周波数帯域での高分解能レーダが開発され，軍事利用を始め，車両・船舶・航空機の航行から，気象，地中探査，さらには，航空機・衛星搭載画像レーダによる地球・惑星観測に利用されている。次項以下，各種レーダについて開発史を要約する。

1.3.4 捜索レーダ

捜索レーダの例として以下の船舶搭載レーダと航空管制レーダの小史を要約する。

(1) 船舶レーダ　各国とも第二次世界大戦中は索敵のためにレーダを開発していたが，戦後は，航法用に利用されることとなった。日本の船舶レーダを例に解説すると，戦後，GHQ による非軍事化政策において，軍事に繋(つな)がるおそれのあるレーダの開発，生産は禁止されていた。1946 年，食糧難を解消する目的で GHQ の許可の下，南氷洋捕鯨船団が編成されることとなり，戦時中戦艦大和にも搭載されたことで知られる旧海軍の波長 10 cm の「2 号電波探信儀 2 型」(図 1.9 (a)) を改修し，船舶レーダとして南氷洋捕鯨船団母船の摂津丸に設置した (図 1.9 (b) の矢印)。

1951 年に GHQ から国内生産の許可が下りると，翌 1952 年，わが国初の国産化による商船用大型レーダが開発された。図 1.10 がその外観である。X バンド 30 kW の送受信機と 5 フィートの反射形アンテナ，固定型偏向コイルによる 12 インチ CRT (cathode ray tube，ブラウン管) の指示機からなる 3 ユニットシステムであった。

1960 年代に，従来の反射型アンテナからスロットアレイアンテナへの移行，電源の半導体化，バランスドミキサーの採用など大きな技術革新があり，軽量化も進んだ。その後も，マグネトロンを除く送受信機の完全固体化，指示機のディジタル化など時代に即した技術が適用され，現在に至る。一方で，船舶用レーダの多様化も進んだ。航海用以外に漁労用として使用されるようになると，目的に

（a） 2号電波探信儀2型と空中線(アンテナ)　（b） 南氷洋捕鯨船団母船の摂津丸に設置したアンテナ(矢印)

図 1.9　船舶レーダ

図 1.10　日本初の船舶用純国産レーダ

あったレーダ性能が求められるようになった。海鳥群を探索する探鳥レーダ，操業状況を監視する多機能レーダ，定置網用のブイなどを探索するためのブイレーダなど漁船向けの専用レーダ，プレジャーボート用の低価格帯のレーダなどがあげられる。2000 年代以降は，メモリの大容量化や CPU（central processing unit）の高速化が急速に進み，指示機の処理能力が飛躍的に進歩した。

（2） 航空管制レーダ　　1903 年，米国のライト兄弟が飛行機による人類初の有人動力飛行に成功した。以後，世界中で航空機の数が増え，航空管制システムが不可欠となった。

米国は世界で最も早く航空管制に乗り出した。1930年代に，航空管制が開始され，1940年代にはすでにレーダが航空管制に使用されるようになった。1949年には空港周辺のいわゆるターミナル空域においてレーダ管制が開始された。

1944年，シカゴで開催された国際民間航空会議において，国際民間航空条約（シカゴ条約）が作成された。1947年には同条約に基づき「国際民間航空が安全にかつ整然と発達するように，また，国際航空運送業務が機会均等主義に基づいて健全かつ経済的に運営されるように各国の協力を図ること」を目的として，国際民間航空機関（International Civil Aviation Organization，ICAO）が発足した。これにより国際的な法整備も進み，1950年代にはレーダによる航空管制が確立した。日本における航空管制は，第二次世界大戦後に本格的に開始され，1953年にICAOへ加盟した。今日，レーダは空港路監視，空港監視，空港面探知等に用いられ，航空機の円滑な運用になくてはならない装置となっている。

1.3.5 追 尾 レ ー ダ

追尾レーダの始まりは第二次大戦後にソビエト軍が開発した対空戦車に搭載されたRPK-2レーダとされる。このレーダの最大探知距離は20 kmで探知後に8 km以内の航空機を追尾できるというものであった。追尾レーダは，電波を空中の航空機やミサイル等の飛翔体に向けて照射し続け，追尾フィルタを使って位置や速度を計測・推定する。おもな追尾フィルタには1960年代に開発されたα-βフィルタやカルマンフィルタなどがある。2000年代以降は従来のフィルタに改良が加えられより高精度になり，初期設計等のパラメータが所用追尾性能から直接決定可能なnon process noiseフィルタ，多目標追尾フィルタなどが開発されている。以前は機械的なビーム走査であったが，現在ではフェーズドアレイ式の追尾レーダが主となっている。

1.3.6 アクティブフェーズドアレイレーダ

アクティブフェーズドアレイレーダ（active phased array radar，APAR）は，配列されたアンテナ素子の位相を変化させることでアンテナを回転することなくビーム方向を制御するレーダである。X バンド APAR の試作は 1960 年代から米国やソビエト，日本などで実施されていた。APAR が実用化されたのは 1980 年代でおもに軍事目的で開発されたが，以後，民間のレーダの多くに採用され始めた。現在までに各国の機関で APAR の開発・改良・実用化がされており，追尾レーダをはじめ気象レーダや車載レーダ，衛星搭載 SAR など多くのレーダシステムに利用されている。また，通信分野ではスマートアンテナや MIMO システムなどにも応用されている。

1.3.7 気 象 レ ー ダ[8),11)]

1940 年から 1941 年にかけて英国 General Electric Corporation 研究所が S バンドレーダで航空機の検出を行っていたところ，降雨やみぞれからエコーが受信されることが確認された。当時，降雨エコーはターゲット検出の妨げとなるクラッタ（clutter）つまりノイズとして処理されていたが，これが気象レーダ開発のきっかけとされる。一方，1943 年に米国で発表された論文を初の正式な観測であるとする意見もある。いずれにせよ，その後，雨滴からの散乱理論や実験結果が発表され始め，降雨によるマイクロ波反射率と降雨率の関係を示す経験式が導出された。

日本では，1954 年に初の気象レーダが開発された。A スコープ，PPI，RHI の 3 種が指示できる本格的なものであった。図 1.11 がそのアンテナである。1964 年には最大観測距離 800 km の富士山レーダによる台風等の気象観測が開始された。1980 年代は気象レーダが急速に発展した時期で，UHF および X バンドのパルスドップラー気象レーダが開発され，後者は南極昭和基地に設置された。また，高度 2 km の対流圏から高度 500 km の超高層大気の観測を目的とした直交八木アンテナを使った直径 103 m の大型 MU レーダ（middle and upper atmosphere radar）が開発された。1990 年代以降では，熱帯降雨観測衛

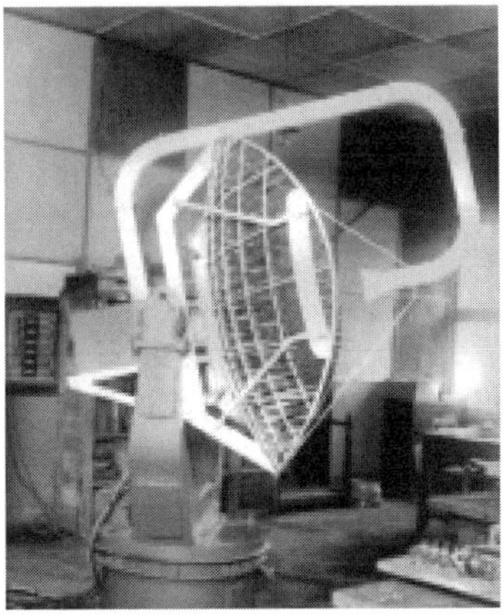

図 **1.11**　日本初の気象レーダと空中線（アンテナ）

星（tropical rain measuring mission，TRMM）搭載の Ku バンド降雨レーダ（pricipitation radar，PR）が開発され，1997 年から 18 年間熱帯地方や海上など地上からの観測が困難な地域での降雨観測を行った。現在，後継機である全球降水観測計画（global precipitation mission，GPM）の 2 周波降水レーダ（dual-frequency precipitation radar，DPR）が活躍している。DPR は，Ka バンドで弱い雨と雪の観測が，Ku バンドでの強い雨の観測が可能で，より高性能となっている。さらに，6 章で解説しているように，航空機搭載 W バンド雲観測レーダや水平・垂直二重偏波ドップラーレーダ，バイスタティック降雨 X バンドレーダなどが開発されている。

1.3.8　車 載 レ ー ダ

車載レーダの開発は 1960 年代初期に米国で車両の後方に反射鏡の形で設置したことから始まったが[12)]，しばらくして前方の車両検知用 FM-CW レーダに切り替えられた。初期のレーダは周波数 10 GHz の大きなものであったが，1970 年代になって 34 GHz と 50 GHz の高周波帯車載パルスレーダがドイツで試作された。日本での開発と試作もこの頃に始まったが，実際に市場に導入されたのは 1993 年の大型車両向けの 24 GHz 帯レーダで，1990 年代後半に国際的に周波数 76 GHz が車載レーダ用に割り当てられてから，欧米と日本での一般乗用車へのミリ波車載レーダの開発が始まった。その後，24 GHz 帯の近距離レーダ，76 GHz 帯の遠距離（200 m 超）レーダの実用化が進み，ミリ波レーダの低コスト化も相まって日本や欧米の多数のメーカの車種に前方・後方・側方監視やクルーズコントロール用レーダ搭載が進んでいる。現在，79 GHz の広帯域（4 GHz）レーダによる空間分解能の向上（数十 cm）が研究されている。

1.3.9 合成開口レーダと逆合成開口レーダ[2)]

1952 年，C. Wiley が合成開口レーダ（synthetic aperture radar，SAR）を開発する。初期の合成開口技術は “doppler beam sharpening” とも呼ばれていた。同年代に，SLAR（side looking airborne radar）が開発されたが，軍事利用目的であるため機密的に行われ公開されることはなかった。SAR の民間への公開は 9 年後の 1961 年であった。SAR は移動するアンテナを使って仮想の長いアンテナを合成し高分解能画像を生成する画像レーダである。逆に，静止アンテナを使って航空機や船舶などの回転に伴うドップラー信号からターゲットの高分解能画像を生成する逆合成開口レーダ（ISAR，Inverse SAR）が提案され，1980 年代に実用化され現在に至っている。ISAR はおもに軍事分野で利用されている。また，観測対象の動揺によって劣化した SAR 画像の補正手法も ISAR と呼ばれている。

SAR の開発初期は航空機を使って実験と観測を行っていたが，衛星搭載 SAR としては 1964 年にアメリカ国家偵察局が打ち上げた X バンド QUILL が初となる。航空機搭載 SAR と比べて低分解能の QUILL は，厚い大気や電離層を透過して高質のレーダ画像が生成できるかの実証実験で実質 4 日間の運用であった。当時はコンピュータによるディジタル処理ではなくレンズを組み合わせた光学プロセッサによって画像が生成されていた。その後，1978 年におもに海洋観測を主目的とした初の非軍事衛星 SEASAT 搭載 L バンド SAR が打ち上げられ，シャトル搭載 L バンド SIR（shuttle imaging radar)-A，SIR-B，多周波（X/C/L バンド）SIR-C/X-SAR，SRTM（shuttle radar topography mission）による世界標高データ作成と続き，1990 年代以降，衛星搭載 SAR が各国の機関によって次々と打ち上げられるようになった。日本も1992年にLバンドSAR搭載のJERS-1を打ち上げ，2006年には後継機のALOS-PALSARが打ち上げられた。現在，PALSAR-2を含む約20機の衛星搭載SARが運用されている。また，航空機および無人機（unmanned aerial vehicle，UAV）搭載SARも各国で多く開発され運用されている。

SRTMでは，2台のアンテナを使ったインタフェロメトリックSAR（InSAR）を使って地形図を作成したが，InSARの理論は1970年代に提案されており，初のInSARは1980年後半のSIR-Bデータを使ったものであった。その後，多時期データを使った差分InSAR（DInSAR）アルゴリズムが開発され，地震や火山活動による地殻変動と地滑り等の計測に用いられている。DInSARの例では，1992年に発生した南カリフォルニアのLanders地震による地殻変動を始め，1995年の阪神淡路大震災や2011年東日本大震災による地殻変動の計測など数多くある。1990年代から研究が始まったポラリメトリックSAR（PolSAR）では，観測対象の形状や電気的特性によってマイクロ波の散乱特性が異なることを利用して，垂直・水平偏波の複数の組合せからなる偏波画像から対象物の分類などを行っている。さらに現在では，ポラリメトリとインタフェロメトリを組み合わせたPol-InSARの応用が研究されている。

1.3.10 地中レーダ

電波エコーサウンダ手法による地下計測の初の試みは1929年にオーストリアの氷河の氷厚を計測する実験とされているが，当時はほとんど注目されなかった。1956年には送信波と受信波の干渉から地下水面の深度を計測する結果が報告されている[13)]。1950年代は各国で極地研究が行われており，米国軍が航空機搭載（パルス）レーダ高度計を使ってグリーンランド氷上の高度を計測していたところ，極超短波から短波帯で大きな計測誤差が見つかった。この結果は電波の氷への透過率によるもので，1960年代には電波エコーサウンダによる南極氷厚の計測や，地下の塩と石炭層の探査にも適用され，地中レーダの開発へと展開していった。

1970年から1980年代は地中レーダの発展期で，アポロ17号による月面の地質と土壌の電気的性質の研究，米国のチャコ・キャニオンの埋没遺跡の発見など考古学分野での利用が盛んになった。日本でも地中レーダによる奈良明日香村の都塚古墳の調査に始まり各地の遺跡調査に広まっていった。遠・中距離地中レーダによるパイプライン敷設のための永久凍土調査，地層や氷河などの学術研究から水道管などの埋没パイプや空洞の探知など利用分野も多岐にわたっていった。また，地質と電波との導電性や偏波などの電気的特性が理解され始め，ディジタル信号処理の発展とともに実装度の高い地中レーダが開発され分解能も向上していった。

1990年代以降，従来の利用分野での地中レーダの利用が世界的に広がり，重要課題となっている地雷探査や活断層調査，地質分類や地下汚染水探査などさらに多岐にわたって活用されている。

1.4　おもなレーダの種類と応用

1.4.1　捜索レーダ[3)~5)]

海上を航行する船舶や上空を飛行する航空機を捜索・探知する目的で，戦後から現在に至るまで多くのレーダが利用されている。船舶レーダは，航海の安全確保のために船舶に搭載され，視界の悪い状況でも自船の周囲にある障害物を探知できるなど，船舶の安全にとって重要な装置である。搭載する船舶の種類や大きさに従って，性能基準が厳格に定められており，IMO（国際海事機関）で性能基準が規定され，IEC（国際電気標準会議）にて試験基準が規定されている。図1.12（a）は実際の船舶レーダの例である。おもに使用される周波数帯はXバンドで，出力は数kW～数十kWである。搭載スペースの制約からアンテナの長さは一般的に1～3m程度で，導波管スロットアレイ型のものが一般的である。ビーム幅は1度弱から数度である。パルス幅は数十ns～数μsであることから，距離分解能は数m～数百mである。なお，Xバンドは降雨による反射の影響を受けやすいため，降雨反射がより少ないSバンドの船舶レーダ

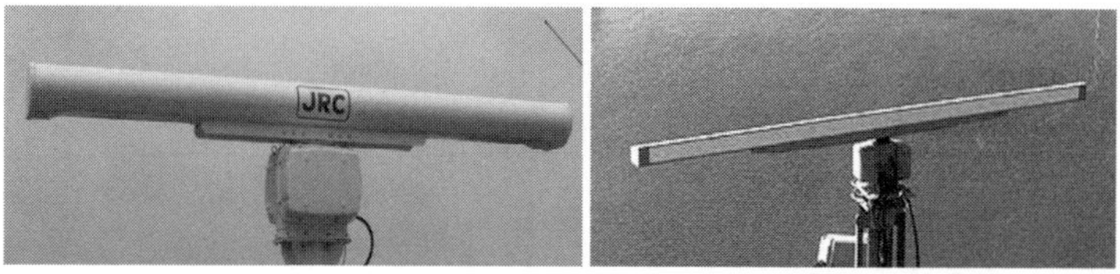

（a） 船舶レーダ　　（b） 港湾監視レーダ

図 1.12 海上のレーダの例

を併用する場合もある。

港湾監視レーダや海上監視レーダは，港湾内や海上を航行する船舶を監視するため，陸上に設置される。高い方位分解能を得るため，船舶レーダよりも開口の長いアンテナや，Ku バンドなどの高い周波数が使用される。図 1.12（b）は港湾監視レーダの例である。

一方，航空交通の安全確保を目的として，航空機の捜索・探知にも各種レーダが用いられている。空港からおよそ 50 マイル（1 マイルは 1 852 m）以上離れた空域を飛行する航空機を探知，監視するためには航空路監視レーダ ARSR（air route surveillance radar）が使用される。距離 200 マイルの航空機を探知する必要から，使用周波数は空間減衰や降雨の影響を受けにくい L バンドが使用され，送信パルスの尖頭電力は 2 MW である。高い距離分解能は要求されないため，送信パルス幅は数 μs 程度である。アンテナは反射鏡型のものが用いられ，幅 10 m 以上，高さ 5 m 以上に及ぶ大型なものであるため，風の影響を受けないように球形のレドームに覆われて保護されている。図 1.13（a）は，ARSR の例である。なお，地形や建造物など固定物標からの信号を消去する MTI（moving target indicator）処理を行い，移動目標のみを表示する信号処理も行っている。

空港から約 50 マイル以内のいわゆるターミナル空域については，航空機の侵入管制および出発管制を行うために ASR（airport surveillance radar）が用いられる。性能要件は，国際民間航空機関 ICAO の規格で定められている。周波数は S バンドが用いられ，ICAO 規格の要求である方位分解能 1.2° を満足するために，幅 5〜6 m，高さ 3 m 弱の反射鏡型アンテナが使用される。図 1.13

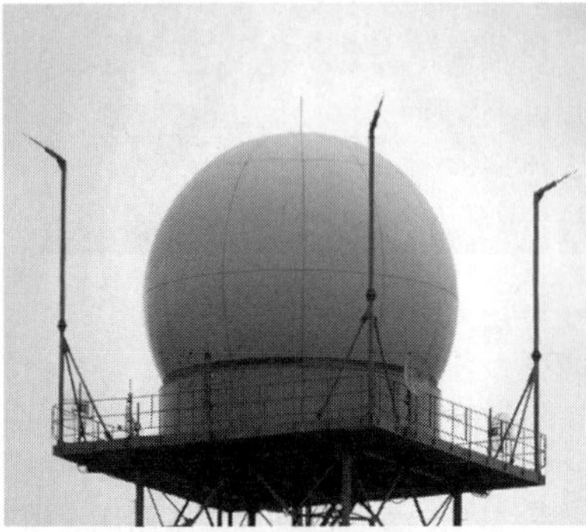

（a） ARSR

（b） ASR

図 1.13　航空機の捜索・探知レーダの例

（b）に ASR の例を示す。送信尖頭電力は数百 kW から 1 MW 程度で，パルス幅は 1 μs 程度である。ARSR と同様 MTI 処理を施してあり，固定目標を消去し，移動目標のみを表示させる信号処理を行っている。

空港内において航空機の地上誘導を安全に行うため，滑走路や誘導路上の航空機や車両を探知する目的で，空港面探知レーダ ASDR（airport surface detection radar）が用いられる。このレーダは，高い分解能を得るために周波数は K バンド，送信パルス幅は数十 ns としてある。周波数が高いために降雨反射の影響を受けやすいことから，雨からの反射が映りにくい円偏波が用いられる。最大探知レンジは数マイルでよいため，パルス反復時間は 10 000 PPS 以上にできる。

1.4.2　追 尾 レ ー ダ[14),15)]

追尾レーダは，航空機や飛しょう体など運動している目標に対して，この動きにレーダ電波を追随して指向させるレーダである。目標に対しての照準や射撃を行うための射撃統制装置 FCS（fire control system）の一部として，軍事用に用いられることが多い。図 1.14（a）は，追尾レーダの例で，円形の反射鏡アンテナを機械的に目標に指向させて追尾を行う。

多数の目標を同時かつ高速に追尾するには，レーダ電波の指向を機械的に行

（a） 機械走査式アンテナ

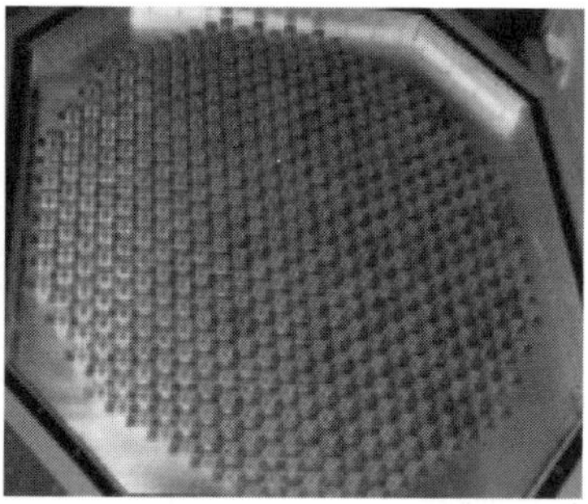

（b） フェーズドアレイアンテナ

図 1.14 追尾レーダの例

う方法では限界がある。そこで，アンテナを機械的に走査させることなく，電子的に電波の指向方向を制御するフェーズドアレイ方式の電子走査型アンテナを持つレーダも使用されるようになった（図 1.14（b））。近年は，アンテナと信号処理を組み合わせ，複数のビームを同時に生成できる DBF（digital beam forming）技術も開発され，軍事用のみならず気象レーダや車載レーダなどの民間分野でも実用化されている。

1.4.3 気象レーダ[8),16)]

気象レーダは，雨，雪，ひょう，雷などの気象現象を観測するレーダである。雨量測定や雷雲探知など，特定の用途を主としたものは「レーダ雨量計」「雷探知レーダ」などと呼ばれることもある。

気象レーダの基本的な原理は，雨などからの反射強度が降雨強度と関係していることを利用している。したがって，ほかのレーダが目標物の有無や位置の検出を行うのに対し，目標物すなわち雨や雪からの反射の強さを忠実に計測する必要があり，受信機には広いダイナミックレンジが必要となる。

降雨域は，観測しようとする目標物であるのと同時に，その先の向こう側を観測する場合の電波の伝搬損失要素，言い換えれば阻害要素でもある。したがって，目的とする観測範囲によって使用する周波数もさまざまである。C バンドが使用されることも多かったが，きわめて広域を観測する気象レーダでは，降雨減衰が少ないSバンドが用いられ，きめ細かい気象状況の観測を目的とする局地用気象レーダ等にはXバンドが用いられる。

気象レーダでは，PPIによる平面的な分布の観測に加え，鉛直方向にアンテナを走査させて観測を行うRHI表示，さらにはPPIを高度ごとに輪切りに表示するCAPPI（constant altitude PPI）表示も用いられる。口絵1はこれらの表示の例である。

気象現象の観測においては，雨雲の有無や強さのみならず，大気の流れに起因するこれらの反射目標物の動きも重要な要素である。移動物標に電波が照射されると，反射波はその物標の速さに従ってドップラー現象による位相（周波数）の変移が発生する。この現象を利用して，目標の移動速度情報を得ることができるドップラーレーダと呼び，気象観測においてもドップラー気象レーダとして利用されている。ドップラー速度を測定することで風の動きが観測でき，ドップラー速度が急変しているところがダウンバーストやマイクロバーストと呼ばれる風の急変域である。これらの風の急変域は航空事故の要因の一つともいわれており，国際空港などにはこの観測のために空港気象ドップラーレーダが設置されている。

降雨強度のさらなる正確な観測のために，近年では2偏波レーダやマルチパラメータレーダ（MPレーダ）と呼ばれるレーダも実用化されている。降雨粒子は，大気中を落下する際に空気抵抗によって楕円形に扁平し，粒径が大きくなるほど，扁平の度合いも大きくなることが知られている。また，降雨粒子の形態と強雨高度には関係があることも知られている。したがって，降雨粒子の形態が観測できれば，降雨強度の推定ができることになる。2偏波レーダやマルチパラメータレーダでは，垂直と水平の二つの偏波を使用し，この二つの偏波における反射強度や反射位相の違いから降雨粒子の形状や大きさを観測し，降雨強度を算定している。単純に，一つの偏波での反射強度から降雨強度を算定する従来の手法に対して，観測精度向上が見込まれる。

1.4.4 車載レーダ[17)]

一般的なレーダは数十 km 遠方の目標の探査と測位を目的としてるため，大気や降雨による減衰の大きなミリ波は適用できない。しかし，車載レーダは最長 200 m 程度の比較的近距離にある目標の測位と相対速度計測が目的であるので，小型で軽量，高分解能化が容易なミリ波レーダが利用されている。また，ミリ波は遠方に届きにくいことから，ほかのレーダとの干渉も軽減できる。より詳細な車載搭載ミリ波レーダに関しては 7 章で解説するが，一般的な遠距離レーダの目的は車間距離制御や衝突回避などで，周波数変調連続波（frequency modulation-continuous wave，FM-CW）および 2 周波 CW レーダが用いられている。近距離レーダによる後方・側方監視には高空間分解能が求められており，パルスレーダが多用されている。FM-CW レーダによる距離と速度計測では，送信信号と受信信号の周波数の違いから生じるビート周波数を利用するヘテロダイン検出が利用されている。2 周波 CW レーダでは，周波数のわずかに異なる CW 信号を交互に送信し，受信信号と送信信号からそれぞれの周波数のビート信号を算出する。距離と速度は，両ビート信号の位相差から算出される。車載レーダでは，捜索レーダのような仰角方向の走査は必要ないため，仰角方向では固定した幅の狭いビームが用いられる。水平方向では高分解能での走査が必要で，フェーズドアレイや DBF 手法などが利用されている。

1.4.5 サイドルッキング機上レーダ[2)]

サイドルッキング（側視）機上レーダあるいは単に SLAR（side-looking airborne radar）と呼ばれるレーダは，探査や追尾を目的とするレーダと異なり，画像生成を目的とした映像/画像レーダ（imaging radar）である。合成開口レーダに対比して実開口レーダ（real aperture radar）とも呼ばれる。画像レーダでは合成開口レーダが主流となっているが，SLAR はおもに地形・地質の観測や地海面での監視などに現在でも利用されている。SLAR の原理は合成開口レーダを理解する上でも重要なので，以下に画像生成過程を要約する。

図 1.15（a）は SLAR のジオメトリで図（b）は SLAR アンテナの例であ

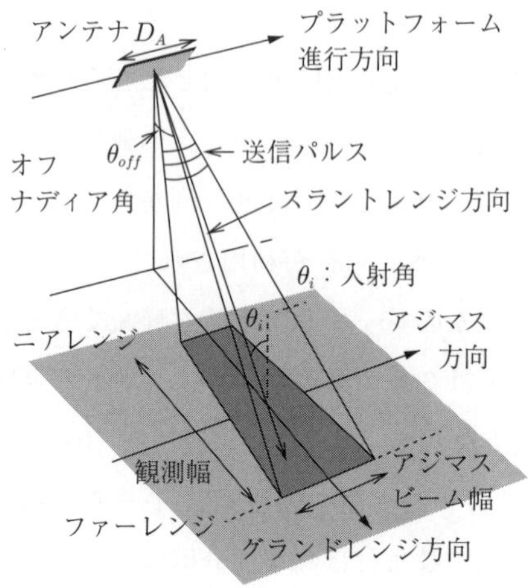

（a）　ジオメトリ

Courtesy：TERMA A/S

（b）　アンテナ

図 1.15　SLAR の例

る。機上に搭載されたアンテナはスラントレンジ方向に短いマイクロ波パルスを送信し，その後受信モードに切り替わり後方散乱された信号を受信するというプロセスを繰り返しながらアジマス方向に進行する。そうすると，送受信信号の強度は時間の関数として図 1.16（a）のようになり，送受信信号を送信パルスごとに並び替えると図 1.16（b）にあるような二次元のレーダ画像が生成される。

矩形パルスを使った SLAR の分解能は 1.2.3 項のパルスレーダの分解能幅をグランドレンジ方向に変換すればよい。つまり，式 (1.3) の $\delta R = c\tau_0/2$ とスラントレンジとグランドレンジの関係式 $R = Y\sin\theta_i$ から

$$\delta Y = \frac{c\tau_0}{2\sin\theta_i} \tag{1.6}$$

が算出される。ここで，Y と θ_i は，それぞれグランドレンジ方向の空間変数と入射角である。例えば，入射角 $\theta_i = 45°$ で 20 m のグランドレンジ分解能幅を得るには，$\tau_0 = 0.09\,\mu\mathrm{s}$ の短いパルス幅が必要となる。式 (1.6) から，分解能はパルス幅が短くなるにつれて向上し，ファーレンジ（far-range）からニアレンジ（near-range）になるにつれて（入射角が小さくなるにつれて）劣化するこ

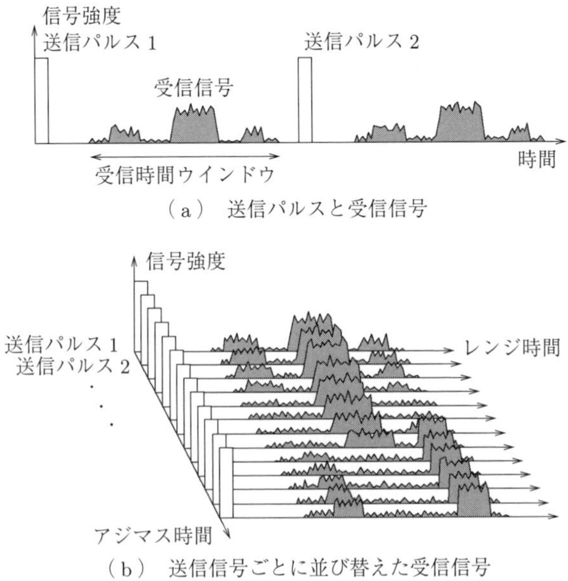

図 1.16 送受信信号

とがわかる。レーダが真下を観測した場合，$\theta_i = 0°$ なので $\delta Y = \infty$ となり対象物の識別ができなくなる。これがSLARやSARがサイドルッキングである理由となっている。

レンジ方向の分解能を高めるには前述したパルス圧縮技術が利用される。アジマス方向の空間分解能幅は式 (1.4) のビーム幅に相当する。詳細は 8.1 節で述べるが，アジマスビーム幅は，レーダ波長とスラントレンジ距離およびアジマス方向のアンテナ長 D_A を使って $\lambda R_0/D_A$ と表せる。K/X バンドのように短い波長が L/P バンドよりビーム幅が狭く高分解能が達成されるが，雨などの影響を受けやすい。一般的な波長 $\lambda = 3\,\mathrm{cm}$ の X バンド SLAR の例をとると，スラントレンジ距離 $R_0 = 10\,\mathrm{km}$ でのビーム幅，つまりアジマス分解能幅は $D_A = 3\,\mathrm{m}$ で 100 m となる。長いアンテナを使うことで分解能が向上するので，図 1.15（b）のようにアジマス方向に長いアンテナが使われている。

このように，SLARでは，合成開口技術を使わなくてもある程度の分解能（数 10〜数 100 m）は得られる。しかし，同じレーダを衛星に搭載するとスラントレンジ距離が 700 km 前後と非常に長くなり，ビーム幅つまり分解能幅が 7 km となってしまい実用的でない。数 km の非常に長いアンテナを使えば分解能は向上するが，衛星に搭載することはできない。そこで考案されたのが，アジマス方向に移動する 5〜10 m 程度のアンテナを使って受信した信号を適切に処理し，長い仮想の開口（アンテナ）を合成することでアジマス方向の高分解能を得る合成開口技術である。

1.4.6　合成開口レーダ[2)]

現在のすべての SAR のレンジ方向の高分解能は，パルス圧縮技術を使って達成している。一方，アジマス方向の分解能向上には，つぎに要約する合成開口技術を利用している。

アンテナがアジマス方向に移動するに従いパルス送信時刻とターゲットからの受信時刻との差が変化する。この変化を受信信号の位相とすると，受信信号は一次の近似で周波数がアジマス時刻 t^2 とともに変化するチャープ信号となる。この信号にパルス圧縮技術を適用すれば急峻な幅の短い出力信号を得ることができる。しかし，レンジ方向のパルス圧縮では相関処理に必要な参照信号は送信パルスであったが，アジマス方向の参照信号はないため，レンジ距離やプラットフォーム速度などの情報から参照信号を作成している。従来の画像強度データを利用する方法に加えて，干渉 SAR による DEM 作成や地殻変動計測，偏波 SAR の分類等への応用は前述（1.3.9 項）したとおりである。

1.4.7　地 中 レ ー ダ[18)]

1.1 節でも触れたが，地中レーダあるいは GPR とは，物質への透過率の大きい UHF から VHF 帯の電波を地中に向けて放射し電気的特性の違いから地中の物質を計測するレーダで（図 1.17（a）），観測対象には岩盤や地雷等の地下埋没物や空洞の探査，考古学の分野では埋没遺跡，土壌水分などがある。近年の動向としては，ガス・水道管，トンネル等の構造物保全と地雷探査および汚染地質調査などの保安分野，堤防やダム，岩盤などの地下水分野，考古学や土木地質

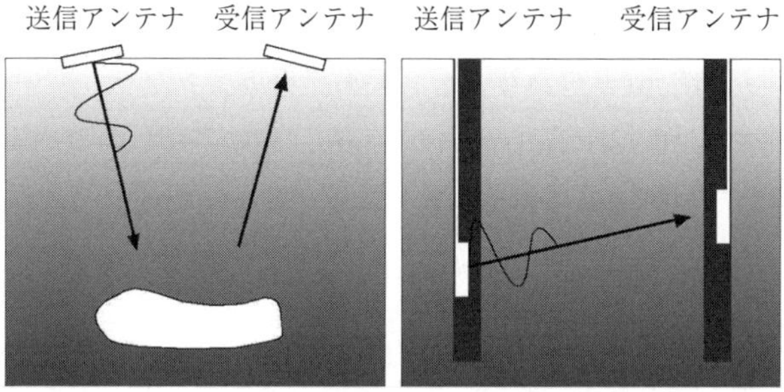

（a） GPR　　（b） クロスホール・ボアホールレーダ

図 **1.17** 地中レーダ

学，地質学，地震学などの地層調査分野での地中レーダの活用がある。世界的に重要課題となっている地雷探知では，1 GHz 以上の周波数を用いた FM-CW 方式やファクトリゼーション法などが研究されている。最新の考古学分野では，2015 年に地中レーダで発見された 90 数個の埋没巨石群がある。この遺跡は，英国のストーンヘンジの近くにあり「第二のストーンヘンジ」あるいは「スーパーストーンヘンジ」として研究が進んでいる。GPR の詳細は 9 章で解説するが，地中深部探査用レーダにはボアホールレーダ（borehole radar）がある。GPR では地中での送信電波の減衰が大きいため，計測可能な鉛直距離が限られている。クロスホール・ボアホールレーダは図 1.17（b）にあるように，二つのボーリング孔内に送信と受信アンテナを挿入して地下深部の計測をするレーダで，地層調査等に利用されている。また，一つの孔内の上下に設置した送受信アンテナを使う方法は，シングルホール・ボアホールレーダと呼ばれる。

1.4.8 その他のレーダ

海洋短波/超短波（HF/VHF）レーダは短波帯域のマイクロ波を使って海流速や波浪，津波等を計測するドップラーレーダである。1 基のアンテナでは視野方向の速度成分しか計測できないが，速度ベクトルの計測には海岸設置の 2 基の異なる角度から算出した速度成分から算出する。アンテナ長は 40〜200 m で，観測範囲は数十〜数百 km^2 で空間分解能幅は約 250 m〜7 km となり，システムにもよるが計測精度は 10 cm/s 以下である。日本では，大学や海上保安庁などが運用する約 50 基の海洋レーダで沿岸海域をカバーしている。

壁透過レーダは，UWB（ultra wide band，超広帯域）の電波を使い壁を透過して室内等の内部の人の情報を得るレーダで，おもにテロリズム対策として 1960 年代から研究が始まった。持ち運びが容易な小型レーダで，現在では技術的にもある程度確立されている。

微弱なミリ波を服の上から照射して人体面を透視するレーダが開発されている。このレーダでは，回転スキャナで服の内部に隠された金属やプラスチック等の不審物を透視しセキュリティ検査を行うもので，各国の空港での設置が始まっている。同様なシステムに人体から放射されるミリ波を使って秘匿物を探知する受動型センサも開発されている。

オービスレーダは X バンドドップラーレーダの一種で，おもに高速道路に設置されており自動車のスピードを計測する。ハンディなスピードガンと同じ原理で，光速と比べて自動車や野球ボールの速度が非常に小さいので送信信号と受信信号を加えたヘテロダイン検出を適用している。

2 レーダ方程式とマイクロ波の散乱

レーダ方程式（radar equation）とは，アンテナから放射されたマイクロ波と観測対象から散乱され再度アンテナで受信された信号の関係を記述する基本的な方程式である。レーダ方程式は，単一アンテナで送受信を行うモノスタティック・レーダと，送受信を異なるアンテナで行うバイスタティック・レーダによって異なる。本章では，まずレーダ方程式の基礎となる電磁波の特性とレーダ方程式を解説し，レーダ散乱断面積とマイクロ波散乱プロセスを記述する。続いてレーダのラジオメトリック校正（calibration）に利用される電波反射鏡とステルス技術および電波吸収体について要約する。

2.1 電磁波の基礎知識

2.1.1 横波と平面波[1)~3)]

マイクロ波を含む電磁波は波動の進行方向と直交する方向に振動しながら伝搬する横波で，音は進行方向に振動しながら伝搬する縦波である。横波と縦波は，反射や屈折，あるいは回折や干渉現象などの同じ特性を示すが，縦波は振動方向が進行方向のみであるのに対して横波は振動方向が異なる「偏波」と呼ばれる特性を持っている。電磁波の最も単純な波動は，ある時刻で波動の一定の位相が進行方向と直交する平面で記述される平面波（plane wave）である。

図 2.1 は，電場 E が垂直（z 軸）方向に振動している正弦波で記述される平面波で，位相はおのおのの平面上で一定の値を持ち，ある時刻 t における値は

$$E(x,t)=E_{0z}\cos(kx\mp\omega t) \tag{2.1}$$

に従って空間的に変化する。ここで，E_{0z}〔V/m〕は振幅で，x は波動進行方向

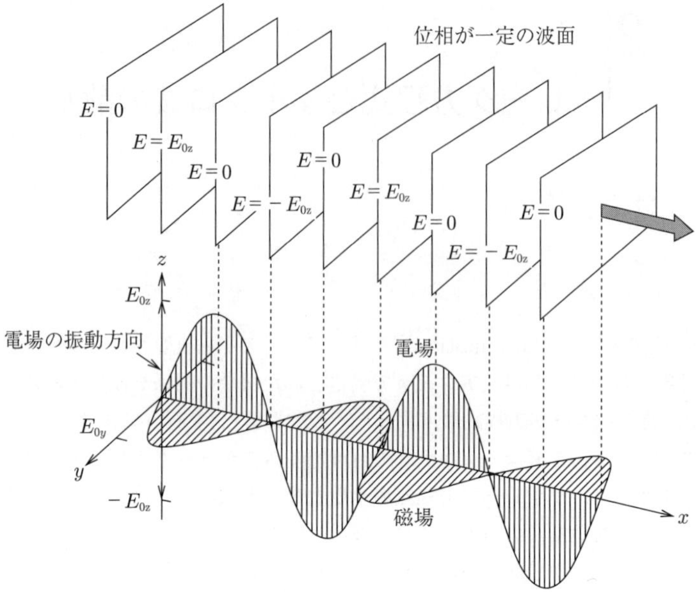

図 2.1　正弦波で記述される平面波

の空間変数，$k=2\pi/\lambda$ はマイクロ波の波数，λ は波長，$\omega=2\pi f$ は角周波数，f〔Hz〕は周波数である。符号 $\mp$ の“$-$”と“$+$”はそれぞれ波動が $+x$ と $-x$ 方向に進行することを示す。

電場の発生とともに電場と直交する y 軸平面に磁場が発生し，x 軸方向に

$$B_y(x,t)=B_{0y}\sin(kx\mp\omega t) \tag{2.2}$$

に従って進行する。ここで，B_{0y}〔Wb/m^2〕は磁束密度の振幅である。このような電磁波を三角関数で記述すると演算が複雑になるため，一般的には複素関数で

$$E(x,t)=E_{0z}\exp\left(i(kx\mp\omega t)\right) \tag{2.3}$$

$$B(x,t)=B_{0y}\exp\left(i(kx\mp\omega t)\right) \tag{2.4}$$

と記述される場合が多い。ここで，$i=\sqrt{-1}$ は虚数単位である。

2.1.2 偏 波 特 性[1)~3)]

図 2.1 にある電場は垂直方向の平面で振動しながら進行するが，異なる角度の平面で進行する波動や進行しながら角度や振幅が変化する波動もある。このように時間とともに変化する電場の振幅と振動方向は偏波特性と呼ばれる。図 2.1 にある電場の最大振幅値の位置を進行方向の後ろから観察すると，時間とともに垂直方向に直線的に変化する。このような偏波状態は直線偏波，あるいは振動面が平面であることから平面偏波と呼ばれ，垂直および水平方向に振動している電磁波はそれぞれ垂直偏波および水平偏波の電磁波という。図 2.2 は，振幅の y 成分と z 成分が同じ値を持ち，波動進行とともに振動面が変化する偏波状態を示す。この波動を後方から見ると振幅先端の位置は右（時計）回りの円軌道となるため右回り円偏波と呼ばれる。波動進行とともに振動面と振幅が変化すると軌跡が楕円になる。このような偏波状態は楕円偏波と呼ばれる。図 2.3 に，直線偏波と右回りと左回り円偏波，および右回りと左回り楕円偏波の軌跡を示す。楕円偏波が一般的な偏波状態を記述し，振幅の y 成分と z 成分が同じで時間変化がない場合は楕円偏波は円偏波となり，楕円の短軸のふくらみがゼロになると直線偏波に収束する。白色光はさまざまな波長と偏波状態の電磁波がランダムに混在しており偏波状態を特定することができない。このような電磁波は非偏波状態，あるいは偏波していない状態にあるという。特定の偏波状態

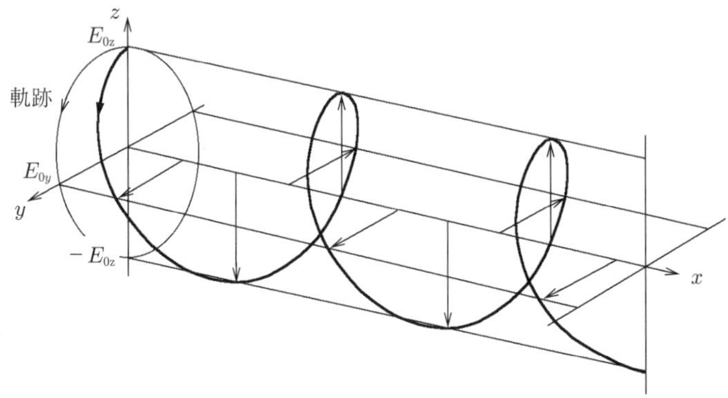

図 2.2 右回り円偏波

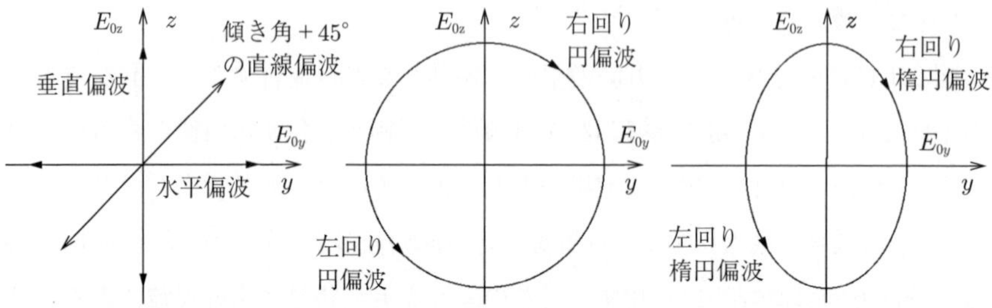

（a） 直線偏波　（b） 円偏波　（c） 楕円偏波

図 2.3　偏波の軌跡

にあるマイクロ波が観測対象によって散乱されると，散乱波は偏波と非偏波状態からなる場合がある。このような偏波状態は部分的な偏波と呼ばれる。レーダのアンテナから送信されたマイクロ波と受信信号の偏波特性の変化から観測対象の散乱特性や物理的性質を計測する技術はポラリメトリ（polarimetry）と呼ばれる（8.4 節参照）。

2.1.3　マイクロ波の減衰と反射係数[1)~3)]

外部の電場によって媒質内部に電気分極が誘起される物質は誘電体と呼ばれ，電気分極によって媒質内部に電場が発生する。発生した電場は媒質内を進行するのだが，空中や地中，水中などの異なる電気的特性を持った媒質内では異なる特性を持って進行，あるいは減衰する。ここでは，まず媒質内での電磁波の減衰を説明し，異なる媒質の境界面での反射率と透過率，および臨界角とブリュースタの角について要約する。

ある媒質内での x 方向に進行する電磁波を

$$E(x,t)=E_0\exp(i(kx-\omega t)) \tag{2.5}$$

とする。媒質の比誘電率は

$$\varepsilon_r=\varepsilon_r'-i\varepsilon_r'' \tag{2.6}$$

と書くことができる。ここで，$\varepsilon_r'=\varepsilon'/\varepsilon_0$，$\varepsilon_r''=\varepsilon''/\varepsilon_0$ で，ε' と ε''，ε_0 は，それぞ

れ媒質の複素誘電率の実数と虚数成分，真空での誘電率で単位は〔F/m〕である。複素比誘電率とは，入射した電磁波によって誘発された電気量の変化と位相の遅れを示す指標である。真空での誘電率は $\varepsilon_0 \simeq 8.854\,2\times10^{-12}$〔$s^2C^2/(m^3kg)$〕で，磁気の透過率を示す透磁率は $\mu_0 \simeq 4\pi\times10^{-7}$〔$m{\cdot}kg/C^2$〕（C はクーロンの単位）である。真空中の電磁波の速度は $c=1/(\varepsilon_0\mu_0)^{1/2}$ なので，$c\simeq3\times10^8$〔m/s〕となる。空気中での電磁波の速度も真空中の値とほぼ同じである。

媒質内での電磁波の波数は，$k^2=\omega^2\varepsilon_0\mu_0(\varepsilon_r\mu_r)$ で与えられ，媒質は非誘磁体として $\mu_r=1$ とおき，式 (2.5) から $E(x,t)=E_0\exp(i(\omega/c)(\sqrt{\varepsilon_r}x-ct))$ が得られる。さらに，$\sqrt{\varepsilon_r}=(1/\sqrt{2})(\sqrt{\varepsilon_r'^2+\varepsilon_r''^2}+\varepsilon_r')^{1/2}+i(1/\sqrt{2})(\sqrt{\varepsilon_r'^2+\varepsilon_r''^2}-\varepsilon_r')^{1/2}$ の関係から

$$E(x,t)=E_0\exp(-\alpha_A x)\exp\left(ik_A(x-v_A t)\right) \tag{2.7}$$

が得られる。ここで，k_0 と k_A はそれぞれ真空と媒質での電磁波の波数，$v_A=(k_0/k_A)c$ は媒質内での電磁波の速度で

$$\alpha_A^2=k_0^2\frac{\varepsilon_r'}{\sqrt{2}}\left(\sqrt{1+(\varepsilon_r''/\varepsilon_r')^2}-1\right) \tag{2.8}$$

$$k_A^2=k_0^2\frac{\varepsilon_r'}{\sqrt{2}}\left(\sqrt{1+(\varepsilon_r''/\varepsilon_r')^2}+1\right) \tag{2.9}$$

である。式 (2.7) から電磁波のパワーは

$$P=|E(x,t)|^2=P_0\exp(-2\alpha_A x)\ :\ P_0=|E_0|^2 \tag{2.10}$$

となる。

このように，媒質に入射したマイクロ波のパワーは，式 (2.10) の負の指数関数に従って減衰する。式 (2.8) の α_A は減衰係数と呼ばれる。一般的に，減衰係数はタンジェント損出と呼ばれる値 $\tan\delta_A\equiv\varepsilon_r''/\varepsilon_r'$ を使って表示され，タンジェント損出が大きいほど電磁波減衰が大きくなる。電磁波のパワーが $P_0\exp(-1)$ の値となるときの距離 $\Delta x_A=1/(2\alpha_A)$ は電磁波の侵入深度と定義される。真空では $\varepsilon_r=1-i0$，$\alpha_A=0$ なので侵入深度は $\Delta x_A=\infty$ となり，電磁波は宇宙空間で減衰することなく伝搬する。一方，完全導体では $\varepsilon_r''=\infty$ なので，$\alpha_A=\infty$ となり侵入深度は $\Delta x_A=0$ となる。

減衰係数は $\alpha_A = 0 \sim \infty$ の値で，侵入深度は誘電体の複素比誘電率によって大きく異なる。表 2.1 にあるように，マイクロ波の海水への侵入深度は L バンドから X バンドにわたって非常に短く，約 5〜1 mm 程度である。表 2.2 は，異なる水含有率の砂に対する複素比誘電率と侵入深度で，P〜X バンドのマイクロ波は乾燥した砂には約 3.8 m〜30 cm まで侵入するが水分を含んだ砂では極端に短い侵入深度となる。

表 2.1　温度 20°（塩分 3.5%）での海水の比誘電率[4]とマイクロ波侵入深度

波長〔m〕	周波数〔GHz〕	複素比誘電率	侵入深度〔$\times 10^{-3}$ m〕
0.3	1.0	$72 - i90$	5.13
0.05	6.0	$65 - i36$	1.84
0.037 5	8.0	$61 - i36$	1.35

表 2.2　水含有率 0.3%（30%）の砂の比誘電率[5]とマイクロ波侵入深度

波長〔m〕	周波数〔GHz〕	複素比誘電率	侵入深度〔m〕
1.0	0.3	$2.9 - i0.071(16.7 - i1.2)$	3.82 (0.542)
0.3	1.0	$2.9 - i0.037(16.7 - i1.0)$	2.20 (0.195)
0.1	3.0	$2.9 - i0.027(16.7 - i1.9)$	1.00 (0.034)
0.037 5	8.0	$2.8 - i0.032(15.3 - i4.1)$	0.31 (0.006)

空気中にある電磁波がある角度をもって別の媒質に入射すると，一部の入射波は反射され一部は屈折，透過し，透過した電磁波は式 (2.7) に従って進行する。入射波と反射波および透過波の関係は，おのおのの媒質における波動を記述する波動方程式を境界面の条件下で解くことで得られる。この境界条件とは，境界面に対して接線方向の電場の成分は境界面をはさんで連続でなければならない，というもので磁場の接線成分に対しても同じである。したがって，電場ベクトル $\mathbf{E}$ と磁場ベクトル $\mathbf{H}$ にはそれぞれ

$$\mathbf{E}_i \times \hat{\mathbf{n}} + \mathbf{E}_r \times \hat{\mathbf{n}} = \mathbf{E}_t \times \hat{\mathbf{n}} \tag{2.11}$$

$$\mathbf{H}_i \times \hat{\mathbf{n}} + \mathbf{H}_r \times \hat{\mathbf{n}} = \mathbf{H}_t \times \hat{\mathbf{n}} \tag{2.12}$$

が成立する。ここで，$\times$ はベクトルの外積，下文字 i, r, t はそれぞれ入射波，

反射波，透過波を意味し，$\mathbf{E}$, $\mathbf{H}(=\mathbf{B}/\mu)$, $\hat{\mathbf{n}}$ はそれぞれ電場ベクトル，磁場ベクトル（単位は〔A/m〕），接線方向の単位ベクトルである（図 2.4）。詳細は省くが，式 (2.11) と式 (2.12) に入射波と反射波，透過波に相当する式 (2.3) と式 (2.4) を代入することで屈折率と反射係数，および透過係数が導出できる。

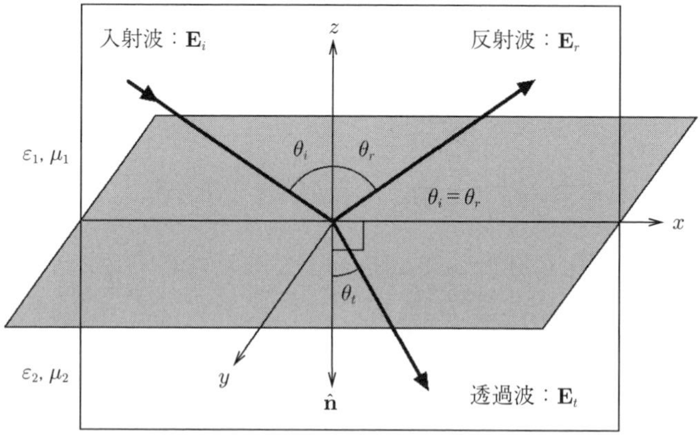

図 2.4　異なる媒質の境界面における入射波と反射波，透過波

媒質 1 と 2 の屈折率 $n_j=c/v_j=\sqrt{\varepsilon_j\mu_j/(\varepsilon_0\mu_0)}$ $(j=1,2)$ と入射角 θ_i，および屈折角 θ_t の関係は

$$\frac{\sin\theta_i}{\sin\theta_t}=\frac{n_2}{n_1} \tag{2.13}$$

となり，これはスネルの法則にほかならない。屈折率の小さな媒質から大きな媒質に電磁波が入射すると電磁波の速度が減少し，図 2.4 にあるように屈折角が入射角より小さくなる。逆の場合，つまり大きな屈折率の媒質から小さな屈折率の媒質に電磁波が入射すると，屈折角のほうが入射角より大きくなる。この現象は図 2.4 で，透過波を入射波とし入射波を透過波とするとよく理解できる。ここで，入射角が大きくなるにつれて屈折角も増加し，ある入射角になると屈折角が 90° となり透過波は境界面にそって進行する。このときの入射角は臨界角と呼ばれ，臨界角以上の入射角で入射する電磁波は全反射される。境界面

にそって進行する電磁波は，透過波の波長に相当する距離で急速に減衰する。このような電磁波は，次第に消えていくという意味でエバネッセント波と呼ばれる。全反射現象の応用例では，通信分野でのレーザ光を使った光ファイバがよく知られている。

反射係数は反射波の振幅に対する入射波の振幅で表示され，入射波の偏波状態によって異なる。まず，図 2.5（a）にある水平偏波の入射波での反射係数は

$$\Gamma_H = \frac{\cos\theta_i - \sqrt{\varepsilon_r - \sin^2\theta_i}}{\cos\theta_i + \sqrt{\varepsilon_r - \sin^2\theta_i}} \tag{2.14}$$

で与えられる。ここで，$\varepsilon_r = \varepsilon_2/\varepsilon_1$，$\mu_r = \mu_2/\mu_1$ で $\mu_r \simeq 1$ とした。図 2.5（b）の垂直偏波では

$$\Gamma_V = \frac{\varepsilon_r\cos\theta_i - \sqrt{\varepsilon_r - \sin^2\theta_i}}{\varepsilon_r\cos\theta_i + \sqrt{\varepsilon_r - \sin^2\theta_i}} \tag{2.15}$$

となる。式 (2.14) と式 (2.15) はフレネルの反射係数または散乱係数と呼ばれ，電磁波散乱の基礎となる式である。同様に，フレネルの透過係数は

$$\mathrm{T}_H = \frac{2\cos\theta_i}{\cos\theta_i - \sqrt{\varepsilon_r - \sin^2\theta_i}} \tag{2.16}$$

$$\mathrm{T}_V = \frac{2\sqrt{\varepsilon_r}\cos\theta_i}{\varepsilon_r\cos\theta_i - \sqrt{\varepsilon_r - \sin^2\theta_i}} \tag{2.17}$$

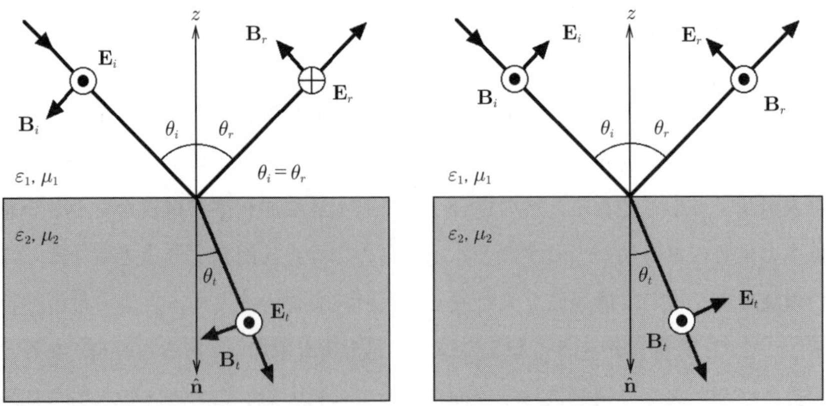

（a）　水平偏波　　　　（b）　垂直偏波

図 **2.5**　入射波と反射および透過波

となる。水平偏波では透過係数と反射係数には $T_H+(-\Gamma_H)=1$ の関係がすべての入射角に対して成立するが，垂直偏波では $T_V+\Gamma_V=1$ の関係は入射角が $\theta_i=0$ のときのみ成立する。

図 2.6 は砂のフレネル反射係数で，入射角が大きくなるにつれて水平偏波の反射係数は 1 に近づく。一方，垂直偏波では入射角が大きくなるにつれて反射係数が減少し，ある角度で最小となり入射角 90° で 1 になる。垂直偏波の反射係数が最小となる角度は偏光角（polarization angle）あるいはブリュースター角（Brewster's angle）と呼ばれる。湿った砂の反射係数は電導性が高いため乾燥した砂の反射係数より大きく，垂直偏波成分をみると，ブリュースター角でほとんどの反射波がなくなる。ブリュースター角は，式 (2.15) から $\tan\theta_i=\sqrt{\varepsilon_r}$ を満足するときの角度となるが，反射が完全になくなる現象は厳密には $\varepsilon_r''=0$ の条件が必要である。図 2.6 の乾燥した砂の場合，L バンドのブリュースター角は約 60° で垂直偏波成分はほとんど反射されない。

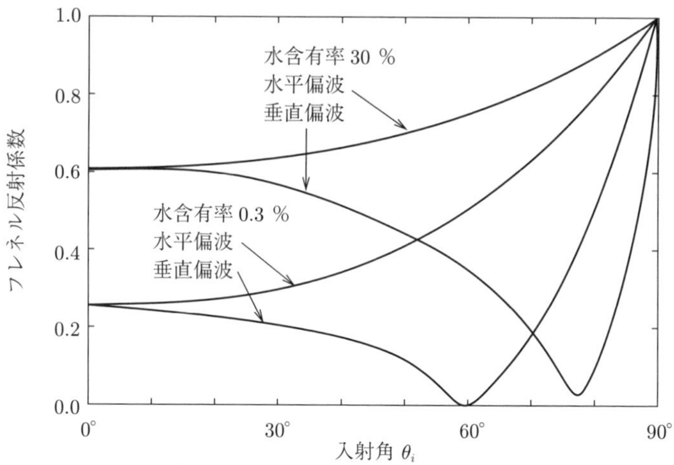

図 2.6　L バンドでの砂の反射係数

図 2.7 は，TerraSAR-X 合成開口レーダによる千葉県富津の画像である。マイクロ波入射方向とほぼ直交する直線状のターゲットは，HH 偏波（送信と受信が水平偏波）では非常に明るく写っているが，VV 偏波（送信と受信が垂直

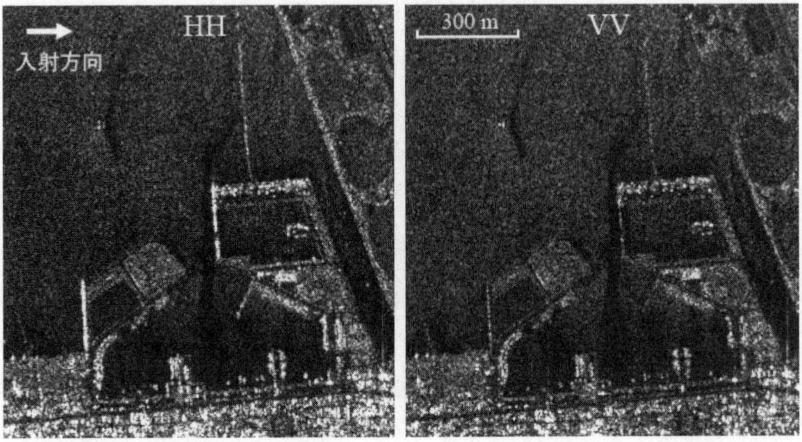

図 **2.7**　千葉県富津の TerraSAR-X レーダ画像

偏波）画像にはほとんど写っていない。これらのターゲットはコンクリート防波堤で，その原理を図 2.8 に示す。画像取得時の海面での入射角は約 $\theta_1 \simeq 30^\circ$ で，海面からの反射では海水の X バンドに対するフレネル反射係数は水平と垂直偏波ともに大きく変わらない。しかし，コンクリートの防波堤への入射角は約 $\theta_2 \simeq 60^\circ$ となりコンクリートのブリュースター角に近く，垂直偏波の反射係数が $r_V \sim 0$ となっている[6)]。これが図 2.7 で防波堤の VV 偏波画像がほとんど

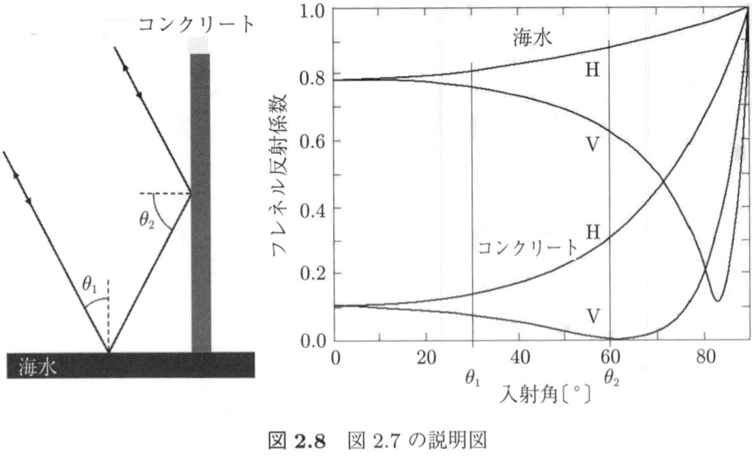

図 **2.8**　図 2.7 の説明図

見えなくなっている理由である。

また，偏波と反射現象の身近な例には偏光サングラスがある。このサングラスは水平偏波成分をカットするようになっており，水面や路面から反射された太陽光のぎらつき（グレア）を遮断する効果がある。ちなみに，偏光サングラスを 90° 傾けると水平偏波成分が増加し，ぎらつきが現れる。

2.2 レーダ方程式

2.2.1 レーダ方程式とレーダレンジ方程式

図 2.9 は，マイクロ波の送受信を別々のアンテナで行うバイスタティック・レーダのレーダ方程式[7)~11)] を説明する図である。送信アンテナからあらゆる方向に一様にマイクロ波を放射したときのパワー（電力）を P_t〔W〕とすると，距離 R での点の電力密度（単位面積当りのパワー）はアンテナを中心とした半径 R の仮想の球の表面積 $(4\pi R^2)$ に対する放射パワー $P_t/(4\pi R^2)$ で与えられる。したがって，$1/(4\pi R^2)$ は放射マイクロ波の広がりによる損出と考えるこ

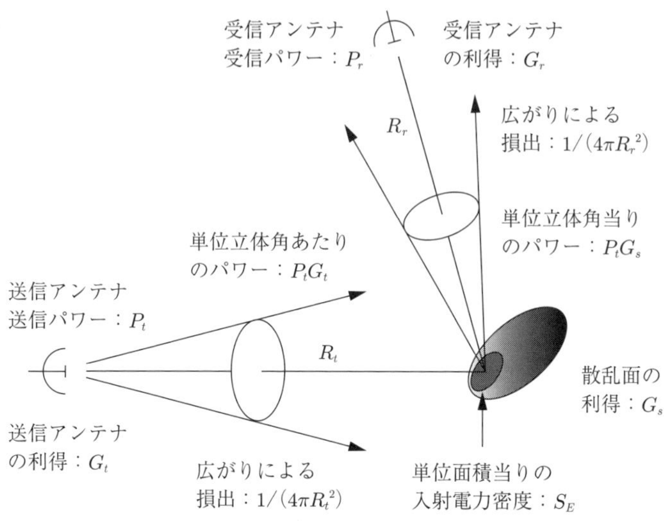

図 2.9　バイスタティック・レーダのレーダ方程式説明図

とができる。実際のアンテナはあらゆる方向にマイクロ波を放射するのではなく，指向性を持ったアンテナで一定の方向に細いマイクロ波ビームを放射する。この指向性の指標となるのがアンテナ利得（ゲイン，gain）G_t で，一様に放射された電力密度に対するある方向に放射された電力密度の比と定義される（アンテナ利得の例は 2.3 節参照）。散乱体方向に放射されたマイクロ波の単位立体角当りのパワーは (P_tG_t) なので，距離 R_t における照射面での単位面積当りの電力密度 S_E は

$$S_E = (P_tG_t)\left(\frac{1}{4\pi R_t^2}\right) \tag{2.18}$$

で与えられる。照射面の全面積に入射するパワーは，単位面積当りの電力密度と実効面積 A_E の積で (S_EA_E) となる。散乱体に入射したマイクロ波の一部は吸収されて熱エネルギーとなるが，残りのマイクロ波は散乱媒質に電流を誘起し入射波と同じ波長のマイクロ波を再放射する。散乱媒質のマイクロ波吸収率を $f_A(0 \leqq f_A \leqq 1)$ とすると，再放射されたマイクロ波のパワー P_s は

$$P_s = (S_EA_E)(1 - f_A) \tag{2.19}$$

となる。この再放射されたマイクロ波を距離 R_r にある別のアンテナで受信したとすると，受信アンテナの単位面積当りに入射する電力密度 S_R は，式 (2.18) の導出と同様に，再放射パワー P_s と散乱面の受信方向の利得 G_s，および広がりによる損出 $1/(4\pi R_r^2)$ の積で

$$S_R = (P_sG_s)\left(\frac{1}{4\pi R_r^2}\right) \tag{2.20}$$

となる。受信パワー P_r は，S_R とアンテナの実効面積 A_R の積 $P_r = S_RA_R$ で，実効面積は $A_R = \lambda^2 G_r/(4\pi)$ で与えられる。ここで，λ はマイクロ波の波長，G_r は受信アンテナ利得である。さらに

$$\sigma = A_E(1 - f_A)G_s \tag{2.21}$$

とおくと，$P_s = S_E\,\sigma/G_s$ となり，式 (2.20) は

$$S_R = P_t G_t \left(\frac{1}{4\pi R_t^2}\right)\left(\frac{1}{4\pi R_r^2}\right)\sigma \tag{2.22}$$

となる。したがって，受信パワー $P_r = S_R A_R$ は

$$P_r = \frac{P_t G_t G_r \lambda^2}{(4\pi)^3 R_t^2 R_r^2}\sigma \tag{2.23}$$

となる。式 (2.23) がバイスタティック・レーダのレーダ方程式で，レーダの送受信パワーと散乱体の特性との関係を記述する。式 (2.21) の σ は，レーダ断面積（radar cross section，RCS）と呼ばれ，散乱体に入射したマイクロ波を受信アンテナ方向に再放射する能力の指標となる散乱体の重要なパラメータである。式 (2.21) にあるように，RCS は散乱体から受信アンテナ方向へ放射する電力密度の入射電力密度に対する比 $(1-f_A)G_s$ と散乱面の実効面積 A_E との積で与えられる。RCS は散乱体の実効面積に比例して面積の単位を持つが，散乱体の物理的な大きさに直接関係しているわけではなく，散乱体の形状や電気的特性，およびマイクロ波の波長によって決まる値である。

モノスタティック・レーダのレーダ方程式は，式 (2.23) で $R = R_r = R_t$，$G_r = G_t$ となるので

$$P_r = \frac{P_t G_t^2 \lambda^2}{(4\pi)^3 R^4}\sigma \tag{2.24}$$

となる。

式 (2.24) から，ターゲット（目標物）である散乱体がアンテナから遠ざかるにつれて（R^{-4} に比例して）受信パワーが減少することがわかる。ターゲットが検出可能な距離，つまりレーダの最大探知距離 R_{max} は受信パワーが最小受信パワー P_{min} と等しくなったときと考えることができる。この最大探知距離は，式 (2.24) で $P_r = P_{min}$ とおくことによって

$$R_{max} = \left(\frac{P_t G_t^2 \lambda^2}{(4\pi)^3 P_{min}}\sigma\right)^{\frac{1}{4}} \tag{2.25}$$

となる。式 (2.25) は，レーダレンジ方程式（radar range equation）と呼ばれる基本式である。最大探知距離を長くしようとすれば，大きな送信信号のパワー

で，長い波長（低周波）のマイクロ波と高利得のアンテナを使えばよいことになる。アンテナの高利得は，ビーム幅を狭くし開口効率の大きなアンテナを使うことで達成される（開口効率はアンテナ開口面が実際に利用される実効的開口面の指標)。早期警戒レーダでは，遠距離のターゲットにはSバンドを使い近距離ではXバンドを利用する場合が多い。また，最大探知距離はターゲットのレーダ断面積が大きくなるにつれて長くなるが，上述したように，レーダ断面積はターゲットの形状と電気的特徴，およびレーダとの相対角度に強く依存する。後述するが，近年の戦闘機や戦艦などでは，形状の鋭角化や電波吸収体を使うことでレーダ断面積を小さくし，レーダに探知されにくいステルス技術が利用されている。

レーダ方程式とレーダレンジ方程式は，レーダシステムを開発する場合の性能評価や必要な技術，各種パラメータ値の選定などに利用されるが，実際のレーダ運用での信号処理と探査には十分とはいえない。その理由は，実際のレーダ信号はランダムに変化する「ゆらぎ」(fluctuation）があるからである。レーダ信号のゆらぎには，電気回路に生じる熱雑音や探査目的のターゲット以外からの信号のゆらぎがある。さらに，ターゲット自体のレーダ断面積にもランダムなゆらぎがある。空中や地上，水上にあるターゲット検出の際には陸面や海面から散乱されるグランドクラッタ（ground clutter）やシークラッタ（sea clutter）と呼ばれるランダムなノイズがあり，マイクロ波が空中を伝搬する際に大気，特に雨や霧，鳥などによる信号のゆらぎが生じる場合もある（レーダクラッタに関しては3章参照)。このようなランダムな信号を記述するには確定論的なレーダ（レンジ）方程式では不十分で，レーダ探知距離は確率論的に取り扱うことが必要となってくる。具体的には，レーダ探知距離は，ある距離にあるターゲットを検出する確率 p_d と間違って検出する誤警報確率 p_{fa} の関数となる。

レーダ受信信号に含まれるランダムなノイズは，クラッタからのターゲット信号抽出に際して，式 (2.25) にある最小受信パワーを参照することは適切でないことを意味する。詳細は3章に譲るが，実際のレーダシステムでは，受信信号に適切なしきい値を設定してターゲット信号を検出するしきい値検出（threshold detection）が適用される。図 2.10 に時間とともに変化するレーダ信号を示す。もし，しきい値を A のレベルに設定すればターゲット信号は高い検出確率で周囲のクラッタと識別される。一方，しきい値を B のレベルに下げると，一部のクラッタのパワーがしきい値よりも大きくなりターゲットとして検出されてしまう。これが誤警報（false alarm）と呼ばれる現象である。また，しきい値をターゲット信号よりも高いレベルにすると信号もクラッタも検出できなくなってしまう。このように，しきい値検出ではしきい値の設定によってターゲット検出確率と誤警報確率が大きく左右される。適切なしきい値の設定には，ゆらぎの大きさの指標である標準偏差値や，ターゲットの信号対ノイズ比（signal to noise ratio，SNR）などが利用されるが，一般的には要求される誤警報確率に適した一定のしきい値でターゲット検出を行う一定誤警報率（constant false alarm rate，CFAR）手法が適用される。CFAR については 3 章で解説する。

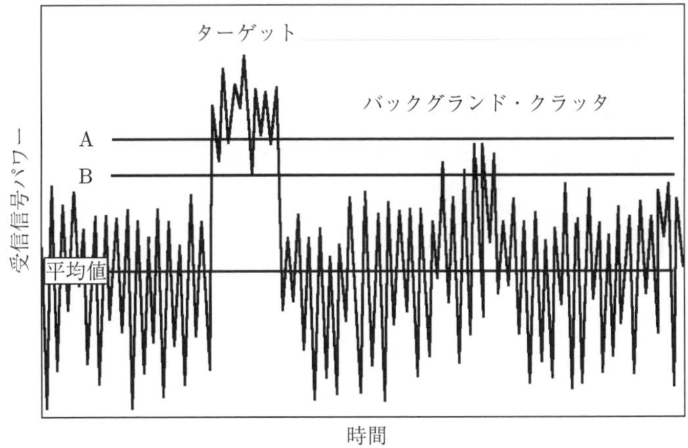

図 **2.10** レーダ受信信号の時間変化としきい値検出

2.2.2 最大探知距離とパルス反復周波数

矩形パルスでマイクロ波を繰り返し送信する一般的なレーダを考える。送信パルス間の時間はパルス反復時間 τ_{prt}（pulse repetition time，PRT），周波数領域ではパルス反復周波数 f_{prf}（pulse repetition frequency，PRF）と呼ばれる。ターゲットのレンジ距離は，送信パルスとターゲットからの受信信号の時間差から計測される。レーダと静止しているターゲット A との距離を R_A とすると，パルス往復時間は $\tau_A=2R_A/c$ となり，距離は $R_A=c\tau_A/2$ となる。この距離を計測するには，ターゲットからの受信信号が最初の送信パルスとつぎの送信パルスとの間になければならない。ターゲットのレンジ距離が長いと，図 2.11（a）のターゲット B のように，受信信号は 2 番目の送信パルスの後に受信され間違った距離を計測してしまう。1.2 節でも記したが，このような信号は二次エコーと呼ばれる。したがって，ターゲットの最大探知距離は

$$R_{max}=\frac{c\tau_{prt}}{2}=\frac{c}{2f_{prf}} \tag{2.26}$$

となる。

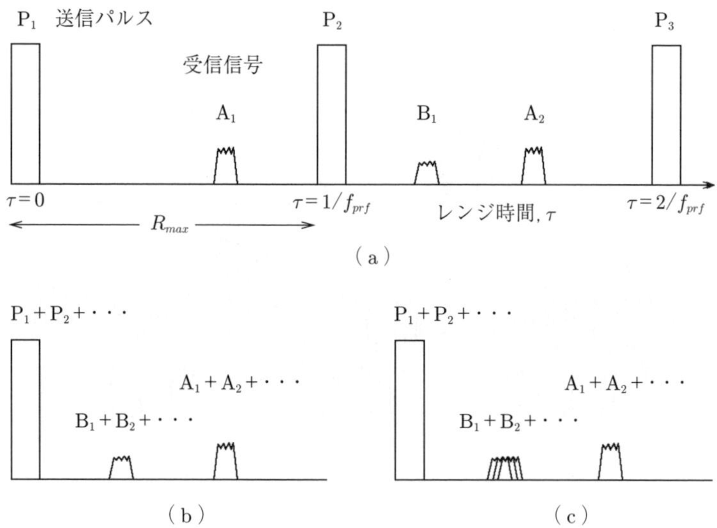

図 2.11　パルス反復周波数と二次の周期外エコー

図 2.11（a）の例では，ターゲット A は R_{max} 以内にありターゲット B は R_{max} より遠くにあるとした。これらの信号が送信パルスを起点として PPI (plan position indicator) スコープなどの画面に重複して表示されると，ターゲット A のレンジ距離は正しく表示されるが，ターゲット B がターゲット A

の位置よりレーダに近いと間違って判別される（図 2.11（b）参照）。このような多次エコーの識別と抑制には不等間隔の PRF を使うスタガ（staggered）方式という方法がある。図 2.11（c）にあるように，送信パルスの PRF が変化するとターゲット B からの二次エコーの位置は PRF ごとに違った位置に表示されるが，最大探知距離内にあるターゲット A は同じ位置に表示され多次エコーが識別される。スタガ方式のほかにも PRF が疑似ランダムに変化するジッタ（jittered）方式などがある。

2.2.3 規格化レーダ断面積

RCS は面積の単位を持つため照射面積や分解能幅が変化すると RCS も違った値となる。そこで面積に依存しない単位面積 δA 当りの規格化レーダ断面積（Normalized RCS，NRCS）$\sigma^0 = \sigma/\delta A$ を用いるのが便利である。規格化レーダ断面積は，レーダによる対象物の検出と物理量の計測に最も基本的で重要なパラメータである。例えば，NRCS と降雨量や森林バイオマスとの定量的関係をサンプルデータとレーダ方程式から前もって正確に計測しておけば，両者の関係から降雨量が推定でき全球的な森林バイオマスの計測も可能となる。また，航空機の探査でも NRCS の平均値や分布から航空機のサイズや種類などが識別可能になる。正確な NRCS の算出には，3 章で解説するレーダクラッタ，画像レーダではスペックルとも呼ばれるコヒーレント系に特有のランダムなノイズがあるため，信号の平均を取ってノイズの平滑化を行う必要がある。この正確な NRCS を算出する処理をラジオメトリック校正（radiometric calibration）という。平均化された NRCS は

$$\sigma^0 = \left\langle \frac{\sigma_j}{\delta A_j} \right\rangle \tag{2.27}$$

と定義される。ここで，σ_j と δA_j はそれぞれ j 番目の散乱要素の RCS と散乱要素の占める面積で，$\langle\ \rangle$ はアンサンブル平均を意味する。アンサンブル平均に関しては 3 章で解説するが，ここでは単なる平均と考えてよい。照射面に N 個の散乱要素があるとすると，レーダ方程式は

$$\langle P_r \rangle = \frac{\lambda^2}{(4\pi)^3} \sum_j^N \frac{P_{tj} G_{tj} G_{rj} \sigma^0 \delta A_j}{R_{tj}^2 R_{rj}^2} \tag{2.28}$$

あるいは，より一般的に使われる積分形で

$$\langle P_r \rangle = \frac{\lambda^2 P_t}{(4\pi)^3} \int_A \frac{G_t G_r \sigma^0}{R_t^2 R_r^2} dA \tag{2.29}$$

となる。この積分は照射面積または分解能幅の面積内で行われ，面積内には相関性のない統計的に一様な散乱要素があることが必要条件である。

レーダのパワーは，10 の階乗で変化する非常に広いダイナミックレンジを持っており，NRCS や利得，受信パワーなどの値を線形で取り扱うのは不便である。そこで，常用対数を使ったデシベル表示を利用するのが一般的となっている。受信信号のパワー P_r をデシベル単位〔dB〕で表すと

$$P_r\,[\mathrm{dB}] = 10 \log_{10} P_r \tag{2.30}$$

となる。同様に，NRCS も $10 \log_{10} \sigma^0$〔dB〕と表示する。

式 (2.23) や式 (2.29) にあるように，受信信号のパワーは $R_t^2 R_r^2$ に逆比例し散乱体が遠方になるにつれて受信信号が弱くなる。したがって，サイドルッキング画像レーダや合成開口レーダで生成された画像をそのまま表示すると，レンジ距離が増加するにしたがい画像強度が減少する。このような画像の強度を一様にするにはレーダ方程式を使ったラジオメトリック補正が適用される。

2.2.4 マイクロ波の散乱とレーダ断面積

電磁波が観測対象の物質に入射すると表層部に電流が誘起され入射波と同じ電磁波が再放射される。これが散乱（scattering）と呼ばれる現象で，前述した電磁波の反射や屈折などの現象の要因となっている。乾燥した砂や純水などの誘電体は表面に誘起される電流が少なく多くのマイクロ波は再放射されないが，金属や海水などの導体は導電率が高いため多くのマイクロ波が再放射される。レーダ断面積は，この再放射され受信されたマイクロ波のパワーに含まれている散乱体の情報源となっている。レーダの観測対象はさまざまだが，おも

に航空機や船舶などの人工物と森林や海面，雲や雨などの自然界にある対象物に大別される。さらに，マイクロ波を含めた電磁波の散乱過程は電磁波の波長に対する散乱体の大きさによってレイリー領域とミー領域あるいは共鳴領域，光学領域の 3 種類に分類される。

散乱体が電磁波の波長と比べて非常に小さいときはレイリー領域，両者が比較できる程度のときはミー領域，そして散乱体が波長より非常に大きいときは光学領域となる。レーダが開発される以前の 1871 年に英国のレイリー卿（Lord Rayleight: J.W. Strutt）は光の散乱現象を説明する式を導出した。これがレイリー散乱と呼ばれる現象で，RCS は散乱体の形状よりも密度と散乱体の大きさに依存する。図 2.12 に導体の球による電磁波の NRCS を円周の波長に対する比 $(2\pi a/\lambda)$ の関数で示す。レイリー散乱は $2\pi a/\lambda \ll 1$（a は球体の半径）の場合に相当し，RCS は周波数の 4 乗に比例する（波長では $1/\lambda^4$）。

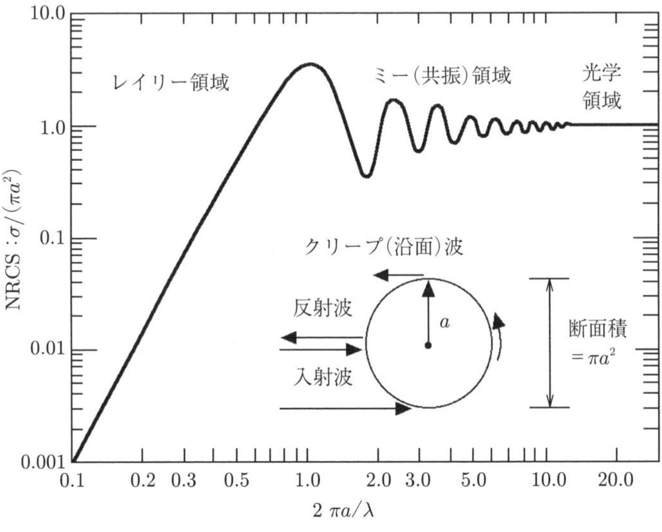

図 2.12 異なる半径 a の球体による NRCS

ミー散乱の理論は 1980 年にドイツのミー（G. Mie）が導出した任意の大きさの球体による電磁波散乱の厳密解によるもので，球体が電磁波の波長と比べて小さい場合はレイリー散乱に収束し，非常に大きな極限では物理光学散乱に収束する。共振領域とも呼ばれるミー領域では図 2.12 にあるように $2\pi a/\lambda=1$ のときに最大値をとり，$2\pi a/\lambda$ の増加に伴い RCS が減衰振動する。この振動の原因は，球体に入射した電磁波の回折現象により球体の裏側に回り込んだクリーピング波と呼ばれる回折波が入射方向に進行し，直接反射された波と干渉するからである。球体の半径が大きくなるにつれて球体の裏側を回り込む回折波の経路が長くなりクリーピング波の振幅が減少し，干渉波の振幅も減少する。

光学領域は，球体が波長と比べて非常に大きな場合（$2\pi a \gg 1$）に相当し，RCS は球体の幾何学的な断面積 $2\pi a^2$ に等しくなる。一方，複雑な表面からなる航空機や船舶，車両などの複雑な散乱体では干渉や回折現象などのため幾何学的な断面積と RCS は必ずしも一致しない。また，円柱や平面などのさまざまな形状と電気的特性の異なる材質の散乱体から構成されている対象物からのマイクロ波散乱を理論的に記述する方法としては，マクスウェルの方程式を時空間的に差分方程式として逐次展開する FDTD (finite difference time domain) 法やレイトレーシングを利用した数値的な手法が利用される。探査レーダでは図 2.13 にあるようにレーダとターゲットの向きによって受信パワーも大きく変

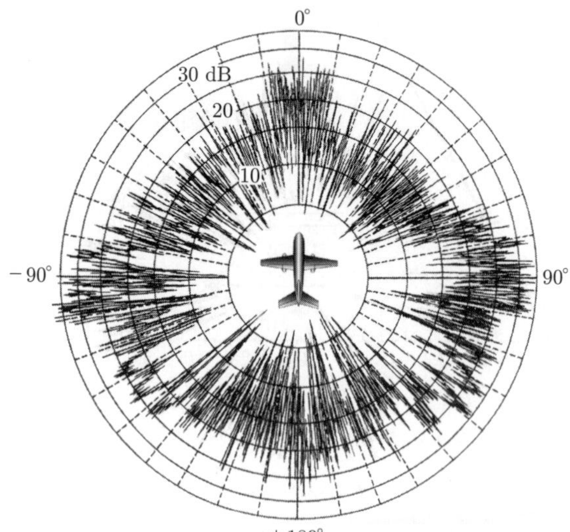

図 **2.13**　航空機からのマイクロ波 RCS の例

化するため，最大受信パワーや平均値が探知に利用される。ちなみに，方向に依存するRCSを表示する方法としては，図2.13の極座標のほかにも図2.14のような直交座標表示も利用される。

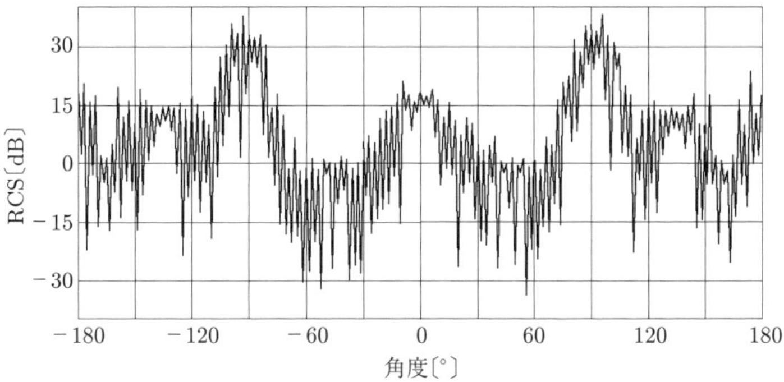

図 **2.14** RCSの直交座標表示

自然界の対象物によるマイクロ波の散乱は以下の2種に大別される。ターゲットの表面から散乱される表面散乱と，複数回の反射，あるいは森林や雪氷などの不均等な誘電率から構成される内部に侵入したマイクロ波が散乱される場合は，多重反射あるいは体積散乱と呼ばれる。

表面散乱によるRCSの空間的分布は散乱面の実効的粗さと比誘電率に依存する。図2.15にあるように，滑らかな散乱面にある角度を持ってマイクロ波が入射するとほとんどの反射成分は鏡面反射となり，一般的なモノスタティック・レーダのアンテナでは後方散乱波はほとんど受信されない。表面が少し粗くなると鏡面反射成分が減少し拡散散乱成分が増加する。さらに粗い面では散乱波は拡散散乱成分のみとなり，強い信号が受信される。

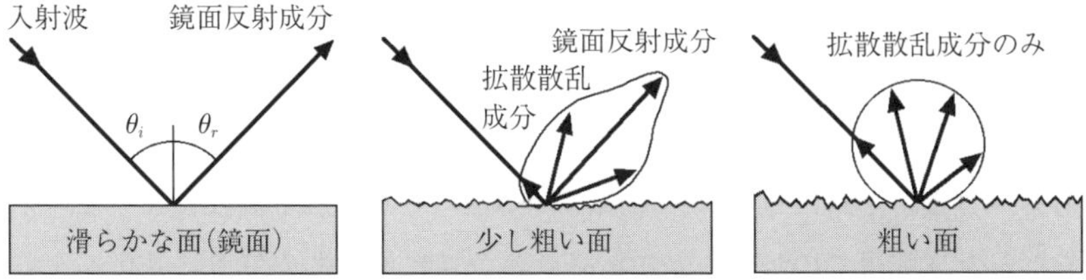

図 **2.15** 表面の粗さによるマイクロ波の散乱

多重反射散乱，あるいは体積散乱とは，樹木や雪氷，降雨領域などに入射したマイクロ波が媒質内部の（葉や枝と空気，氷と気泡，雨滴と空気などの）誘電率の部分的な違いによって散乱される現象である。侵入深度の大きいＰバンドやＬバンドの低周波（長波）マイクロ波の方が高周波のＫバンドやＸバンドよりも体積散乱の貢献度が大きくなる。合成開口レーダによる森林の計測では，高周波マイクロ波はおもに樹冠で散乱されるが低周波マイクロ波は枝や幹などからの散乱があるため情報量が多い。土壌の水含有量計測でも侵入深度の大きい低周波マイクロ波が利用されるが，計測には散乱データから土壌面の粗さによる散乱成分を区別する必要がある。また，海氷によるマイクロ波散乱では，新しくできた氷は塩度が高いため表面散乱が主となるが，多年氷になるにつれて塩度が減少し体積散乱が増加する。一方，降雨（モノスタティック）レーダでは雨滴のサイズがミリあるいはサブミリ単位なので低周波マイクロ波は透過率がよすぎるため，雨滴に近い波長のＫバンドやＸバンドが利用される。

このように，地表面や海面からの表面散乱と森林等の体積散乱による後方散乱波は，観測対象の物理的情報を含んでいるが，捜索レーダや気象レーダにとっては，3章で述べるようなグランド・クラッタやシー・クラッタとしてターゲット検出のさまたげとなる。

2.3　アンテナと電波反射鏡

2.3.1　ア　ン　テ　ナ[7),8),11)]

金属製の板をアンテナ方向に向けると強い反射信号が受信される。このような電波の反射特性を利用した装置は総称して電波反射鏡と呼ばれる。電波反射鏡にはさまざまなタイプがあるが，身近なものとしてはパラボラアンテナがある。図2.16（a）にあるようにパラボラ状の反射鏡の焦点にあたる位置にある放射器から放射された電波は，開口面で位相のそろった平面波となり強い指向性を持った高利得でのビームが放射される。逆に放射器の位置に受信器を置くと，衛星放送テレビジョンの受信アンテナや宇宙からの電波をとらえる電波望

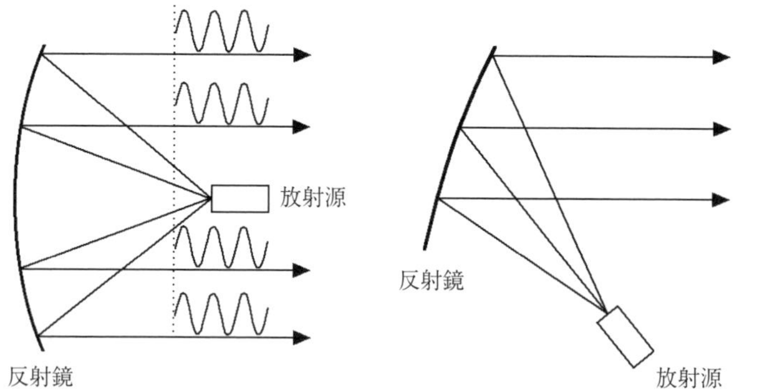

（a） パラボラアンテナ　　（b） オフセット・パラボラアンテナ

図 2.16 電波反射鏡

遠鏡のように，高い利得を持ったアンテナとして信号を受信することができる。パラボラアンテナの利得は

$$G_t = r_A \left(\frac{\pi D_A}{\lambda}\right)^2 \tag{2.31}$$

と表され，r_A は開口効率，D_A はアンテナ直径である。開口効率はアンテナ開口面が実際に利用される実効的開口面の指標で，アンテナの実効面積の幾何学的な面積に対する比で定義される。開口効率は，一般的には 0.6～0.8 で，この値をいかに高めるかがアンテナ技術で要求されている。直径 30 cm のアンテナの例では，X バンド（$\lambda = 0.03$ m）ではアンテナ利得が約 28〔dB〕だが，L バンド（$\lambda = 0.3$ m）では約 8〔dB〕になってしまう。このように低周波のマイクロ波で高い利得を得ようとすると大きなアンテナが必要になってくる。

また，開口能率を高めるため，図 2.16（b）のようにビームの外に送信器（受信器）を設定した反射鏡もある。このようなアンテナは，オフセット・パラボラアンテナあるいはハーシェル式アンテナと呼ばれる。

放射源には，図 2.17 にあるような最も単純なダイポールアンテナや，多く利用されているホーンアンテナ†などがある。ダイポールアンテナは，2 本の導体線に交流電圧をかけてマイクロ波を放射するもので，導体線の全長は半波長の

† 名前は形状が楽器のラッパ（horn）に似ていることによる。

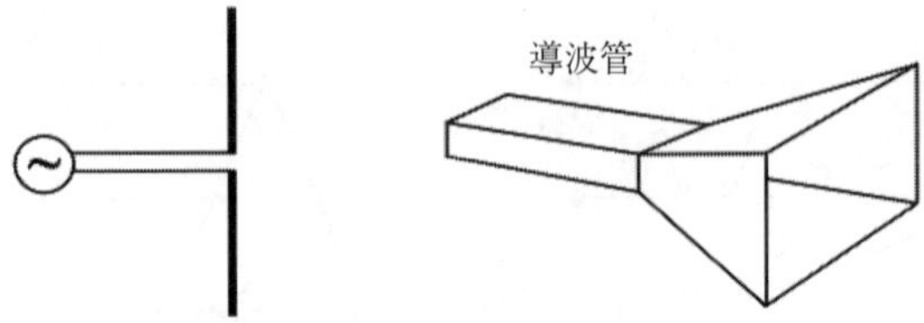

（a） ダイポールアンテナ　　（b） 角錐ホーンアンテナ

図 2.17 放　射　源

整数倍である。直線偏波に用いられる角錐（ピラミッド形）ホーンアンテナは，導波管†からのマイクロ波を角錐形のホーンで指向性を持たせて放射する。ビームの指向性はホーンが長くなるにつれて向上する。角錐形ホーンのほかにも，角錐の一方を極端に狭くしてファン（扇形）ビームを形成する扇形ホーンや円形ホーンアンテナなどがある。ホーンの内部に多くの細い溝を付けたコルゲート（corrugated）ホーンはサイドローブを抑制し広いバンド幅のビーム形成が特徴となっている。

一般的なアンテナでは，指向性を持ったアンテナの向きを機械的に変化することでビーム方向を変えるのだが，1 章で紹介した図 1.14 にあるフェーズドアレイアンテナでは，ダイポールアンテナや平面状のマイクロストリップアンテナなどの素子を複数個配列し，各素子の給電回路を使ってビームパターンと指向性を制御することができる。配列方法によって，直線上に等間隔に素子を配列したリニア（linear）アレイアンテナ，平面状に配列した平面（planer）アレイアンテナ，曲面に素子を配列したコンフォーマル（conformal）アレイアンテナなどがある。

図 2.18（a）に電気回路によるフェーズドアレイアンテナの原理を示す。もし，給電器からアンテナ素子までの給電路線の長さが同じなら各素子から放射されるマイクロの位相は同じで，ビームは水平方向（左から右）に放射される。ビーム方向を変える場合は路線の長さを調整し，おのおのの素子から位相が一定値だけ遅れたマイクロ波を放射するようにする。結果として，指向性の異な

† 内部に電磁界を形成し伝送する金属製の管。

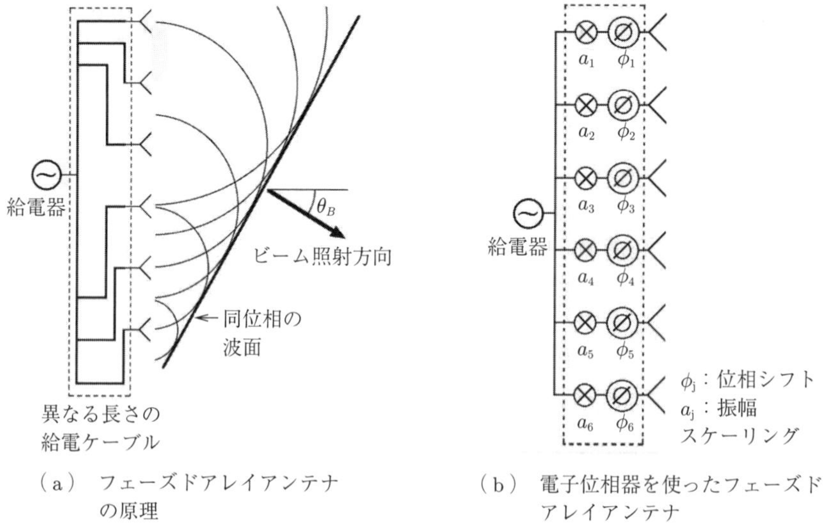

図 **2.18**　フェーズドアレイアンテナ

るビームが形成される。電子的に制御する方法では，図（b）にあるように，各アンテナ素子に接続された位相器を使って位相を調整し，任意の方向にビームを走査する。

ディジタルビームフォーミング（digital beam forming, DBF）では，フェーズドアレイアンテナの位相器の代わりにディジタル信号処理をすることでビーム制御をする。フェーズドアレイと DBF のより詳しい内容は 5.1 節で解説する。

2.3.2　電 波 反 射 鏡[2),11)]

電波反射鏡の一種で，レーダのラジオメトリック校正に利用されるコーナー（あるいはコーナーキューブ）反射鏡は，図 2.19 にあるように，3 面あるいは 2 面の金属板からなっている（実際の 3 面反射鏡は図 8.5 参照）。辺長 l の正方形の金属板がレーダ方向を向いていると，金属板の RCS は $\sigma=4\pi l^4/\lambda^2$ となる。四角形および三角形の 3 面コーナー反射鏡の RCS は，それぞれ $12\pi l^4/\lambda^2$ と，$4\pi l^4/(3\lambda^2)$ で，2 面反射鏡の RCS は $8\pi l^4/\lambda^2$ である。パラボラアンテナと同様に低周波レーダのラジオメトリック校正には大きな反射鏡が必要で，$l=3\,\mathrm{m}$

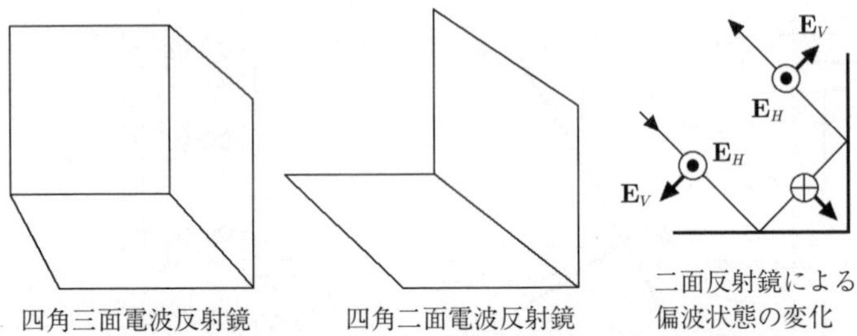

図 **2.19**　コーナー反射鏡と二面反射鏡による偏波状態の変化

の三角三面コーナー反射鏡では ALOS-2 合成開口レーダの周波数 1 257.5 MHz ($\lambda = 0.238\,6$ m) に対して約 38〔dB〕の RCS となる。2 面反射鏡はレーダの偏波校正にも利用され，図 2.19 に示すように，2 回反射による反射波の水平偏波の位相は入射波のそれと同じだが垂直偏波の位相が 180° 変化する特徴を利用している。

2.4　ステルス技術と電波吸収技術

モノスタティック・レーダのアンテナから滑らかな金属板にある角度を持ってマイクロ波が入射すると，鏡面反射により反射信号が受信されない（図 2.15 の左図)。また，後述する電波吸収技術を使うと反射電磁波が抑制される。このような特性を利用して航空機や船舶，車両などをレーダなどのセンサで検出されにくくする技術をステルス（stealth）技術と呼ぶ。ステルス技術は，その目的から軍事レーダ分野での利用が多いが，レーダ以外にも赤外線センサや音響，光学センサによる検出の抑制も含んだ技術の総称である。

近年のステルス技術では，主として機体や船体の丸みを除き平面状にして反射波を受信アンテナ方向からそらせる形状制御技術と入射波を吸収し反射を抑制する電波吸収技術が使われている。このような受動型技術に加えて，探査レーダからの信号を受信して同じ振幅で位相が 180° 違う信号を送信し，ステルス性の弱い部位からの反射信号を打ち消す能動型のステルス技術も開発されている。

2.4.1 形状制御技術

球状の金属にマイクロ波を照射すると入射方向に必ず反射する部分がある。形状制御技術[12),13)]ではこのような丸みのある構造物を極力減らし平面で構成された側面とすることで，反射波をモノスタティック・レーダ方向からそらしステルス化を達成している。航空機はおもに下方からのレーダに対するステルス性に重点が置かれており，丸みのある部分を除いた平面からなる機体部分から形成されている（図 2.20）。一般的な航空機の形状は推進能力をあげるため流線型となっており，空気抵抗を減らすことで大きな推進能力を得ている。したがって，平面体から構成されているステルス機はステルス化の代償として推進能力の劣化と推進力の低下が伴う。形状制御技術によって抑制できない鋭角状の部分に対しては，電波吸収技術によって回折による散乱波を減らす工夫がされており，機首のアンテナ部分には FSS 機能を持った素材が使われる。FSS (frequency selective surface，周波数選択膜）とは，誘電体表面に三角形や四角形，六角形などをベースとした特有の形状の金属箔を配列した薄膜で，ある特定の周波数の電磁波のみを反射あるいは透過する遮蔽材のことである。アンテナ部分を FSS 機能を備えた遮蔽材で覆うことで外部からの電波を遮断し同時に内部からの特定の周波数の電波のみを透過することができる。当然のことだ

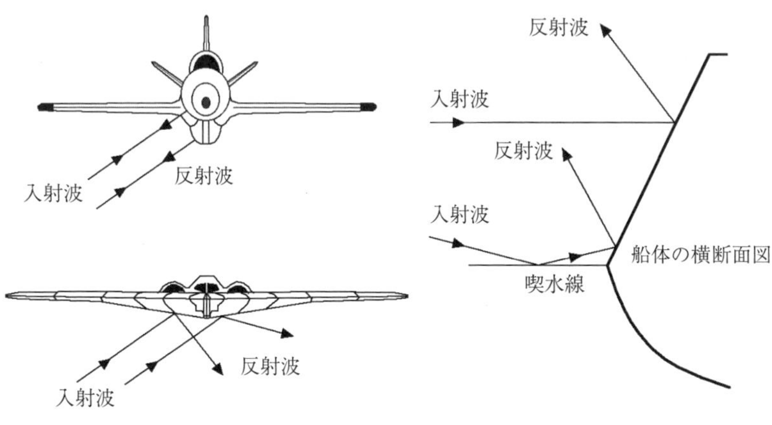

図 2.20 従来の航空機とステルス航空機，
およびステルス性を考慮した船体

が，内部からの電波と同じ周波数のレーダに対してはステルス性は失われる。

船舶のステルス化でも航空機と同様の技術が使われている。垂直な船体側面では水平方向からの電波を鏡面反射やコーナー反射鏡の原理で強く反射してしまうので，船体と船楼，甲板室の側面に角度を持たせるように船舶を設計し反射波をレーダ照射方向からそらすようになっている（図 2.20）。マストには平面からなる繊維強化プラスチックの覆いがかけられている。この覆いは FSS 機能を持っており先進型閉囲マストと呼ばれる。

2.4.2 電波吸収技術

電波吸収技術[14),15)]に使われる吸収体は RAM（radar absorbent material）と呼ばれ，物質の導電性や誘電性，誘磁性を利用して RAM に入射した電波エネルギーを熱エネルギーに変換することで反射波を抑制する方法と反射波の干渉を利用する方法がある。

電気回路の中で抵抗体に電圧をかけると電流が流れて電気エネルギーを熱エネルギーに変換する。同じように，入射電磁波によって生じた物質内の導電電流エネルギーを熱に変換することで反射電磁波を抑制することができる。これが導電性を利用した電波吸収技術の原理で，発生した熱は非常に微小で外部への放射によって吸収材量の温度は上昇することはない。材料には導電性の繊維からなる抵抗布や導電金属を蒸着した誘電体シート，導電塗料を塗布したポリエチレンフィルムなどの抵抗皮膜が使われる。誘電性電波吸収技術では物質内の分極による誘電損出を利用するが，損出が小さいためカーボン粉などをゴムや発泡ウレタン，発泡ポリスチロールの誘電体に混合した材料が使われる。混合率を変えることで複素比誘電率を大きく変えることができるので広帯域の電波吸収材として利用されている。以上の電波吸収技術は電界による電磁波吸収技術だが，誘磁性を利用した電波吸技術は，その名のとおり，磁性体に入射した電磁波によって誘発された磁場損出による入射エネルギーの熱への変換を利用している。代表的な材料には，酸化鉄の主体とした磁性体であるフェライトを高圧焼結した焼結フェライトやフェライト粉をゴムなどに混合したものが使われる。フェライト粉含有の誘電体であるゴムは，誘磁性と誘電性による両方の損出特性を持っている。

良い電波吸収特性を得るには，吸収体の反射係数を小さくし入射電波を効率的に吸収体内部に取り込み，取り込んだ電波を効率よく熱エネルギーに変換することが必要である。電波吸収体の原理は電気回路内の電流の伝搬を記述する伝送線理論が一般的に適用される。図 2.21（a）にあるように電波吸収体は厚さ d の吸収材にアルミ薄膜などの伝導体を積層したシートからなっている。この電波吸収体に入射する電磁波の伝搬は図（b）の等価回路を使って

$$Z_{in}=Z_c\frac{Z_L+Z_c\tanh(\gamma_c d)}{Z_c+Z_L\tanh(\gamma_c d)} \tag{2.32}$$

と置き換えることができる。ここで，Z_{in} と Z_c は電波入射面と吸収体の特性インピーダンス，Z_L は伝導体のインピーダンス，$\gamma_c=ik\sqrt{\varepsilon_1\mu_1}$ である。インピーダンスとは，直流回路にある抵抗のように交流電流の回路内での流れにくさを示すもので，単位は〔Ω〕である。吸収体の特性インピーダンスは $Z_c=Z_0\sqrt{\mu_1/\varepsilon_1}$ と定義され，$Z_0=\sqrt{\mu_0/\varepsilon_0}=120\pi$〔Ω〕は真空での特性インピーダンスで空気中でもほぼ同じである。さらに，金属板は導体であるので $Z_L=0$ とおくと

$$Z_{in}=Z_0\sqrt{\mu_1/\varepsilon_1}\tanh(ikd\sqrt{\varepsilon_1\mu_1}) \tag{2.33}$$

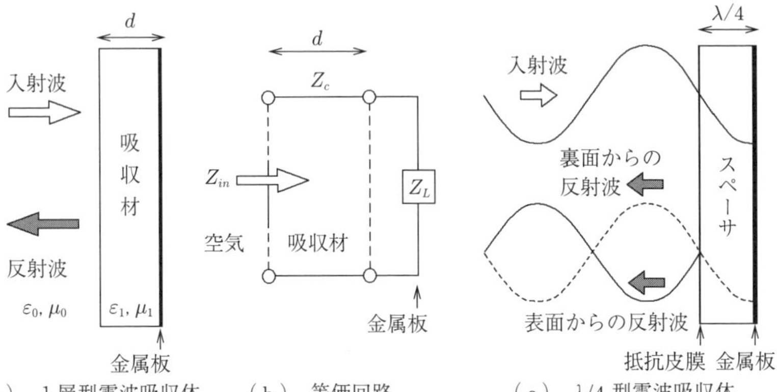

図 2.21 電波吸収体

が得られる。反射係数は

$$\Gamma_A = \frac{Z_{in} - Z_0}{Z_{in} + Z_0} \tag{2.34}$$

なので，反射波をゼロにするには，$Z_{in} = Z_0$ となるように d と ε_1 および μ_1 を選べばよい。このプロセスはインピーダンス整合と呼ばれる。誘電性吸収体の場合は，$\mu_1 = 1$ として ε_1 の値を選び，誘磁性吸収体の場合は $\varepsilon_1 = 1$ として μ_1 を選定する。図 2.21（a）の例での吸収体は 1 層からなっているが，異なる媒質の吸収体を複数重ね合わせた多層型の電波吸収体などがある。

波動の干渉を利用した $\lambda/4$ 型電波吸収体は，図 2.21（c）に示すように，対象となる電波の波長 λ の 1/4 の厚さのスペーサが抵抗皮膜と金属板にはさまれた構造になっている。抵抗皮膜から反射された電波の位相と抵抗膜を透過し金属板で反射された電波の位相が 180° 違うため，両者が干渉しあうことで反射波を減衰する。空気の代わりに比誘電率 ε_1 の誘電体をスペーサとして用いると，内部の電波の波長が $\lambda/\sqrt{\varepsilon_1}$ となり吸収体の厚さを $1/\sqrt{\varepsilon_1}$ だけ薄くすることができる。

FSS と電波吸収体は軍事分野でのステルス技術のみへの応用に限らず，電波暗室をはじめ無線 LAN や携帯電話などのさまざまな電子機器のノイズ抑制や電子料金収受システム（electric toll collection，ETC）の側面と上部に設置されているレーン間の電波干渉と前後車両による反射電波の低減，テレビジョンのゴースト対策，レーダ偽像障害防止などのさまざまな電波環境改善に利用されている。

電波暗室とは，外部からの電磁波を遮断し電波吸収材材を内壁全面に取り付けた電波無反射室で，電子機器や無線機器の実験や電磁波散乱特性の計測などに利用される。電波吸収材は，ポリウレタンに炭素粒子やフェライト（焼結体）を含有したピラミッド形のものやくさび形からなっており，図 2.22 に示すように，入射した電磁波を複数回反射されることで反射波を抑制するしくみになっている。ピラミッド形やくさび形の大きさによって電波吸収材が適応する電磁

（a）　電波暗室室内

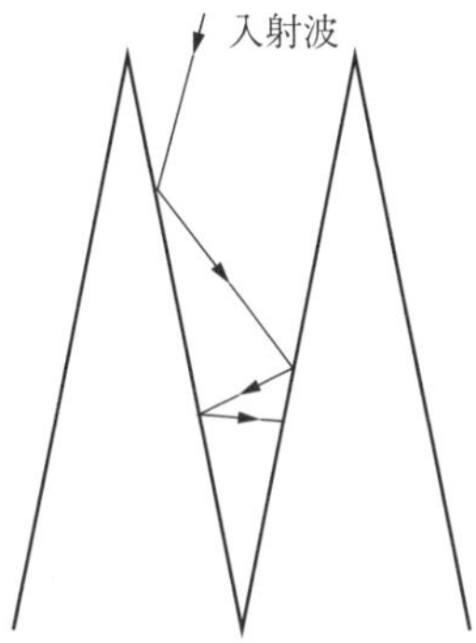

（b）　電波吸収原理

図 2.22　電波暗室室内（(a) の画像提供：復旦大学王海鵬実験室）

波の周波数と吸収量が異なるため，違ったサイズの電波吸収材を使って利用する周波数帯に対応している。

3 レーダクラッタ

レーダクラッタ（radar clutter）とは，レーダ受信信号に含まれるターゲット以外のノイズ（雑音）のことで，図 3.1 にあるように，航空機や船舶などの真のターゲット検出の妨げとなる。したがって，ターゲット以外の対象物を間違ってターゲットと認識してしまう確率を少なくして高精度でターゲットを検出するためには，クラッタを抑制しターゲットから分離する必要がある。クラッタはランダムに変化するため，その特徴を把握するには統計的手法が適用される。本章では，レーダクラッタの統計的性質と種類，ターゲット検出に最も広く利用されている一定誤警報率について解説する。

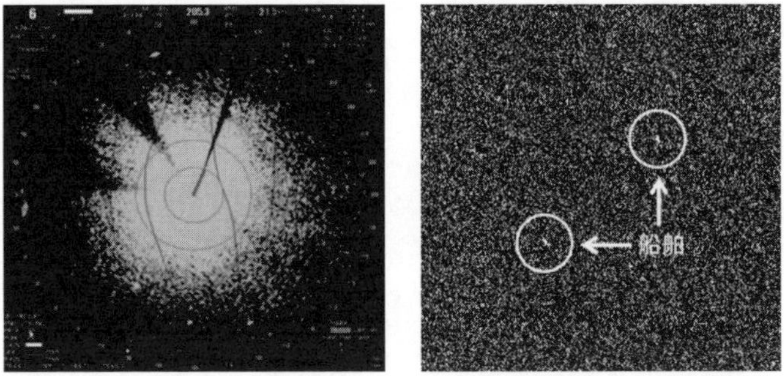

（a） 探査レーダ[1]　　（b） 合成開口レーダ画像[2]

図 **3.1** クラッタとターゲット

3.1 レーダクラッタと統計的性質

3.1.1 レーダクラッタとターゲット

レーダシステムの熱雑音が受信信号に加法的であるのに対して，クラッタは散乱体に依存する受信信号に乗法的なノイズで，ランダムな位相と振幅を持った受信信号の干渉によって生じる。地表面や海面，海氷，大気中の雨などからのノイズは，それぞれ，グランドクラッタ（ground clutter），シークラッタ（sea clutter），シーアイス（海氷）クラッタ（sea ice clutter），ウェザークラッタ（weather clutter）と呼ばれる。また，昆虫や鳥，大気の屈折率の変化などによるクラッタはエンジェル（天使の）エコー（angel echo）†と呼ばれる[3)]。直接受信する信号に加えて建物から複数反射（マルチパスと呼ばれる）することによって発生する虚像や，人為的な妨害電波と電波反射銀紙（チャフ）によるランダムな信号もクラッタの一種である。このようなクラッタはターゲット検出の妨げになるので抑制が必要となってくる。例えば，航空機の検出ではウェザークラッタと低空飛行の場合の森林や山の斜面からのグランドクラッタが強く，船舶の検出では砕破や海氷からのクラッタと船舶の区別が重要となってくる。

一方，クラッタの統計的性質は，地表面や海面，雨や大気などの散乱体の状態によって変化することから，クラッタから散乱体の情報を抽出する研究もされている。このように観測対象によってターゲットとクラッタは異なってくる。例えば，管制レーダでは航空機がターゲットで降雨や雲はノイズとして取り扱われるが，気象レーダでは降雨がターゲットとなり航空機などはノイズとなる。

図 3.1 は探査レーダと合成開口レーダ画像のクラッタとターゲットの例だが，クラッタは合成開口レーダのような画像レーダではスペックル（speckle）とも呼ばれる[4)]。クラッタはランダムに分布しているので，このような信号からターゲットを高精度で検出するには，クラッタとターゲットの統計的性質を知る必要がある。

3.1.2 統計的記述の基礎知識

離散的なクラッタ信号が $z_1, z_2, z_3, \cdots, M$ という値をとる確率を $p_1, p_2, p_3, \cdots, p_M$ とすると，平均

---

† 初期のレーダ観測で澄み渡った何もないと思われる空から反射信号が受信され，天使が空中を浮遊しているということから命名された。

$$\mu_m \equiv \langle z \rangle = \lim_{M \to \infty} \sum_{j=1}^{M} z_j \, p_j \tag{3.1}$$

は期待値またはアンサンブル（集合）平均と呼ばれる。同様に連続的な信号 z のアンサンブル平均は

$$\mu_m \equiv \langle z \rangle = \int_{-\infty}^{\infty} z \, p(z) dz \tag{3.2}$$

と定義される。ここで，$p(z)$ は z の値をとる確率密度関数（probability density function，PDF）である。

離散的な信号のばらつきの指標である分散は

$$\sigma_z^2 = \lim_{M \to \infty} \sum_{j=1}^{M} (z_j - \langle z \rangle)^2 \, p_j \tag{3.3}$$

と定義され，連続的な信号では

$$\sigma_z^2 = \int_{-\infty}^{\infty} (z - \langle z \rangle)^2 p(z) dz \tag{3.4}$$

と定義される。

実際のデータは有限であるため，離散的な信号のサンプル数 M，連続的な信号では区間 $[-z_0, z_0]$ での信号のサンプル（標本）平均と呼ばれる値

$$\hat{\mu}_m = \sum_{j=1}^{M} z_j \, p_j \tag{3.5}$$

$$\hat{\mu}_m = \int_{-z_0}^{z_0} z \, p(z) dz \tag{3.6}$$

が利用される。有限な信号の分散も同様である。本書で取り扱う信号は，ことわらないかぎり，どの区間でサンプル平均をとっても同じ定常な信号とし，アンサンブル平均が一つのサンプル平均（分散やほかの統計量も）で置き換えられるエルゴード的信号とする（4.2.2 項参照）。

3.2 クラッタと確率密度関数

3.2.1 正 規 分 布[4)~6)]

レーダのシステムノイズは，おもに電気回路の抵抗内での熱による自由電子のランダム運動から発生する熱雑音（ジョンソンノイズとも呼ばれる）で，そのほかのシステムノイズには，離散的に発生するショットノイズや強度が周波数に反比例する $1/f$（ピンク）ノイズなどがある。熱雑音のパワースペクトル密度は全周波数にわたってほぼ一様に分布しているいわゆるホワイトノイズで，確率密度関数

$$p(z) = \frac{1}{\sqrt{2\pi}\sigma_z} \exp\left(\frac{(z-\mu_m)^2}{2\sigma_z^2}\right) \tag{3.7}$$

で近似される。ここで，z と μ_m，σ_z は，それぞれ信号値と平均値および標準偏差値で，式 (3.7) は面積が 1 になるように規格化されている。この確率密度関数を持った分布は正規分布（あるいはガウス分布）と呼ばれる。図 3.2 に $\mu_m = 0$ の正規分布を示す。図にあるように，正規分布に従うノイズの場合，信号強度が $\mu_m \pm \sigma_z$ の範囲内にある確率は約 68%となる。

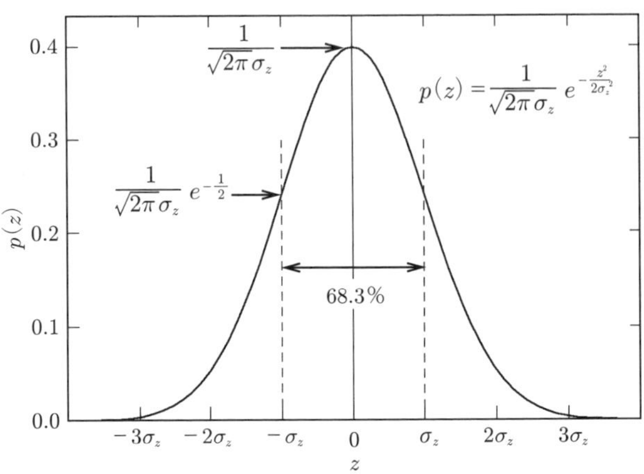

図 3.2 正規（ガウス）分布確率密度関数

確率密度関数 $p(z)$ を $-\infty$ から z' まで積分した関数は，累積確率密度関数（cumulative probability density function）あるいは累積分布関数と呼ばれ，正規分布の場合

$$p_c(z') = \int_{-\infty}^{z'} p(z)dz = \frac{1}{2}\left(1 + \mathrm{erf}\left(\frac{z' - \langle z \rangle}{\sqrt{2}\sigma_z}\right)\right) \tag{3.8}$$

となる。ここで，erf はエラー関数で

$$\mathrm{erf}(z') = \frac{2}{\sqrt{\pi}}\int_0^{z'} \exp(-z^2)dz \tag{3.9}$$

と定義される。エラー関数は，$\mathrm{erf}(-z) = -\mathrm{erf}(z)$ の性質があり奇関数である。図 3.3 に式 (3.8) の累積確率密度関数を示す。確率密度関数の z での値は信号値 z の発生する確率を示すが，z' における累積確率密度関数の値は $-\infty$ から z' の区間にある信号値が発生する確率を示す。したがって，式 (3.8) の値は，z' が増加するにつれて 1，つまり 100%の発生確率に近づいていく。累積確率密度関数は，ターゲットを検出する確率とターゲットが存在していないのにも関わらずターゲットと誤判断してしまう確率を算出することに用いられる。

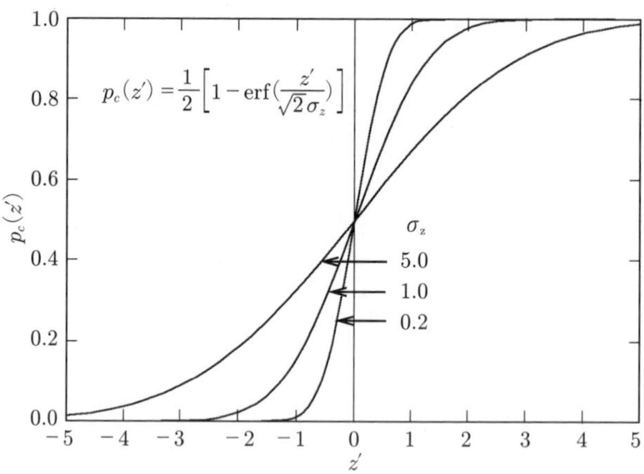

図 **3.3**　正規（ガウス）分布の累積確率密度関数

3.2.2 レイリー分布[4)~6)]

レイリー分布はクラッタの最も基礎的な分布関数であるので，ここで少し詳しく説明する。まず，レーダ分解能幅に相当するターゲット体積内に M 個の多くの散乱要素があるとする。この体積内からの受信信号は

$$A\exp(i\phi)=\sum_{j=1}^{M} a_j \exp(i\psi_j) \tag{3.10}$$

で与えられる。ここで，A と ϕ はそれぞれ受信信号の振幅と位相で，a_j と ψ_j はそれぞれ j 番目の散乱要素の振幅と位相である。おのおのの散乱要素の振幅はランダムで，さらに位相は振幅に関係なくランダムに変化し $[0, 2\pi)$ の間で一様に分布しているとすると，中心極限定理により受信信号の実数成分 A_r と虚数成分 A_i は正規分布に従う。A_r と A_i の結合確率密度関数は，M が大きくなるにつれて

$$p(A_r, A_i)=\frac{1}{2\pi\sigma_A^2}\exp\left(-\frac{A_r^2+A_i^2}{2\sigma_A^2}\right) \tag{3.11}$$

の 2 変数正規分布に近づく。ここで，σ_A^2 は分散である。一般的に $M \geqq 6\sim 8$ であれば中心極限定理の近似が成り立つ。

振幅 $A=(A_r^2+A_i^2)^{1/2}$ と位相 $\phi=\arctan(A_i/A_r)$ の結合確率密度関数は

$$p(A, \phi)=\frac{p(A_r, A_i)}{J(A_r, A_i)} \tag{3.12}$$

の関係から求められる。ここで，J は，ヤコビアン（Jacobian）と呼ばれる変数変換の際に生じる変化率を示す行列式

$$J(A_r, A_i)=\begin{vmatrix} \partial A/\partial A_r & \partial A/\partial A_i \\ \partial \phi/\partial A_r & \partial \phi/\partial A_i \end{vmatrix} \tag{3.13}$$

である。振幅と位相の定義からヤコビアンは $J=1/A$ となり，式 (3.12) は

$$p(A, \phi)=\frac{A}{2\pi\sigma_A^2}\exp\left(-\frac{A^2}{2\sigma_A^2}\right)\mathrm{rect}\left(\frac{\phi}{2\pi}\right) \quad : \quad A \geqq 0 \tag{3.14}$$

となる。ここで，$\mathrm{rect}(\phi/(2\pi))$ は矩形関数で，ϕ が $[-\pi, \pi)$ にあるとき 1 の値

をとり，そのほかの場合は0となる関数である。振幅と位相の確率密度関数はそれぞれ

$$p(A)=\int_{-\pi}^{\pi}p(A,\phi)d\phi=\frac{A}{2\sigma_A^2}\exp\left(-\frac{A^2}{2\sigma_A^2}\right) \tag{3.15}$$

$$p(\phi)=\int_{0}^{\infty}p(A,\phi)dA=\frac{1}{2\pi}\mathrm{rect}\left(\frac{\phi}{2\pi}\right) \tag{3.16}$$

となる。

同様に，信号強度 $I=A^2$ の確率密度関数は，$J(A_r,A_i)=2$ から

$$p(I)=\int_{-\pi}^{\pi}p(I,\phi)d\phi=\frac{1}{2\sigma_A^2}\exp\left(-\frac{I}{2\sigma_A^2}\right) \tag{3.17}$$

となる。強度の n 次モーメントは

$$\langle I^n\rangle=\int_{0}^{\infty}I^n p(I)dI \tag{3.18}$$

から求められ，アンサンブル平均強度（一次モーメント）は

$$\langle I\rangle=\frac{1}{2\sigma_A^2}\int_{0}^{\infty}I\exp\left(-\frac{I}{2\sigma_A^2}\right)dI=2\sigma_A^2 \tag{3.19}$$

となる。同様に，強度の2乗平均（二次モーメント）は $\langle I^2\rangle=2(2\sigma_A^2)^2$ なので，信号強度の分散は $\langle I^2\rangle-\langle I\rangle^2=(2\sigma_A^2)^2=\langle I\rangle^2$ となる。式 (3.15) と式 (3.17)，および式 (3.19) から，振幅と強度の確率密度関数はそれぞれ

$$p(A)=\frac{2A}{\langle A^2\rangle}\exp\left(-\frac{A^2}{\langle A^2\rangle}\right) \tag{3.20}$$

$$p(I)=\frac{1}{\langle I\rangle}\exp\left(-\frac{I}{\langle I\rangle}\right) \tag{3.21}$$

で与えられる。ここで，$\langle I\rangle=\langle A^2\rangle$ である。式 (3.20) の振幅分布はレイリー分布として知られており，強度は式 (3.21) の負の指数分布に従う。図 3.4 に，$A=z$，$\langle A^2\rangle=\sigma_z^2$ としたときのレイリー分布を示す。

レイリー分布の確率密度関数を持ったクラッタは，レイリークラッタ，あるいはガウス統計に従うクラッタと呼ばれ，その統計的特性は平均強度 $\langle I\rangle$ で完全に記述される。レイリークラッタは，この平均強度と分解能幅内にランダムに

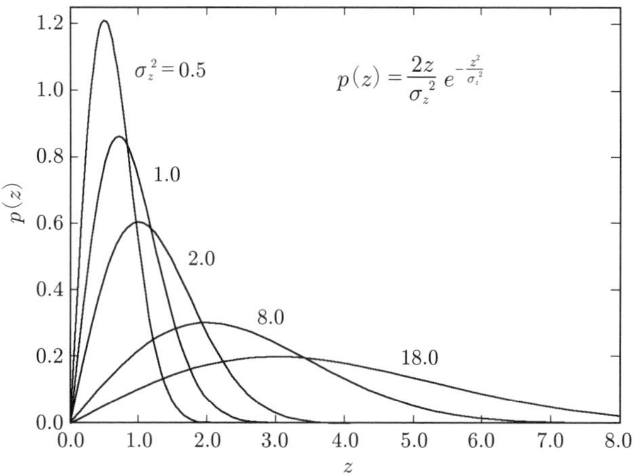

図 3.4　レイリー分布確率密度関数

分布している散乱要素が多く存在するということ以外に散乱体に関する情報は含まれていない。穏やかで一様なさざ波からなる海面や地表面，熱帯雨林などの高密度の森林からのクラッタはレイリー分布に適合することが知られている。

初期のレーダによるクラッタ計測では，木々や建物などの空間的な変化は分解能幅と比べて小さいため，このような変化は分解能幅内で平均され受信信号に反映されることはなかった。結果として，受信信号の複素振幅はガウス分布となりクラッタ振幅はレイリー分布で記述されていた。しかし，レーダの分解能が高まるにつれて多くのクラッタがレイリー分布に適合しないことがわかってきた†。高分解能レーダで分解能幅内の散乱要素が少なくなったり，反射係数が時空間的に大きく変動するような場合，例えば砕波の混じった海面やまばらに木々が分布している森林など，統計的に一様に分布していない不均質で異種混交の散乱体からの高分解能レーダのクラッタはレイリー分布には適合しないことが明らかになっている。このようなクラッタは非レイリークラッタあるいは非ガウスクラッタと呼ばれ，異なる非レイリークラッタに適応するさまざまな分布関数が提案されている[1),7)~11)]。また，非レイリークラッタには海面状

† 高分解能レーダでも，条件を満たせば一様な粗面などからのクラッタはレイリー分布となる。

態や森林の情報が含まれていることから，その特性を利用した散乱体の物理量の計測や分類法などが提案されている。

3.2.3 対数正規分布

非レイリークラッタの振幅分布を記述する確率密度関数の一つに対数正規分布（log-normal distribution）[4)~6)] がある。対数正規分布は

$$p(z)=\frac{1}{\sqrt{2\pi}\sigma_z z}\exp\left(-\frac{(\ln(z)-\mu_m)^2}{2\sigma_z^2}\right) \tag{3.22}$$

と定義される。ここで, ln は自然対数, $\mu_m=\langle\ln(z)\rangle$ と σ_z^2 はそれぞれ $\ln(z)$ の平均と分散である。図 3.5 に $\mu_m=0$ での対数正規分布を示す。式 (3.2) と式 (3.4) から, z の平均値と分散はそれぞれ $\exp(\mu_m+\sigma_z^2/2)$, $\exp(2\mu_m+\sigma_z^2)(\exp(\sigma_z^2)-1)$ となる。この確率密度関数は，ほかの非レイリー分布と比べて z の増加に伴う長い「すそ（尾部)」があり，$z=0$ の値を持つ観測値の確率は 0 である。したがって，クラッタの強度分布には適合せず，振幅分布を記述する確率密度関数として知られている。すその領域の違いは，確率密度関数を縦軸の相対頻度を対数表示した関数で表示するとより明瞭となる。

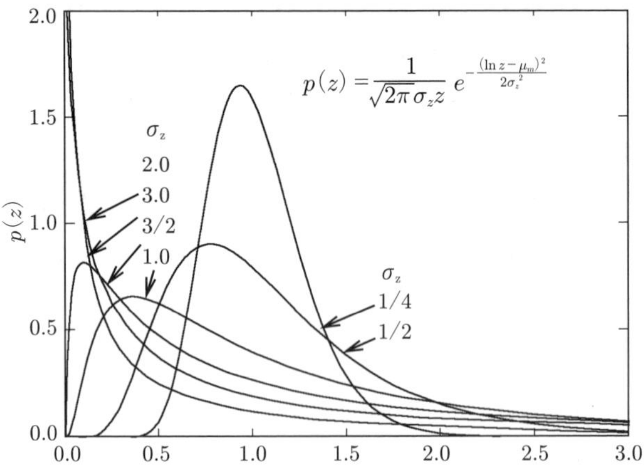

図 3.5　対数正規分布確率密度関数（$\mu_m=0$）

3.2.4　ワイブル分布[7)]

ワイブル分布（Weibull distribution）確率密度関数は

$$p(z)=\frac{\nu}{b}\left(\frac{z}{b}\right)^{\nu-1}\exp\left(-\left(\frac{z}{b}\right)^{\nu}\right)\quad : b>0,\ \nu>0 \tag{3.23}$$

で定義され，ν は形状（shape）パラメータ，b はスケール（scale）あるいは尺度パラメータと呼ばれる。平均値と分散はそれぞれ

$$\langle z\rangle=b\Gamma\left(1+\frac{1}{\nu}\right) \tag{3.24}$$

$$\sigma_z^2=b^2\left(\Gamma\left(1+\frac{2}{\nu}\right)-\Gamma^2\left(1+\frac{1}{\nu}\right)\right) \tag{3.25}$$

となる。ここで，Γ はガンマ関数である。図 3.6 にあるように，一定のスケールパラメータのもとで $\nu=1$ のときには（負の）指数分布となり，$\nu=2$ では，$b=\sigma_z$ とおいて

$$p(z)=\frac{2z}{\sigma_z^2}\exp\left(-\frac{z^2}{\sigma_z^2}\right) \tag{3.26}$$

の図 3.4 にあるレイリー分布となる。形状パラメータをさらに増加すると分布の尖度が大きくなる。一方，形状パラメータを一定にしてスケールパラメータ

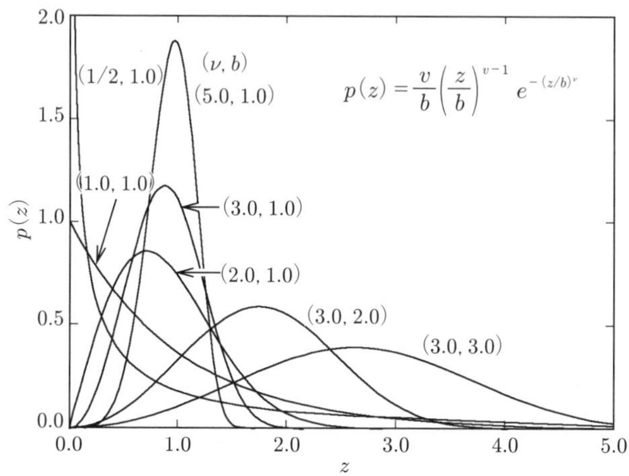

図 3.6　ワイブル分布確率密度関数

を大きくすると分布の尖度が小さくなる。このように，ワイブル分布は汎用性のある分布関数†として対数正規分布とともに，レーダ分野のみならず品質管理や気象，経済，医学分野でも多用されている。

3.2.5 ガンマ分布

ガンマ分布（gamma distribution）[4),6)] は

$$p(z) = \frac{z^{\nu-1}}{\Gamma(\nu)\,b^{\nu}} \exp\left(-\frac{z}{b}\right) \tag{3.27}$$

で定義され，ν と b はそれぞれ形状パラメータとスケールパラメータである。平均値と分散はそれぞれ $\langle z \rangle = \nu b$，$\sigma_z^2 = \nu b^2$ となる。図 3.7 にあるように，ガンマ分布は $\nu = 1$ で指数分布となり，形状パラメータの増加とともに分布の尖度が大きくなる。$b=2$，$\nu = n/2$ とおくと式 (3.27) は，自由度 n のカイ 2 乗分布（χ^2-分布）となる。カイ 2 乗分布はゆらいでいるターゲット（swerling target）の分布として知られている。また，クラッタの信号強度をサイズ N のウインドウ内で加算平均することでクラッタを抑圧する方法では，レイリークラッタ

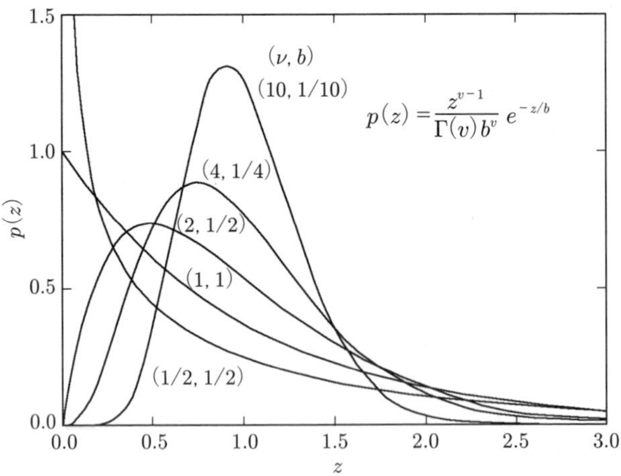

図 3.7　ガンマ分布確率密度関数

† ワイブル分布は，最初 W. Weibull によって機械の劣化と寿命を近似することに使われた。

の標準偏差値を $1/\sqrt{N}$ 倍だけ減少することができる。ここで加算平均されたクラッタ強度の確率密度関数はガンマ分布に従い，$b=\langle I\rangle/N$，$\nu=N$，$z=I$ とすると

$$p_N(I)=\frac{I^{N-1}}{\Gamma(N)\left(\frac{\langle I\rangle}{N}\right)^N}\exp\left(-\frac{I}{\frac{\langle I\rangle}{N}}\right) \tag{3.28}$$

となる。このノイズ抑圧法では，信号をサイズ N のウインドウ内で加算平均するので，ノイズを軽減する代償として分解能は $1/N$ に劣化する。

3.2.6 K-分布

K-分布[6),8)] は，経験的に導出されたほかの分布関数とは異なり，ステップ数が変化するランダムウォーク（random walk）問題[†]の極限として数学的に導出された分布関数である。K-分布はレイリー分布とガンマ分布の結合モデルで，確率密度関数は

$$p(z)=\frac{2b}{\Gamma(\nu)}\left(\frac{bz}{2}\right)^{\nu}K_{\nu-1}(bz) \tag{3.29}$$

で与えらる。ワイブル分布とガンマ分布と同様に，ν は形状パラメータ，b はスケールパラメータである。$K_{\nu-1}$ は $\nu-1$ 次の変形ベッセル関数で，K-分布の名前はこの関数に由来する。図 3.8 に $b=1$ のときの K-分布確率密度関数を示す。$b=2(\nu/\langle I\rangle)^{1/2}$，$z=A$ とおくと式 (3.29) は，振幅 A（$A=\sqrt{I}$）のレーダクラッタを記述する K-分布確率密度関数

$$p(A)=\frac{4}{\Gamma(\nu)}\left(\frac{\nu}{\langle I\rangle}\right)^{\frac{(\nu+1)}{2}}A^{\nu}K_{\nu-1}\left(2A\left(\frac{\nu}{\langle I\rangle}\right)^{\frac{1}{2}}\right) \tag{3.30}$$

となる。この密度関数は，当初，液晶からのレーザ光散乱問題に適用されたが，その後シークラッタをはじめ多くのレーダクラッタに適応することが報告されている。指数関数のみのワイブル分布と比較すると K-分布確率密度関数はガ

---

† 泥酔した人の乱歩のように，つぎのステップが不規則になる現象。

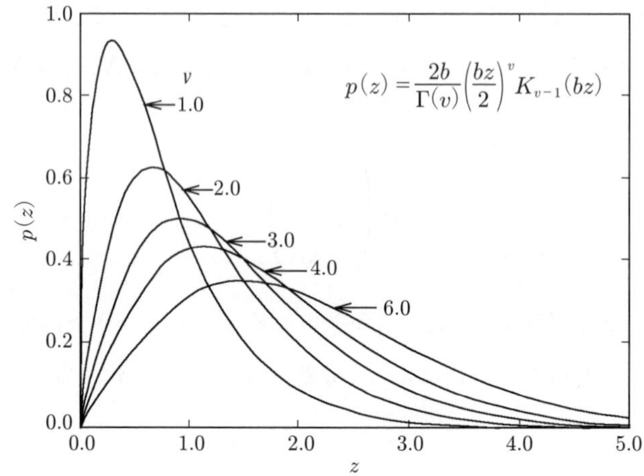

図 3.8　K-分布確率密度関数（$b=1$）

ンマ関数と変形ベッセル関数を含んでいるため演算が複雑になるが，その汎用性からレーダのみならず光学・大気分野での散乱・放射問題や医療分野での音響データ解析など多岐にわたる分野で利用されている。また，熱雑音を含めた非レイリークラッタの変形 K-分布モデルも提案されている。

3.2.7　確率密度関数と対象物

表 3.1 におもな確率密度関数と適応するクラッタと対象物を要約する。レイリー分布は均質な粗面や風浪階級 2〜3 程度の小波のある海面，熱帯林などの高密度の森林などからの統計的に一様なクラッタに適応する。対数正規分布やワイブル分布，K-分布などの非レイリー分布関数は，ウェザークラッタをはじめ

表 3.1　おもな確率密度関数とクラッタ，および対象例

分布関数	クラッタ/対象
正規，レイリー分布	熱雑音，粗面，海面，高密度の森林，雪面等の均質な物質
対数正規分布	非常に粗い粗面，海面，海氷，森林，雨や雪，Angle echo 等
ワイブル分布	均質な粗面から粗い粗面，海面，海氷，森林，雨や雪等
ガンマ分布	レイリーおよび加算平均クラッタ，Swerling ターゲット等
K-分布	ワイブル分布と同様の粗い粗面，海面，海氷，森林，雨や雪等
カイ 2 乗（χ^2）分布	Swerling ターゲット，レイリークラッタ
フィッシャー，$\mathcal{G}^0$-分布	山岳・都市域等からの非常に不均質なクラッタ

凹凸の大きな粗面や低密度でまばらに分布している森林，白波等の混じった風浪階級値の比較的大きな（風浪階級 ≥ 3）海面，海氷など不均質で異種混交の散乱体からなるランドクラッタやシークラッタなどによく適合する。一方，変形ベータ分布（modified Beta distribution）は上記の分布関数とともにシーアイスクラッタを記述することが知られている。都市域や高低差の激しい山岳域からのクラッタは極端に不均質なクラッタ（extremely heterogeneous clutter）となっており K-分布等には適合せず，Fisher-分布や $\mathcal{G}^0$-分布がよく一致することが報告されている。$\mathcal{G}$-クラスの分布関数は特別なケースとして $\mathcal{G}^0$-分布と K-分布に収束するため不均質な非レイリークラッタの分布関数として注目されている。また，確率変数を $z'=1/z$ とおいたインバース（逆）ワイブル分布（inverse-Weibull distribution）や，ガンマ分布とインバースガンマ分布に収束するインバースガウス分布（inverse-Gaussian distribution）なども提案されている。

3.3　確率密度関数の選定：AIC

レーダクラッタに適合する確率密度関数の候補には多くの種類があることは述べたが，どのモデルが観測されたデータに最適なのかという選定基準が必要である。最もよく知られ活用されている基準は，カルバック-ライブラー情報量（Kullback-Leibler information）[9] をベースとした赤池情報量基準（Akaike information criterion, AIC）あるいは単にAICと呼ばれる指標である[5),6),11),12)]。モデル選択の大まかな流れは，まず複数の候補となるモデル関数を選び，データに最適な各モデルのパラメータを算出する。AICでは最尤法（さいゆうほう）（maximum likelihood estimation, MLE）と呼ばれるパラメータ推定法を利用する。算出パラメータを使って算出されたおのおののモデルとデータの確率密度関数を比較して，データとモデルの「距離」が最も近い（情報量損出が最も少ない）確率密度関数を選定する。以下にAICを要約する。

3.3.1 最尤推定値

たがいに独立な N 個の観測値を $(z_1, z_2, z_3, \cdots, z_N)$ とし，このデータが適合すると仮定した候補モデルの j 番目の値が生じる確率を $p(z_j|\Theta)$ とする。ここで，$\Theta=(\theta_1, \theta_2, \theta_3, \cdots, \theta_M)$ は†，モデルのパラメータで，式 (3.26) のレイリー分布では σ_z^2 $(M=1)$，ワイブル分布では式 (3.23) の ν と b $(M=2)$ である。同時確率密度関数は

$$\prod_{j=1}^{N} p(z_j|\Theta)=p(z_1|\theta)\,p(z_2|\theta)\,p(z_3|\theta)\,\cdots,\,p(z_N|\theta) \tag{3.31}$$

となる。式 (3.31) は尤度関数と呼ばれる。この尤度関数値が最大になる Θ の値を求める方法が上記した最尤法という手法である。同時確率密度関数と尤度関数は同じであるが，前者は Θ を定数とし z_j を変数としてその値が得られる確率を意味し，後者は z_j を定数とし Θ を変数としてデータに当てはめた分布関数がどれだけ尤（もっと）もらしいかを意味している。最大尤度のパラメータを持った分布関数が尤もらしい，つまりデータに最適な分布関数となる。

最尤法では演算を簡単にするため尤度関数を（自然）対数変換し，確率密度関数の和として

$$\ell(\Theta)=\ln\prod_{j=1}^{N} p(z_j|\Theta)=\sum_{j=1}^{N}\ln\{p(z_j|\Theta)\} \tag{3.32}$$

を最大とする $\hat{\Theta}$ を求める。レイリー分布のようにパラメータが 1 個の場合は，式 (3.32) の対数尤度関数を θ_1 で微分して，$d\ell(\theta_1)/d\theta_1=0$ を解けば最尤推定量が最大となる $\hat{\theta}_1$ が求められる。パラメータが M 個ある場合は，対数尤度関数を各々の θ_j で偏微分して 0 とおいた連立偏微分方程式を解くことで M 個の最尤推定量が算出される。また，最尤推定量の算出には上記のような解析的な方法のほかに最適化による求め方もある。

† 最尤法では伝統的にモデルのパラメータに θ を使っており，レーダの入射角とは異なる。

3.3.2 K-L 情報量[9),10)]

データとモデルの離散確率分布をそれぞれ，$\mathbf{q}=(q_1, q_2, q_3, \cdots q_N)$，$\mathbf{p}=(p_1, p_2, p_3, \cdots p_N)$ とすると，K-L 情報量は

$$\mathrm{KL}=\sum_{j=1}^{N} q_j \left(\ln\frac{q_j}{p_j}\right)=\sum_{j=1}^{N} q_j \ln(q_j)-\sum_{j=1}^{N} q_j \ln(p_j) \tag{3.33}$$

と定義される。ここで，q_j と p_j は j 番目の事象が発生するそれぞれの確率である。式 (3.33) の右辺第一項は q_j の確率分布を持つ確率変数 $\ln(q_j)$ の平均（期待）値で，正負の符号をかえた（-1 を乗算した）値はデータのばらつきを示すシャノンの情報量あるいはエントロピーと呼ばれる†。第二項は，q_j の確率分布を持つクラッタの確率変数 $\ln(p_j)$ の平均値である。もしモデルが $p=q$ と真（データ）の確率分布と一致するなら，$\mathrm{KL}=0$ となる。すなわち，KL 情報量が少ないほどモデルは真の分布に近いといえる。第一項はモデルに依存せずどのようなモデルを使っても同じ値になるので，第二項の値が大きいほど真の分布に近いことになる。データの真の分布はわからないので，式 (3.33) の第二項の大小のみで真の分布に対するモデルのよさが評価できる。赤池情報量基準は，この第二項を利用したモデル選択法である。

3.3.3 赤池情報量基準：AIC[5),6),11),12)]

上記のように，式 (3.33) の K-L 情報量の第二項のみからモデルのよさが評価できるのだが，真の分布 q が未知である。AIC は，この量を最尤法によって近似的に求め

$$\mathrm{AIC}=-2\mathcal{L}(\hat{\Theta})+2M \tag{3.34}$$

と定義される。ここで，M はモデルのパラメータ数で，$\mathcal{L}(\hat{\Theta})$ は最大対数尤度

$$\mathcal{L}(\hat{\Theta})=\sum_{j=1}^{N} n_j \ln\{p(z_j|\hat{\Theta})\} \tag{3.35}$$

† エントロピーは 8 章のレーダの偏波解析に利用される。

n_j は z_j が観測された頻度数，式 (3.35) の $p(z_j|\hat{\Theta})$ は

$$\sum_{j=1}^{N} p(z_j|\hat{\Theta}) = 1 \tag{3.36}$$

である。回帰分析で用いられる最小 2 乗法を使った AIC もよく利用されており，誤差が正規分布しているという仮定のもとで，AIC は

$$\mathrm{AIC} = N \ln \left(\frac{RSS}{N} \right) + 2M \tag{3.37}$$

と定義される。ここで，RSS はデータとモデルの残差 2 乗和（residual sum of squares）である。

式 (3.34) の右辺第一項はモデルのデータへの適合性を意味する最大対数尤度で，第二項は第一項の最大対数尤度と平均対数尤度の差，バイアス項である。バイアス項は，データのサンプル数が大きくなるにつれてバイアス項が漸近的にモデルのパラメータ数 M に等しくなることに由来する。つまり，期待平均対数尤度を最大対数尤度で推定すると，パラメータの数に等しい偏りがあることを意味する。この偏りを修正する項が第二項でモデルの複雑性に相当する。一般的に，自由パラメータが多くなるほどモデルのデータへの適合性は良くなるが，モデルが複雑になってしまうという相反性がある。第二項はモデルが複雑になることへのペナルティを課して，第一項とのバランスをとる効果を持っている。また，式 (3.34) の右辺にある 2 の倍数は，尤度比検定を論じる際に使用されてきたという歴史的な理由による。

このように，AIC 基準ではモデルの尤度とパラメータ数のバランスをとり，AIC の値が少ないモデルほどデータに適合するモデルとする。AIC の値自体は重要ではなく，おのおののモデルの AIC の値の違いが意味を持っている。ここで注意したいのは，AIC は複数の候補の中からデータに最もよく適合するモデルを選択するのであって，モデルを最適化するのではないことである。候補とするすべてのモデルが不適切な場合，AIC は不適切なモデルの中で最もよくデータに適合するモデルを選んでしまう。したがって，AIC を適用する前に多くの候補となるモデルを選定するなり，経験的によい候補となる少数の適正な

モデルを選定することが重要である。レーダクラッタに適合するモデルは，ほとんどの場合，前述した確率密度関数がよい候補となっている。

3.3.4　AIC の例

つぎに，レイリー分布と対数正規分布のどちらが表 3.2 にあるデータによく適合するかを AIC を使って調べてみる。レイリー分布のパラメータ σ_z^2 の最尤推定値は，式 (3.26) を式 (3.32) に代入し，$d\ell(\sigma_z)/d\sigma_z = 0$ の微分方程式を解くことで求められ

$$\hat{\sigma}_z^2 = \frac{1}{N}\sum_{j=1}^{N} Z_j^2 = 2.892 \tag{3.38}$$

となる。ここで，$Z_j = n_j z_j$（n_j は z_j が観測された頻度数）は観測値である。同様に，対数正規分布の最尤推定値は

$$\hat{\mu}_m = \frac{1}{N}\sum_{j=1}^{N} \ln Z_j = 0.129 \tag{3.39}$$

$$\hat{\sigma}_z^2 = \frac{1}{N}\sum_{j=1}^{N} (\ln Z_j - \hat{\mu}_m)^2 = 0.359 \tag{3.40}$$

となる。以上の最尤推定値を式 (3.26) と式 (3.22) に代入すれば，レイリー分布と対数正規分布の $p(z_j|\hat{\Theta})$ が算出され，表 3.2 のデータと式 (3.34) および式

表 3.2　クラッタデータ例

z	頻度	z	頻度	z	頻度	z	頻度	z	頻度	z	頻度
0.0	0	1.1	261	2.2	88	3.3	14	4.4	6	5.5	4
0.1	4	1.2	241	2.3	56	3.4	30	4.5	5	5.6	2
0.2	5	1.3	204	2.4	60	3.5	27	4.6	6	5.7	2
0.3	59	1.4	167	2.5	45	3.6	13	4.7	5	5.8	1
0.4	120	1.5	199	2.6	30	3.7	18	4.8	4	5.9	0
0.5	211	1.6	156	2.7	45	3.8	12	4.9	4	6.0	2
0.6	198	1.7	146	2.8	39	3.9	8	5.0	4	6.1	1
0.7	250	1.8	124	2.9	17	4.0	14	5.1	2		
0.8	263	1.9	91	3.0	28	4.1	9	5.2	3		
0.9	239	2.0	110	3.1	36	4.2	12	5.3	3		
1.0	272	2.1	76	3.2	27	4.3	8	5.4	0		

(3.35) からレイリー分布と対数正規分布それぞれの AIC1 と AIC2 は

$$\mathrm{AIC1} = -2 \times (-14\,255.12) + 2 \times 1 = 28\,512.24 \tag{3.41}$$

$$\mathrm{AIC2} = -2 \times (-13\,931.28) + 2 \times 2 = 27\,866.56 \tag{3.42}$$

となる。式 (3.41) と式 (3.42) より，対数正規分布の AIC がレイリー分布の AIC より小さいので，対数正規分布がデータに適合すると判断される。実際，図 3.9 にあるように視覚的にも対数正規分布のほうがよく適合しているのがわかる。

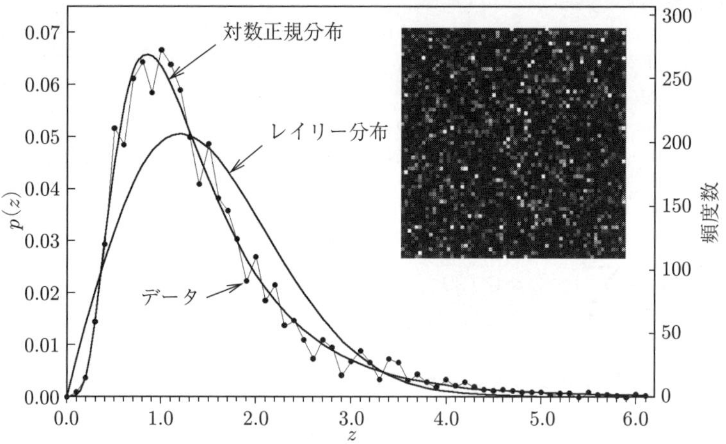

図 **3.9**　クラッタの分布関数と AIC によるモデル評価

AIC は最も広く利用されている指標だが，データのサンプル数 N が非常に多いという仮定のもとで近似されている。サンプル数を考慮した有限修正 AIC あるいは AICc と呼ばれる指標では，式 (3.34) の右辺第二項は $2M+2M(M+1)/(N-M-1)$ となる。AICc は，$N/M \leqq 40$ の場合に特に推奨されており，N が大きくなるにつれて AIC に近づく。ほかにもベイズ情報量基準（Bayesian IC，BIC）や一般化情報量基準（Generalized IC）なども知られている。BIC では $M\ln(N)$ とより大きな重み付けとなっているように，いずれの方法でも式 (3.34) の第一項を基準として第二項のバイアスを調整するものである。

3.4　ターゲット検出と一定誤警報率

3.4.1　誤警報確率と検出確率

ターゲットをクラッタから識別して検出する簡単な方法として受信信号にしきい値を設定する方法がある。2 章の図 2.10 のように，しきい値が低いとクラッタまでターゲットとして誤検出してしまう。クラッタはランダムに分布しているのでしきい値の設定にも統計的手法が用いられる。図 3.10 にターゲットを含まないクラッタのみの分布関数 p_N とターゲットを含む分布関数 p_{SN} を示す。あるしきい値 z_T を設定したとして，しきい値より大きい値のクラッタをターゲットとして検出してしまう確率は誤警報確率 p_{fa}（false alarm probability）と呼ばれる。図 3.10 では p_N の斜線部分の面積に相当する。同様に，検出確率 p_d（detection probability）は，確率密度関数 p_{SN} のしきい値から右側の面積に等しい。p_{fa} と p_d は，式 (3.8) の異なる積分範囲の累積確率密度関数として，それぞれ

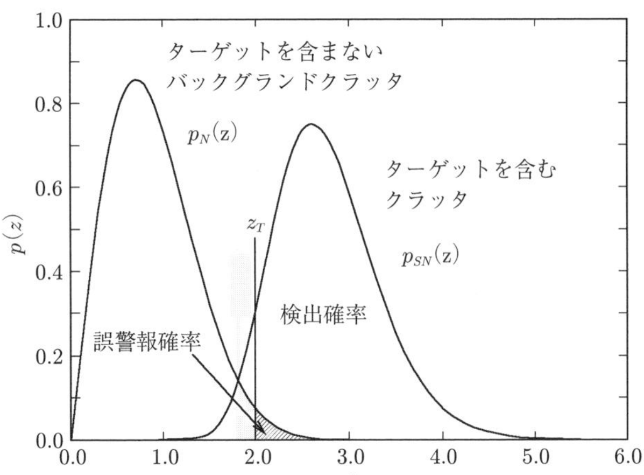

図 3.10　誤警報確率と検出確率

$$p_{fa}=\int_{z_T}^{\infty}p_N(z)dz \tag{3.43}$$

$$p_d=\int_{z_T}^{\infty}p_{SN}(z)dz \tag{3.44}$$

と定義される。図 3.10 の p_N は $\sigma_z=1$ のレイリー分布をしており，p_{SN} は $\langle\ln(z)\rangle=1.0$，$\sigma_z=0.2$ の対数正規分布となっている。式 (3.26) と式 (3.43) からレイリークラッタの誤警報確率は

$$p_{fa}=\int_{z_T}^{\infty}\frac{2z}{\sigma_z}\exp\left(-\frac{z^2}{\sigma_z^2}\right)dz=\exp\left(-\frac{z_T^2}{\sigma_z^2}\right) \tag{3.45}$$

から算出され，式 (3.22) と式 (3.44) から検出確率は

$$\begin{aligned}p_d&=\int_{z_T}^{\infty}\frac{1}{\sqrt{2\pi}\sigma_z z}\exp\left(-\frac{(\ln(z)-\langle\ln(z)\rangle)^2}{2\sigma_z^2}\right)dz\\&=\frac{1}{2}\mathrm{erfc}\left(\frac{\ln(z_T)-\langle\ln(z)\rangle}{\sqrt{2}\sigma_z}\right)\end{aligned} \tag{3.46}$$

となる。ここで，$\mathrm{erfc}(z)=1-\mathrm{erf}(z)$ は，式 (3.9) のエラー関数 $\mathrm{erf}(z)$ で定義される相補エラー関数である。ターゲット検出確率を $p_d=0.58$ になるようにしきい値を設定したとすると，式 (3.46) からしきい値は $z_T=2.6$ となる。このときの誤警報確率は，式 (3.45) から $p_{fa}=1.2\times10^{-3}$ となる。もし，$p_d=0.90$ と検出確率をよくしようとすると，しきい値は $z_T=2.1$ となり，誤警報確率は $p_{fa}=1.2\times10^{-2}$ と約 10 倍に増加してしまう。このように，しきい値を大きくすると誤警報確率は減少するが，検出確率も減少する。逆にしきい値を小さくすれば検出確率は上昇するが誤警報確率も大きくなる。検出確率と誤警報確率は相反する性質を持っている。

3.4.2　一定誤警報確率：CFAR

図 3.11 は，クラッタ振幅 z の異なる 2 乗平均 σ_z^2 を持ったレイリー分布確率密度関数である。ここで，しきい値を $z_T=2.0$ に設定したとすると，式 (3.45) から $\sigma_z^2=1.5,\ 4.0$ のレイリークラッタの誤警報確率はそれぞれ $p_{fa}=6.9\times10^{-2}$, 3.7×10^{-1} と違った値となる。このように，一定のしきい値は設定したものの，ク

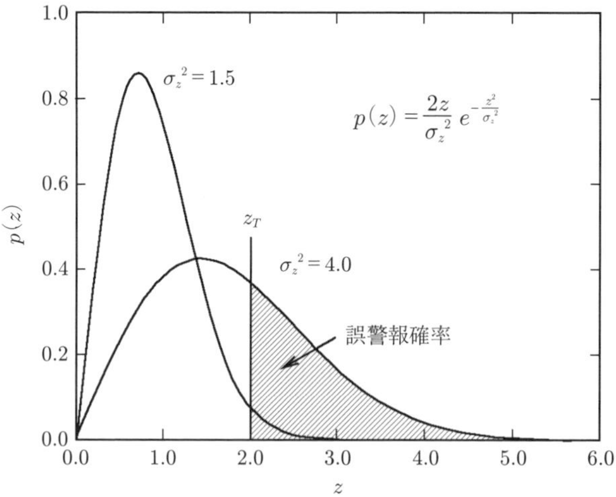

図 3.11　分布関数のパラメータ値によって変化する誤警報確率

ラッタの σ_z^2 値によって誤警報率が変わってしまうと，等質な精度でのターゲット検出ができなくなってしまう。

一定誤警報確率，あるいは CFAR (constant false alarm rate)[5), 13)〜15)] と呼ばれる処理法は，確率密度関数のパラメータの値に関わらず固定したしきい値で誤警報確率を一定にする処理法である。CFAR は，パラメトリック (parametric) CFAR とノンパラメトリック (non-parametric) CFAR に大別される。前者の処理法では，クラッタがレイリー分布や対数正規分布などの既知の確率密度関数モデルに従うと仮定してクラッタに最適な分布関数を利用する方法で，後者はモデル関数を使用せずクラッタデータから一定誤警報率を得る方法である。

3.4.3 Log-CFAR

レイリー分布に従うクラッタを抑圧しパラメトリック CFAR 処理を行う従来から広く知られている方法に，Cell-Averaging (CA) Log-CFAR，あるいは単に Log-CFAR と呼ばれる回路がある。この方法では，レイリークラッタの振幅値 z ではなく，振幅値の自然対数 $\ln(z)$ を使って CFAR 処理を行う。そうする

と，自然対数 $\ln(z)$ の平均値は

$$\langle \ln(z) \rangle = \int_0^\infty \ln(z) p(z) dz = \ln(\sigma_z) - \frac{\gamma_E}{2} \tag{3.47}$$

となる。ここで，$\gamma_E = 0.577\,2\cdots$ はオイラーの定数で，$p(z)$ は

$$p(z) = \frac{2z}{\sigma_z^2} \exp\left(-\frac{z^2}{\sigma_z^2}\right) \tag{3.48}$$

のレイリー確率密度関数である。同様に 2 乗平均は

$$\langle \ln^2(z) \rangle = \int_0^\infty \ln^2(z) p(z) dz = \ln^2(\sigma_z) - \ln(\sigma_z)\gamma_E + \frac{\gamma_E^2}{4} + \frac{\pi^2}{24} \tag{3.49}$$

となり，分散は

$$\langle \ln^2(z) \rangle - \langle \ln(z) \rangle^2 = \frac{\pi^2}{24} \tag{3.50}$$

となる。したがって，対数変換したクラッタの振幅値は，式 (3.48) の σ_z^2 に依存せず，分散は平均値を中心として一定の値となる。そこで，$\ln(z)$ から平均値を差し引き一定の分散を持つ対数信号とした後に逆対数変換をすると，一定の分散を持った対数変換前の入力信号が得られる。結果として，クラッタ振幅の分散値に関わらず，固定したしきい値で一定の誤警報確率を持ったしきい値処理ができる。

定量的に説明すると，式 (3.47) から，対数変換したクラッタの振幅値から平均値を引くと，$\ln(z) - \ln(\sigma_z) + \gamma_E/2$ となり，逆対数をとると

$$z' = \exp\left(\ln(z) - \ln(\sigma_z) + \frac{\gamma_E}{2}\right) = \frac{z}{\sigma_z} e^{\frac{\gamma_E}{2}} \tag{3.51}$$

となる。式 (3.48) と式 (3.51)，および確率密度関数 $p(z)dz = p(z')dz'$ の関係から，逆対数変換したクラッタ振幅の確率密度関数は

$$p(z') = \frac{2z'}{e^{\gamma_E}} \exp\left(-\frac{z'^2}{e^{\gamma_E}}\right) \tag{3.52}$$

となり，式 (3.48) の分散 σ_z^2 に依存しない CFAR 化されたクラッタが得られる。したがって，式 (3.45) と同様に

$$p_{fa} = \int_{z_T}^{\infty} p(z')dz' = \exp\left(-\frac{z_T^2}{e^{\gamma_E}}\right) \tag{3.53}$$

から σ_z^2 に依存しない一定の誤警報率が算出される。

つぎに，クラッタに振幅 z_S の微小な「点」ターゲットがあるとする。式 (3.51) の z を $z+z_S$ に置き換えると，確率密度関数は

$$p(z') = \frac{2}{e^{\gamma_E/2}} f(z', z_S) \exp\left(-f^2(z', z_S)\right) \tag{3.54}$$

$$f(z', z_S) = \left(\frac{z'}{e^{\gamma_E/2}} - \frac{z_S}{\sigma_z}\right) \tag{3.55}$$

となる。ここで，(z_S/σ_z) は信号対クラッタ比（signal-to-clutter ratio, SCR）である。したがって，しきい値を z_T としたときの検出確率は

$$p_d = \int_{z_T}^{\infty} p(z')dz' = \exp\left(-f^2(z_T, z_S)\right) \tag{3.56}$$

となる。このように，検出確率はしきい値のみならず SCR に依存する。これが，Log-CFAR の原理である。ここでは簡単のため，レイリークラッタ振幅値の自然対数 $\ln(z)$ を使って説明した。実際には，対数増幅器の特性を考慮して定数 a と b を含めた $a\ln(bz)$ とし，また逆対数増幅器の特性も考慮するのがより一般的だが，結果は導出式の定数が変わるだけで基本的には上記の理論と同じである。

図 3.12 に Log-CFAR 処理の流れを示す。まず，入力信号 z は対数増幅器で対数変換され，遅延回路を通る。この回路では，テスト信号セルの前後の複数のセル値の平均を取りテスト信号からこの平均を差し引く。つぎに，差分対数信号は逆対数変換され，変換値 z' はあらかじめ設定しておいたしきい値 z_T と比較する。もし，$z' \geq z_T$ ならテスト信号はターゲットと判断して信号値をそのまま出力し，そうでない場合はターゲットではないと判断し出力値を 0 とする。ここで，平均値算出の際にテストセルの影響を受けないようにするため，テストセルの両端にはガードセル（guard cell）と呼ばれるセルを設定しておく。ガードセルの値は使用しない。参照セルの数は多ければ多いほど統計量の推定がよくなるのだが，参照セル領域では統計的に一様なクラッタでなければならない

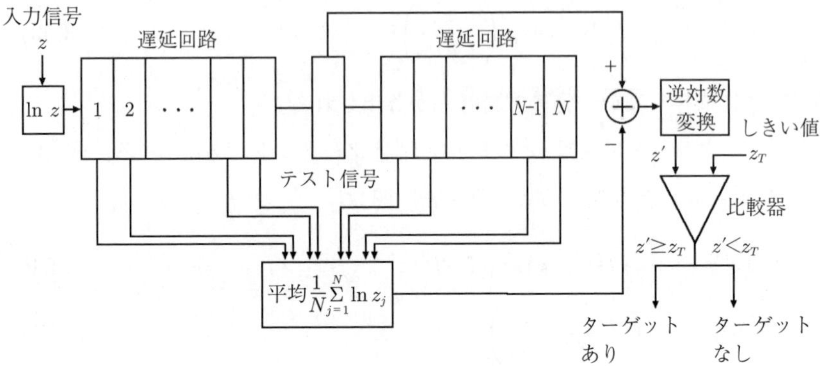

図 **3.12**　Cell-Averaging Log-CFAR 処理の流れ

ので，参照セル数は限られてくる。例えば，航空機監視レーダでは，探査距離にもよるが，20 から 30 個の参照セルが利用されている。通常，セルのサイズはレンジ方向の分解能幅（パルス圧縮を適用していない場合はパルス幅）に設定されている。したがって，想定しているターゲットのサイズが分解能幅程度なら，反射信号のサイドローブを考慮してガードセルはテストセルの両側各 1 個で問題はないが，ターゲットサイズが大きくなると（特に高分解能レーダでは）ターゲット信号が複数のセルにまたがり参照セルに含まれてしまう場合がある。そのような場合にはガードセルの数を増加しなければならない。

3.4.4 Linear-CFAR

Log-CFAR は，クラッタ信号を対数増幅して処理する非線形な CFAR であるため，受信信号のダイナミックレンジが大きくないレーダに有効な方法である。一方，比較的大きなダイナミックレンジを持ったレーダでは，以下に説明するクラッタ信号そのものを処理する Linear-CFAR が適用できる。

レイリークラッタ振幅の平均値は，式 (3.48) から

$$\langle z\rangle = \int_0^{\infty} z\,p(z)dz = \frac{\sqrt{\pi}}{2}\sigma_z \tag{3.57}$$

となり，振幅値 z を式 (3.57) で割ると

$$z' = \frac{z}{\langle z \rangle} = \frac{2z}{\sqrt{\pi}\sigma_z} \tag{3.58}$$

となり，クラッタ振幅の確率密度関数は

$$p(z') = \frac{\pi z'}{2} \exp\left(-\frac{\pi}{4} z'^2\right) \tag{3.59}$$

と σ_z^2 に依存しないクラッタの CFAR 処理ができる。誤警報確率は

$$p_{fa} = \int_{z_T}^{\infty} p(z')dz' = \exp\left(-\frac{\pi}{4} z_T^2\right) \tag{3.60}$$

と，定数を除き式 (3.53) と同じになる。Log-CFAR と Linear-CFAR の違いは，前者では対数変換した信号からの平均値の差分から CFAR 化を行うが，Linear-CFAR では対数変換前の信号を平均値で除算して CFAR 化をすることにある。

クラッタに振幅 z_S の微小なターゲットがあるとすると，log-CFAR の場合と同じように，式 (3.58) で z を $z+z_S$ で置き換えて，確率密度関数は

$$p(z') = \sqrt{\pi} g(z', z_S) \exp\left(-g^2(z', z_S)\right) \tag{3.61}$$

$$g(z', z_S) = \left(\frac{\sqrt{\pi}}{2} z' - \frac{z_S}{\sigma_z}\right) \tag{3.62}$$

となり，z_T のしきい値での検出確率は

$$p_d = \exp\left(-g^2(z_T, z_S)\right) \tag{3.63}$$

となる。図 3.12 のように，対数変換と逆対数変換をせずに遅延回路の平均値の差分の代わりに除算すれば Linear-CFAR 回路となる。

ここまで説明した CA-CFAR は，クラッタ振幅がレイリー分布していることを前提としているため，レイリークラッタの抑圧には非常に有効な処理法ではあるが，ほかの分布関数に従うクラッタには十分に対応できない。前述したように，高分解能レーダで観測されたクラッタは非レイリー分布に適合する場合が多く，そのような非レイリークラッタに適用できる CA-CFAR として対数正規-CFAR やワイブル-CFAR などの異なる分布関数を用いた CFAR 処理法がある。

3.4.5 対数正規-CFAR

ここでは，対数正規分布に従うクラッタのLog-CFARの例を説明する。入力信号を対数変換し平均 $\langle \ln(z) \rangle$ と2乗平均 $\langle \ln^2(z) \rangle$ を算出すると，式(3.22)からそれぞれ

$$\langle \ln(z) \rangle = \int_0^\infty \ln(z) p(z) dz = \mu_m \tag{3.64}$$

$$\langle \ln^2(z) \rangle = \int_0^\infty \ln^2(z) p(z) dz = \sigma_z^2 + \mu_m^2 \tag{3.65}$$

となる。対数変換した信号から平均値を引き逆対数変換すると

$$z' = \exp(\ln(z) - \mu_m) = z \exp(-\mu_m) \tag{3.66}$$

という信号が得られる。確率密度関数は，式(3.22)と式(3.66)から

$$p(z') = \frac{1}{\sqrt{2\pi}\sigma_z z'} \exp\left(-\frac{\ln^2(z')}{2\sigma_z^2}\right) dz' \tag{3.67}$$

となり，誤警報確率は

$$p_{fa} = \int_{z_T}^\infty p(z') dz' = \frac{1}{2} - \frac{1}{2} \mathrm{erf}\left(\frac{\ln(z_T)}{\sqrt{2}\sigma_z}\right) \tag{3.68}$$

となる。式(3.68)は σ_z に依存するので誤警報率は一定とはならない。しかし，式(3.64)と式(3.65)の分散関係 $\sigma_z^2 = \langle \ln^2(z) \rangle - \langle \ln(z) \rangle^2$ から，σ_z を式(3.68)に代入することでCFAR化ができる。K-分布クラッタに対するCFARや，ワイブル-CFARを含めた対数正規-CFARのより詳細な内容と実際の運用に関しては専門書[3),5),7),8),16)]を参照されたい。

3.4.6 CFAR 損 出

いままで説明した誤警報確率と検出確率は，それぞれ式(3.43)と式(3.44)の定義に従ってデータが無限大にあると仮定してCA-CFARの理論的な p_{fa} と p_d を導出した。しかし，実際のCFAR処理では，図3.12にあるように，限られた数のセルを使って処理を行う。そうすると，理論的なしきい値を設定しても，実際の誤警報確率は理論値よりも高くなり検出確率は低くなってしまう。この実際

の検出確率と理論的な検出確率の差が CFAR 損出となる。したがって，理論的な検出確率を達成するにはしきい値を理論値より高く設定し，信号対クラッタ比（SCR）を大きくしなければならない。CFAR 損出は，有限個の参照セルで得られる SCR1 と無限大のときの SCR2 の差として，(CFAR loss) = (SCR1)−(SCR2) と定義される。CAR 損出は，Log-CFAR や次項で述べる SO/GO-CFAR などの CFAR の種類と参照セル数，ターゲットとクラッタの統計分布に依存するが，同じ条件のもとでは Linear-CFAR の方が Log-CFAR よりも損出が少ない。

図 3.13 に CA-CFAR の例を示す。CFAR 適用前図（a）ではターゲット（船舶）がシークラッタに埋もれていて判別できないが，CFAR 処理後図（b）にはクラッタが抑圧されて船舶が検出されているのがわかる。

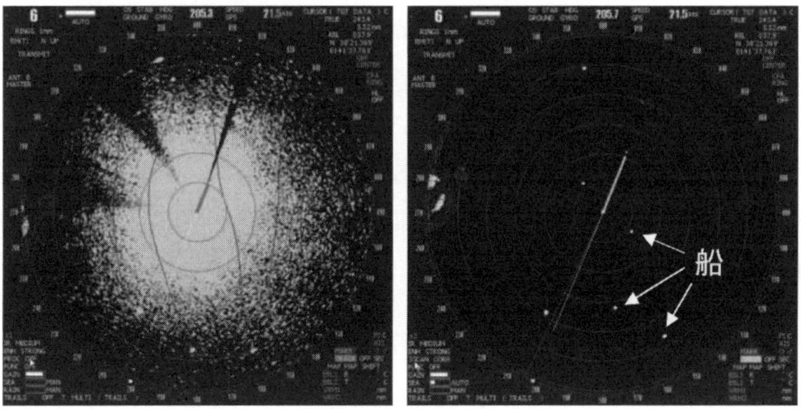

（a）　適用前　　　　（b）　処理後

図 3.13　CA-CFAR の例[1]

3.4.7　その他の CA-CFAR

近接する複数のターゲットがある場合やテストセルの近くに急激に統計量が変化するクラッタのエッジ†などの不均質な信号があると，統計的に一様でないクラッタの平均を参照値としてしまい，上記の CA-CFAR 処理では片方のターゲットが検出できないなど安定した誤警報確率が得られない場合がある。

† 代表的な例としては，熱雑音に囲まれた降雨領域からのクラッタエッジがある。

その欠点を補う方法としていくつかの CFAR 処理法が提案されている[13),16)]。Greatest of (GO)-CFAR と呼ばれる処理法ではテストセルの両側の平均値を比較して大きい方の平均値を参照値として使用する処理法で，振幅の大きな信号がある場合には有効だがクラッタエッジに影響を受けやすい。一方，Smallest of (SO)-CFAR と呼ばれる方法は小さい方の平均値を使う CFAR 処理法で，クラッタエッジには有効だがテストセルと参照セルの両方にターゲットがあると対応できない。いずれの場合も参照セルの数が少なくなるので CFAR 損出は大きくなる。また，平均値と分散から参照セルに不均質な信号の有無を判断して，GO-CFAR あるいは SO-CFAR，全参照セルを使った CA-CFAR を使うハイブリッドな Variable Index-CFAR が提案されている。Excision-CFAR では，参照セルから強度の大きなセルを除外して残りのセルを参照セルとすることで複数のターゲットがテストセルと参照セルにある場合に対応している。順序統計 (Order Statistic)-CFAR では，参照セルの値を小さい方から並べ，その中の Q 番目のセル値に誤警報率を調整するスケールパラメータを乗算した値をしきい値とする。Q の値はデータによって異なるが $Q=0.75\sim0.8$ が最適な値とされている。

3.4.8　ノンパラメトリック CFAR

ほとんどのレーダクラッタは対数正規分布やワイブル分布など既知の分布に当てはまる場合が多いが，未知の分布関数を持ったクラッタにはパラメトリック CFAR が適用できない。そのようなクラッタにはノンパラメトリック CFAR[5),15)] が適用される 。ランク (Rank-) -CFAR とランク和 (Rank Sum) -CFAR では，テストセル値から参照セル値を差分した値が正あるいは同じ場合は 1，負の場合は 0 とする操作を全参照セルに適用する。正のときの値 1 を加算した値をランク値としてこのランク値の分布からしきい値を決定する。この方法は，ランダムに分布しているクラッタと離散的二項分布を仮定しており，ランダム性が失われたりセル間に相関があると一定誤警報確率が失われ CFAR

損出も大きいことから，実際のレーダシステムではあまり利用されていない。

未知の確率密度関数の推定に利用されるカーネル密度推定（kernel density estimation）あるいはParzen窓とも呼ばれるノンパラメトリックCFARでは，N個の独立したクラッタの観測値z_jがあるとすると，確率密度関数を

$$p(z) = \frac{1}{N}\sum_{j=1}^{N}\frac{1}{\Delta_N}KF\left(\frac{z-z_j}{\Delta_N}\right) \tag{3.69}$$

と近似する[16)]。ここで，Δ_Nはバンド幅，KFはカーネル関数で一般的には平均0で分散1の標準ガウス関数$KF(z)=(1/\sqrt{2\pi})\exp(-z^2/2)$が適用される。この方法では，$z$軸方向にずらした複数のカーネル関数を加算することで観測した確率密度関数を推定する。Δ_Nが小さいと推定した関数に雑音性のゆらぎが生じ，大きすぎると滑らかな分布関数となるが観測値の正確な形状が失われるので，データに最適なバンド幅を選ぶことが重要である。p_{fa}に相当するしきい値は推定した確率密度関数から数値的に求める。

3.4.9　画像レーダデータのCFAR処理[16)]

近年，衛星搭載および航空機搭載合成開口レーダ（8章参照）による船舶等のターゲット検出が注目を浴びている。合成開口レーダデータを使ったCFARは，二次元でのディジタル処理法であるが，原理的にはLog-CFARやCA-CFARと同じである。図3.14（a）にあるように，テストセルの周囲はガードセルに囲まれておりその外側に参照セルが配置されている。従来のSO-CFARとGO-CFARではテストセル前後の2セットの参照セルを利用するが，二次元データの場合は上下左右の4セットの参照セルが利用できる。

合成開口レーダの分解能はサブメートルと高分解能であるため，船舶等の一般的なターゲットのサイズは分解能幅の数倍になっている。したがって，図3.14のように，想定しているターゲットのサイズを考慮してガードセルの数を設定している。また，複数のテストセルを使用する方法ではテストセルの平均値を

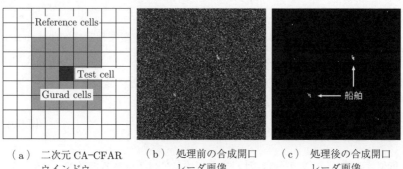

（a）二次元 CA-CFAR ウインドウ　（b）処理前の合成開口レーダ画像　（c）処理後の合成開口レーダ画像

図 3.14　画像レーダデータの CFAR 例

参照セルの値と比較する。合成開口レーダは，高分解能の特徴を利用してターゲット検出に加えてターゲットの分類や識別にも利用されている。

4 レーダ信号処理

本章では，レーダ信号の処理を理解する上で必要な基礎理論を解説する。レーダ信号の送受信は実数で表現されるが，実際の処理では複素関数が利用される。そこで，まず信号の変復調を説明し，時間領域と周波数領域の変換とスペクトル処理に使われるフーリエ解析と関連手法を解説する。つぎに，各種フィルタによる処理法と，近年の進歩がめざましいディジタル信号処理を解説する。

4.1 信号の変復調

4.1.1 複素表現

レーダの受信信号の検波方法には，振幅情報を抽出する包絡線検波（同期検波）と位相情報も抽出する直交検波（位相検波）がある。図 4.1 に直交検波方式のブロック図を示す。同方式では高い周波数安定度を有する局部発振器とコヒーレント発信器の二つの発振器を用いる。局部発振器（local oscillator，LO）の周波数を f_{LO}，コヒーレント発振器（coherent oscillator，CO）の周波数を f_{CO}

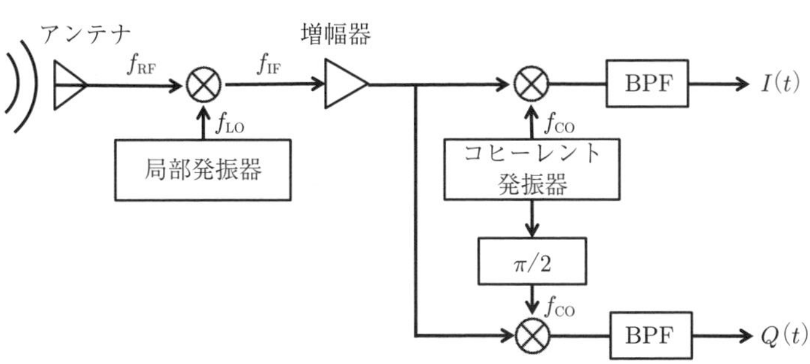

図 4.1 レーダでの直交検波ブロック図

とおく。受信信号 $E_r(t)$ は RF（radio frequency）信号と呼ばれ，通常高い周波数を有する。同周波数を f_{RF} とする。受信信号は，最初に局部発振器からの信号とミキサ（混合器）によって，その差成分の $f_{\mathrm{IF}} = f_{\mathrm{RF}} - f_{\mathrm{LO}} \simeq f_{\mathrm{CO}}$ 付近の中間周波数（intermediate frequency，IF）帯にダウンコンバートされ，増幅器を経た後，同帯域付近で設計される BPF（band pass filter）に通される。同操作は周波数変換（ヘテロダイン検波）と呼ばれる。その後，コヒーレント発振器との同相成分と直交成分との混合（ホモダイン検波）によって，受信信号 $E_r(t)$ の同相成分 $I(t)$（I（in-phase）チャネル）と直交成分 $Q(t)$（Q（quadrature phase）チャネル）を抽出する。受信信号 $E_r(t)$ を

$$E_r(t) = \mathrm{Re}[E_r(t)] + i\ \mathrm{Im}[E_r(t)] \tag{4.1}$$

と表現する場合，$\mathrm{Re}[E_r(t)]$ を I チャネル，$\mathrm{Im}[E_r(t)]$ を Q チャネルとして抽出することができる。複素信号化された受信信号は振幅と位相の情報を含んでいる。特に位相情報は，目標の速度計測，周波数位相干渉計による超分解能処理などに有用である。

4.1.2 AM 変 復 調

目標までの視線方向の距離情報を得るためには，送信波形に時間的な局在性を持たせることが必要である。このため，レーダでの送信波形には，単一の正弦波ではなく変調された信号が用いられる。搬送波周波数を一定とし，振幅を時間的に変動させる変調方式を AM（amplitude modulation）変調と呼ぶ。AM 変調された送信波形は次式で表される。

$$E_{\mathrm{AM}}(t) = A(t)e^{i2\pi f_c t} \tag{4.2}$$

ただし，f_c は搬送波周波数，$A(t)$ は振幅変調関数である。代表的な関数として，矩形関数，ガウス関数，レイズドコサイン関数などがある。AM 変調は，変調関数 $A(t)$ の周波数変調としても考えられるため，同信号の周波数スペクトルは，変調関数 $A(t)$ のフーリエスペクトルの中心周波数を f_c にシフトさせたものと

なる。復調には，非同期検波方式と同期検波方式がある。非同期検波は，振幅変動のみに情報がある場合に有用である。代表的な検波方式として包絡線検波があり，AM ラジオなどに利用されている。一方，パルスドップラーレーダ方式では，パルス変調された搬送波の位相の時間変化がドップラー速度として抽出されるため，同期検波方式が採用される。

4.1.3 FM 変 復 調

AM 変調は直接的に時間局在性を送信波形に持たせているが，送信周波数を掃引することでも等価的な帯域幅を広げ，時間的局在性を持たせることができる。振幅を一定とし，搬送波周波数を時間変動させる変調方式を周波数変調または FM（frequency modulation）変調と呼ぶ。FM 変調は，FM-CW（frequency modulation-continuous wave）レーダ等として広く採用されており，また，パルス圧縮技術を導入することで，距離分解能や耐雑音性能を改善させることができる。FM パルス変調された送信信号は次式で表される。

$$E_{\mathrm{FM}}(t) = \begin{cases} A_0 e^{i\left(2\pi f_{\mathrm{c}} t + \alpha t^2\right)} & (0 \leqq t \leqq \tau_0) \\ 0 & (\text{otherwise}) \end{cases} \tag{4.3}$$

ここで，A_0 は信号振幅，f_{c} は中心周波数，α はチャープ定数，α/π はチャープ率または変調率と呼ばれる。τ_0 はパルス幅である。チャープ信号の瞬時周波数 $f(t)$ は

$$f(t) = f_{\mathrm{c}} + \frac{\alpha t}{\pi} \tag{4.4}$$

で表される。図 4.2 に FM パルス変調信号の振幅と瞬時周波数の時間応答を示す。復調には，送信信号とは時間的に逆の周波数変動を有するフィルタを通すことで復調される。これは相互相関関数を計算することに相当する。

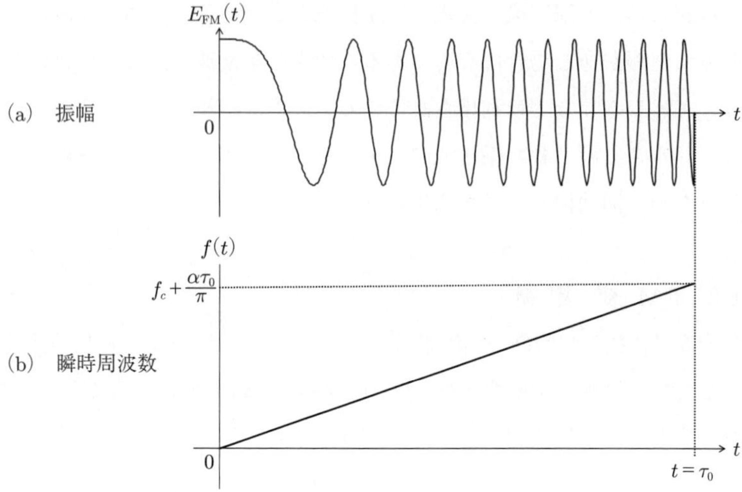

図 **4.2**　FM パルス変調

4.2　フーリエ解析

フーリエ解析はレーダ信号処理でも最も重要な解析手法である。信号の時間および周波数応答を解析し，さまざまなフィルタを構成することで，効果的な信号解析，情報抽出が可能となる。フーリエ解析において重要な数学的概念がヒルベルト空間[1),2)]である。ヒルベルト空間は，ある関数（時系列信号等）を無限次元の複素ベクトルとして扱い，幾何学における内積の概念を導入することで，関数間の直交性（内積が 0）を導くことができる。対象とする信号を，直交する関数列に分解することをスペクトル分解またはスペクトル解析と呼び，特に波動の時間応答を表す $e^{-i2\pi ft}$ を直交関数列として用いたスペクトル解析がフーリエ解析である[3)]。

4.2.1 フーリエ変換

フーリエ解析は，次式の可逆なフーリエ変換により実現される。

$$S(f) = \int_{-\infty}^{\infty} s(t)e^{-i2\pi ft}dt \equiv \mathcal{F}[s(t)] \tag{4.5}$$

$$s(t) = \int_{-\infty}^{\infty} S(f)e^{i2\pi ft}df \equiv \mathcal{F}^{-1}[S(f)] \tag{4.6}$$

式 (4.5) をフーリエ変換（Fourier transform），式 (4.6) を逆フーリエ変換（inverse Fourier transform）と呼ぶ。式 (4.5) の右辺は関数 $s(t)$ と $e^{-i2\pi ft}$ を，t に関する無限次元ベクトルとするときの内積とみなすことができる。$e^{-i2\pi ft}$ は正規直交基底であるので

$$\int_{-\infty}^{\infty} e^{i2\pi f't}\, e^{-i2\pi ft}dt = \begin{cases} 1 & (f' = f) \\ 0 & (f' \neq f) \end{cases} \tag{4.7}$$

が成立する。よって，式 (4.5) は，ある信号 $s(t)$ の中から周波数 f のみに関する振幅と位相成分を抽出することを意味する。定義から明らかなように，$s(-t) = s^*(t)$ および $S(-f) = S^*(f)$ が成立する。ただし，* は複素共役を示す。フーリエ変換はユニタリ変換であり，次式が成立する。

$$\int_{-\infty}^{\infty} |S(f)|^2 df = \int_{-\infty}^{\infty} |s(t)|^2 dt \tag{4.8}$$

すなわち，各領域上で定義される l_2 ノルムは，フーリエ変換によって保存される。式 (4.8) をパーセバルの定理（Parseval's theorem）と呼ぶ。

フーリエ変換には，ほかに以下四つの重要な性質がある。

1. **線形性**：$S_1(f) = \mathcal{F}[s_1(t)]$, $S_2(f) = \mathcal{F}[s_2(t)]$ とし，a_1，a_2 を定数とするとき次式が成立する。

$$\mathcal{F}[a_1 s_1(t) + a_2 s_2(t)] = a_1 S_1(f) + a_2 S_2(f) \tag{4.9}$$

2. **時間遷移**：任意の時間 τ に対して次式が成立する。

$$\mathcal{F}[s(t-\tau)] = S(f)e^{-i2\pi f\tau} \tag{4.10}$$

3. **周波数遷移**：任意の周波数 f' に対して次式が成立する。

$$\mathcal{F}^{-1}[S(f-f')] = s(t)e^{i2\pi f't} \tag{4.11}$$

4.　積とたたみ込み：信号 $s(t)$ と $h(t)$ のたたみ込み積分 $r(t)$ は次式で定義される。

$$r(t) = \int_{-\infty}^{\infty} s(t-\tau)h(\tau)d\tau = \int_{-\infty}^{\infty} h(t-\tau)s(\tau)d\tau \tag{4.12}$$

式 (4.12) はたたみ込みを表す演算子 $*$ を用いて

$$r(t) = s(t) * h(t) = h(t) * s(t) \tag{4.13}$$

として簡略表現する。式 (4.12) の両辺をフーリエ変換することで次式が成立することが確かめられる。

$$\mathcal{F}[s(t) * h(t)] = S(f)H(f) \tag{4.14}$$

逆も同様に成立する。

$$\mathcal{F}[s(t)h(t)] = S(f) * H(f) \tag{4.15}$$

マクスウェル方程式は電場，磁場に関する線形方程式であり，ある一定時間内では素子や目標等の時間変動が無視できるため，レーダにおける受信信号は，線形・時不変システムの応答と考える場合が多い。$h(t)$ を観測モデルや目標分布によって決定されるシステムのインパルス応答，すなわち $H(f)$ をシステムの伝達関数とする。このとき，線形・時不変性から送信信号 $s(t)$ を入力とし，受信信号 $r(t)$ をシステムの出力とすると，$r(t)$ は，$s(t)$ と $h(t)$ のたたみ込み積分として表現される。このため，ベクトルネットワークアナライザを用いて伝達関数 $H(f)$ を観測することで，所望のレーダデータを取得することもできる。

4.2.2　パワースペクトル解析

（1）　定常性とエルゴード性　　レーダにおける受信信号には，目標からの信号以外にクラッタと呼ばれる不要信号が混在する。クラッタの周波数スペクトルを解析するには，それが時間的に変動する不規則信号であることに注意しなければならない。同信号の取り扱いには確率過程（stochastic process）の概念を基礎としなければならない[4),5)]。通常，観測される時系列信号は有限時間で切り取られた信号であるため，その信号は無限に続く時系列信号から取り出された標本信号であるとみなされる。このとき，標本信号の一次と二次モーメント，すなわち平均と自己相関関数が，どの時間系列を取り出しても同じである場合を弱定常（weak stationary）と呼ぶ。また，三次以上の高次統計量もすべて同じである場合を強定常（strong stationary）と呼ぶ。レーダで解析対象となる信号は，弱定常過程であることが多い。一般の平均および自己相関関数は集合平均に対して定義されるが，弱定常である場合，一つの有限区間の時間平均および自己相関関数を求めるだけで十分となる。この性質をエルゴード性（ergodicity）と呼ぶ。

（2）自己相関関数とパワースペクトル　信号 $s(t)$ に対する自己相関関数は，次式で定義される。

$$\rho_{ss}(t,\tau) \equiv \langle s(t)s(t+\tau)\rangle = \lim_{N\to\infty}\frac{1}{N}\sum_{j=1}^{N} s_j(t)s_j(t+\tau) \tag{4.16}$$

ここで，$\langle * \rangle$ は標本平均（アンサンブル平均）である。$s(t)$ がエルゴード性を満たす場合，自己相関関数の標本平均をある時間 T で切り取った時間平均に置き換えることができる。次式の関数を定義する。

$$\rho_{ss}(\tau) \equiv \lim_{T\to\infty}\frac{1}{T}\int_0^T s(t)s(t+\tau)dt \tag{4.17}$$

エルゴード性により

$$\rho_{ss}(t,\tau) = \rho_{ss}(\tau) \tag{4.18}$$

が成立する。クラッタ等の不規則信号を扱う場合においても，自己相関関数を求めるためには，標本平均ではなく時間平均を考えるのみで十分である。特に，$\tau = 0$ では

$$\rho_{ss}(0) = \lim_{T\to\infty}\frac{1}{T}\int_0^T |s(t)|^2 dt \tag{4.19}$$

となり，信号 $s(t)$ の平均電力を表す。また，定義より $\rho_{ss}(\tau)=\rho_{ss}(-\tau)$ を満たすので $\rho_{ss}(\tau)$ は偶関数である。特に，$s(t)$ がクラッタ，白色雑音等の不規則信号である場合，$\lim_{\tau\to\infty}\rho_{ss}(\tau)=0$ が成立する。すなわち，不規則信号では時間が十分離れれば無相関になる。ここで，$\rho_{ss}(\tau)$ が

$$\int_{-\infty}^{\infty}\rho_{ss}(\tau)d\tau<\infty \tag{4.20}$$

を満たすとき，$\rho_{ss}(\tau)$ のフーリエ変換

$$P(f)=\int_{-\infty}^{\infty}\rho_{ss}(\tau)e^{-i2\pi f\tau}d\tau \quad (-\infty<f<\infty) \tag{4.21}$$

で表される $P(f)$ をパワースペクトル（power spectrum）またはスペクトル密度（spectrum density）と呼ぶ。式 (4.17) から，$P(f)$ は電力の次元を有している。式 (4.21) の両辺を逆フーリエ変換することで次式を得る。

$$\rho_{ss}(\tau)=\int_{-\infty}^{\infty}P(f)e^{i2\pi f\tau}df \tag{4.22}$$

この関係式は，ウィーナー・ヒンチンの定理（Wiener-Khinchin theorem）として知られる。これに $\tau=0$ を代入すると

$$\rho_{ss}(0)=\int_{-\infty}^{\infty}P(f)df \tag{4.23}$$

が成立する。式 (4.19) と式 (4.23) から，パワースペクトルの総和は信号 $s(t)$ の平均電力に等しいことがわかる。よって，$P(f)$ は単位周波数当りの電力を表している。また

$$S_T(f)\equiv\int_{-T/2}^{T/2}s(t)e^{-i2\pi ft}dt \tag{4.24}$$

を導入する。式 (4.17) の両辺をフーリエ変換すると式 (4.21) から

$$P(f)=\lim_{T\to\infty}\frac{|S_T(f)|^2}{T} \tag{4.25}$$

が成立することが示される。一般に $s(t)$ は有限長の離散信号である場合がほとんどであるので，T を無視して単に

$$P(f)=|S(f)|^2 \tag{4.26}$$

と表すことが多い。

4.2.3 解析信号

4.1.1 項で述べたとおり，レーダでは直交検波により受信信号を複素信号として抽出できる。特に信号の位相はさまざまな情報を含んでおり，解析対象として有用である。一方，時間領域で取得する波形は実信号である場合も多い。実信号の場合でも，フーリエ解析を用いることで複素信号に変換することができる。与えられる実信号から複素信号を生成するには無数の表現があるが，電磁波の伝搬の時間発展を表す関数は $e^{i2\pi ft}$ であるため，実正弦波 $\cos(2\pi ft)$ に対する複素信号は

$$e^{i2\pi ft} = \cos(2\pi ft) + i\sin(2\pi ft) \tag{4.27}$$

とおくことが自然である。実信号は，さまざまな周波数を有する実正弦波 $\cos(2\pi ft) = (e^{i2\pi ft} + e^{-i2\pi ft})/2$ の重ね合せとして与えられる。よって，これを実数部に有する複素信号を得るには，実信号をフーリエ変換し，負の周波数成分をゼロにして正の周波数成分を 2 倍にすればよい。これは次式で表現される。

$$z(t) = 2\int_0^{\infty} S(f)e^{i2\pi ft}df \tag{4.28}$$

$$= \int_0^{\infty}\int_{-\infty}^{\infty} s(t')e^{i2\pi f(t-t')}dt'df \tag{4.29}$$

$z(t)$ を解析信号（analytic signal）と呼ぶ。さらに

$$\int_0^{\infty} e^{i2\pi ft}df = \frac{\delta(t)}{2} + i\frac{1}{2\pi t} \tag{4.30}$$

を導入すると

$$z(t) = s(t) + \frac{i}{\pi}\int_{-\infty}^{\infty}\frac{s(t')}{t-t'}dt' \tag{4.31}$$

と表現される。上式の第二項は，$s(t)$ の Hilbert 変換として知られる。よって実信号を複素信号（解析信号）に変換することは，$s(t)$ の Hilbert 変換を虚部として加えていることと等価である。$\frac{d}{dt}\angle z(t)$ はある時刻での瞬間的な周波数を表し，瞬時周波数（instantaneous frequency）と呼ばれる。また $|z(t)|$ は $s(t)$ の包絡線（envelope）を表す。狭帯域のレーダ信号から距離情報を抽出する際には，同包

絡線の極大応答を用いることが有用な場合がしばしばある。図 4.3 にあるレイズドコサイン関数で AM 変調された実信号 $s(t)$ と $|z(t)|$ すなわち包絡線を示す。

レーダ信号処理では時間および周波数領域のいずれかで解析することがほとんどであるが，時変（あるいは非定常）信号に対しては，時間周波数解析法が有用である。解析信号による瞬時周波数解析はその一つである。代表的な解析法として，STFT（short time Fourier transform）や wavelet 変換等があり，時間的に周波数応答が変動する信号に対する解析が可能である。詳しくは専門書[6),7)]を参照されたい。

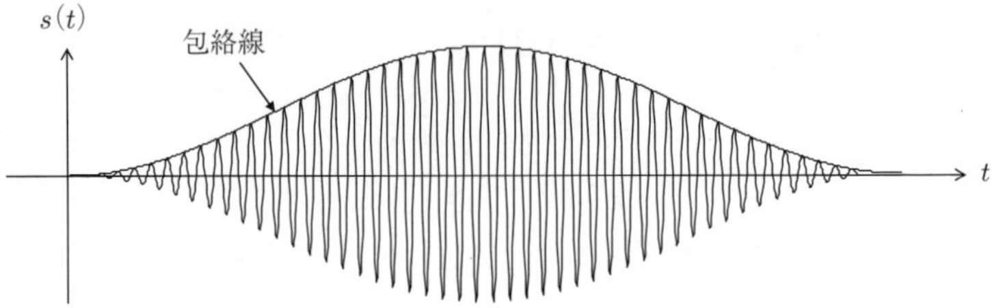

図 **4.3**　実信号と瞬時包絡線

4.2.4　超関数のフーリエ変換

後述する信号の離散化において，標本操作を表す関数は Dirac のデルタ関数列で表現される。また，システムのインパルス応答を決定するためには，入力をデルタ関数とする必要があり，そのフーリエ解析が必須となる。Dirac のデルタ関数 $\delta(t)$ は次式で定義される。

$$\delta(t) = \begin{cases} 1 & (t = 0) \\ 0 & (t \neq 0) \end{cases} \tag{4.32}$$

フーリエ変換は，対象となる関数 $s(t)$ が区分的に滑らかかつ，次式が成立するときに適用可能となる。

$$\int_{-\infty}^{\infty} |s(t)| dt < \infty \tag{4.33}$$

式 (4.33) は絶対可積分（absolutely integrable）と呼ばれる条件である。一方，デルタ関数は

$$\int_{-\infty}^{\infty} \delta(t)dt = 1 \tag{4.34}$$

を満たすため，区分的に滑らかではないが，絶対可積分条件を満たす。よって，デルタ関数のような極限的な関数（超関数と呼ばれる）においても，フーリエ変換が成立する。式 (4.34) から，関数 $s(t)$ に対して次式が成立する。

$$\int_{-\infty}^{\infty} s(t)\delta(t-\tau)dt = s(\tau) \tag{4.35}$$

よって，$s(t) = e^{-i2\pi ft}$ と置き換えることで，デルタ関数 $\delta(t-\tau)$ のフーリエ変換が与えられる。

$$\mathcal{F}[\delta(t-\tau)] = \int_{-\infty}^{\infty} \delta(t-\tau)e^{-i2\pi ft}dt = e^{-i2\pi f\tau} \tag{4.36}$$

特に，$\tau = 0$ のとき

$$\mathcal{F}[\delta(t)] = 1 \tag{4.37}$$

である。デルタ関数のフーリエスペクトルは，無限の周波数領域で一定の振幅を有する信号として表現される。白色性雑音も無限の周波数領域にわたって，一定の振幅を有しているが，位相がランダムに変動する。これに対してデルタ関数の周波数領域での位相情報は，式 (4.36) に示すとおり，周波数に対して線形に変化する。

式 (4.35) の左辺は $s(t)$ と $\delta(t)$ のたたみ込み積分であるため

$$s(t) = s(t) * \delta(t) \tag{4.38}$$

が成立する。また

$$s(t-\tau) = s(t) * \delta(t-\tau) \tag{4.39}$$

が成立することも容易に確かめられる。すなわち，時刻 τ 遅れたデルタ関数

$\delta(t-\tau)$ とある関数 $s(t)$ とのたたみ込みは，$s(t)$ の時間方向に τ 移動させたものとなる。また式 (4.39) は

$$s(t-\tau) = \mathcal{F}^{-1}[S(f)e^{-i2\pi f\tau}] \tag{4.40}$$

として表現される。これより，関数 $s(t)$ を τ だけ時間シフトさせることは，周波数領域で同関数のフーリエスペクトル $S(f)$ に $e^{-i2\pi f\tau}$ を乗算することに相当する。式 (4.40) は，ディジタル信号として離散化された時系列信号を標本間隔よりも小さい時間で遅延させるときに有用である。

レーダデータをディジタル信号として抽出する際には，対象の信号を一定の時間間隔 T_s で標本する必要がある。以下では，この操作をフーリエ変換を用いて記述する。これは後述のサンプリング定理等を理解する手助けとなる。無限の時間領域で等間隔で並ぶインパルス列 $p(t)$ を次式で定義する。

$$p(t) = \sum_{n=-\infty}^{\infty} \delta(t-nT_s) \tag{4.41}$$

$p(t)$ は周期 T_s の周期関数であるため，その複素フーリエ係数は次式で求められる。

$$\begin{aligned} C_n &= \frac{1}{T_s}\int_{-\frac{T_s}{2}}^{\frac{T_s}{2}} p(t)e^{-\frac{i2\pi nt}{T_s}}dt \\ &= \frac{1}{T_s}\int_{-\frac{T_s}{2}}^{\frac{T_s}{2}} \delta(t)e^{-\frac{i2\pi nt}{T_s}}dt = \frac{1}{T_s} \end{aligned} \tag{4.42}$$

よって，$p(t)$ のフーリエ級数展開は

$$p(t) = \frac{1}{T_s}\sum_{n=-\infty}^{\infty} e^{\frac{i2\pi nt}{T_s}} \tag{4.43}$$

となる。したがって $p(t)$ のフーリエスペクトル $P(f)$ は

$$\begin{aligned} P(f) &= \mathcal{F}\left[\sum_{n=-\infty}^{\infty} \delta(t-nT_s)\right] = \sum_{n=-\infty}^{\infty} F[\delta(t-nT_s)] \\ &= \int_{-\infty}^{\infty} \frac{1}{T_s}\sum_{n=-\infty}^{\infty} e^{\frac{i2\pi fnt}{T_s}} e^{-i2\pi ft}dt \end{aligned}$$

$$
= \frac{1}{T_s} \sum_{n=-\infty}^{\infty} \int_{-\infty}^{\infty} e^{-i2\pi\left(f-\frac{n}{T_s}\right)t} dt
$$

$$
= \frac{1}{T_s} \sum_{n=-\infty}^{\infty} \delta\left(f - \frac{n}{T_s}\right) \tag{4.44}
$$

として表現される。式 (4.44) の最後の展開には，公式 $\mathcal{F}[e^{j2\pi f't}] = \delta(f - f')$ を用いている。これより，一定間隔 T_s の無限のインパルス列のフーリエ変換は，一定間隔 $f_s = 1/T_s$ で無限に続くインパルス列となる。

4.3 フィルタ処理

4.3.1 白色性雑音

レーダ信号にはさまざまな雑音が含まれる。受信機の電気抵抗成分に起因する受信機雑音は，白色性ガウス雑音としてモデル化される。また外来雑音には，目標以外の不要応答すなわちクラッタ等があり，3 章で解説したように，その種類に応じた確率密度分布（およびパワースペクトル）を有している。

雑音が白色性熱雑音の場合，同雑音スペクトルは無限の周波数帯域で一定の電力を有しているため，信号を通過させるフィルタの帯域幅が広ければ混入する雑音電力は増大し，逆の場合は減少する。一方，受信信号も一定の周波数帯域幅を有しているため，フィルタの帯域幅を信号の帯域幅より小さくすると信号成分も抑圧することになる。このため，信号対雑音比（S/N）を改善させるためには信号の帯域幅に相当する LPF（low pass filter）もしくは BPF 等が有用である。一般に信号パワースペクトルは周波数に対して一定ではないため，矩形の BPF ではなく，受信信号の周波数スペクトルに応じたフィルタリングが最適と考えられる。このような考えに基づいて設計されたフィルタが整合フィルタであり，S/N を最大にするフィルタとして知られる。

4.3.2 整合フィルタ

ある信号 $s(t)$ に含まれるエネルギー E はパーセバルの定理を用いて次式で

表される。

$$E = \int_{-\infty}^{\infty} |s(t)|^2 dt = \int_{-\infty}^{\infty} |S(f)|^2 df \tag{4.45}$$

ただし，$S(f) = \mathcal{F}[s(t)]$ である。フィルタの伝達関数を $H(f)$ とするとき，$s(t)$ に対するフィルタ応答出力 $y(t)$ は次式で表される。

$$y(t) = \int_{-\infty}^{\infty} S(f)H(f)e^{i2\pi ft} df \tag{4.46}$$

このとき，白色性熱雑音のパワースペクトルを N_0 と仮定すると，フィルタ $H(f)$ 通過後の雑音パワースペクトル密度は

$$P_N(f) = N_0|H(f)|^2 \tag{4.47}$$

となる。よって，フィルタ出力後の雑音電力 N は

$$N = \int_{-\infty}^{\infty} P_N(f)df = N_0 \int_{-\infty}^{\infty} |H(f)|^2 df \tag{4.48}$$

と表される。信号電力を信号出力 $y(t)$ の最大応答電力と定義する。応答が最大となる時間を $t_{\max}$ とおくと，S/N は次式で与えられる。

$$\frac{S}{N} = \frac{|y(t_{\max})|^2}{N} = \frac{\left| \int_{-\infty}^{\infty} S(f)H(f)e^{i2\pi ft_{\max}} df \right|^2}{N_0 \int_{-\infty}^{\infty} |H(f)|^2 df} \tag{4.49}$$

となる。ここでコーシー・シュワルツの不等式（Cauchy-Schwarz inequality）

$$\left| \int_{-\infty}^{\infty} S(f)H(f)dx \right|^2 \leqq \int_{-\infty}^{\infty} |S(f)|^2 df \int_{-\infty}^{\infty} |H(f)|^2 df \tag{4.50}$$

を式 (4.49) に適用すると

$$\frac{S}{N} \leqq \frac{\int_{-\infty}^{\infty} |S(f)|^2 df}{N_0} \tag{4.51}$$

を得る。よって等号成立条件

$$H(f) = KS^*(f)e^{i2\pi ft_{\max}} \tag{4.52}$$

のときに S/N が最大となることがわかる。ただし，K は比例定数である。$H(f)$ の時間領域表現は

$$h(t) = K\int_{-\infty}^{\infty} S^*(f)e^{i2\pi f(t_{\max}-t)}df$$
$$= Ks^*(t_{\max}-t) \tag{4.53}$$

である。すなわち整合フィルタの時間応答は，入力信号を $t_{\max}$ 遅延させ，時間反転させた応答となる。このため $h(t)$ には，$t=0$（送信開始時刻）で応答が始まる受信信号を参照信号として用意しなければならないが，受信信号の応答開始時間を測定することはできない。一方，レーダの場合受信波形と送信波形は相似であるという近似がよく成立するので，時刻 $t=0$ で立ち上がりを有する送信波形をフーリエ変換し，その複素共役をとることで整合フィルタの伝達関数 $H(f)$ を生成する。

ここで，整合フィルタと相関関数の関連性を述べる。二つの関数 $s(t)$ と $r(t)$ の相互相関関数 $\rho_{sr}(t)$ は次式で定義される。

$$\rho_{rs}(t) = \int_{-\infty}^{\infty} r(\tau)s^*(\tau-t)d\tau \tag{4.54}$$

整合フィルタ出力 $y_{\text{match}}(t)$ は，入力 $r(t)$ と整合フィルタのインパルス応答 $h(t)$ のたたみ込みで表せるので

$$y_{\text{match}}(t) = \int_{-\infty}^{\infty} r(\tau)h(t-\tau)d\tau$$
$$= K\int_{-\infty}^{\infty} r(\tau)s^*(t_{\max}-t+\tau)d\tau$$
$$= K\int_{-\infty}^{\infty} r(\tau)s^*(\tau-(t-t_{\max}))d\tau$$
$$= K\rho_{rs}(t-t_{\max}) \tag{4.55}$$

として表現される。これより，整合フィルタ出力は $s(t)$ と $r(t)$ の相互相関関数 $\rho_{sr}(t)$ を $t_{\max}$ だけ時間シフトした関数とみなせる。一般に目標からの遅延時間は未知であるので，整合フィルタの伝達関数を $KS^*(f)$，すなわちインパルス応答を $Ks^*(-t)$ とおく。いま，N 個の孤立目標からの受信信号が次式で表現されるものとする。

$$r(t) = \sum_{j=1}^{N} a_j s(t-\tau_j) \tag{4.56}$$

ただし，a_j および τ_j は j 番目の目標の反射係数および時間遅延を表す。この場合の整合フィルタ出力は次式で表される。

$$
\begin{aligned}
y_{\text{match}}(t) &= K\int_{-\infty}^{\infty}\left(\sum_{j=1}^{N}a_j s(\tau-\tau_j)\right)s^*(\tau-t)d\tau \\
&= K\sum_{j=1}^{N}a_j\left(\int_{-\infty}^{\infty}s(\tau-\tau_j)s^*(\tau-t)d\tau\right)
\end{aligned}
\tag{4.57}
$$

ここで各 j 成分について，$\tau_j' = \tau - \tau_j$ と変数変換すると

$$
\begin{aligned}
y_{\text{match}}(t) &= K\sum_{j=1}^{N}a_j\left(\int_{-\infty}^{\infty}s(\tau_j')s^*(\tau_j'-(t-\tau_j))d\tau_j'\right) \\
&= K\sum_{j=1}^{N}a_j\rho_{ss}(t-\tau_j)
\end{aligned}
\tag{4.58}
$$

と表される。ただし，$\rho_{ss}(t)$ は $s(t)$ の自己相関関数である。したがって，N 個の孤立目標からの整合フィルタ出力の応答は，N 個の異なる時間シフトおよび振幅を有する送信信号の自己相関関数の合成の定数倍となる。パルスレーダによって対象との距離を計測する際には，受信信号の立ち上がりを検出する以外に，整合フィルタ出力の最大もしくは極大応答を抽出することで，雑音環境下でも高精度な測距が可能となる。一方で，送信信号の自己相関関数のメインローブ内（距離分解能内に相当）に二つの目標が存在する場合はその分離は難しくなる。

4.3.3 逆フィルタ

整合フィルタは S/N を最大にするフィルタであるが，サイドローブが大きく，また分解能は高くない。これに対して，逆フィルタは，サイドローブ抑圧特性および距離分解能を高めるフィルタである。逆フィルタは次式で定義される。

$$
H(f) = \frac{1}{S(f)} \tag{4.59}
$$

受信信号が，式 (4.56) で与えられるとする。ここで，式 (4.56) の両辺をフーリエ変換すると次式を得る。

$$R(f) = S(f)\sum_{j=1}^{N} a_j e^{i2\pi\tau_j} \tag{4.60}$$

よって，逆フィルタの時間領域での出力 $y_{\text{inverse}}(t)$ は

$$\begin{aligned} y_{\text{inverse}}(t) &= \mathcal{F}^{-1}[H(f)R(f)] = \mathcal{F}^{-1}\left[\sum_{j=1}^{N} a_j e^{i2\pi\tau_j}\right] \\ &= \sum_{j=1}^{N} a_j \delta(t-\tau_j) \end{aligned} \tag{4.61}$$

となる。式 (4.58) の整合フィルタ出力 $y_{\text{match}}(t)$ と比較すると，自己相関関数がデルタ関数に置き換わっていることが確認できる。すなわち，逆フィルタの時間応答は，各目標に対する遅延時間 τ_j だけシフトされたデルタ関数の重ね合せであり，サイドローブは存在せず，距離分解能は無限小として得ることができる。しかし，白色性雑音が存在する場合は，信号振幅が小さい周波数領域において，逆フィルタは雑音を増幅させる特性を有することから，低い S/N の場合は特性が著しく劣化する。

4.3.4 Wiener フィルタ

Wiener フィルタは確率過程の考え方を導入したフィルタとして，1940 年代に N. Wiener によって提案された。Wiener フィルタは，原信号（先の例であればデルタ関数列）とフィルタ出力信号の平均 2 乗誤差を最小化するという指導原理に基づいて決定されるフィルタである。送信信号のフーリエスペクトルを $S(f)$ とするとき，Wiener フィルタの伝達関数は次式で与えられる。

$$H(f) = \frac{S(f)^*}{(1-\eta)S_0^2 + \eta|S(f)|^2} S_0 \tag{4.62}$$

S_0 は次元を調整する定数である。η は S/N に応じて変動するパラメータであり，$0 \leqq \eta \leqq 1$ を満たす。η の設定関数として，$\eta = 1/\{1 + q(S/N)^{-1}\}$ 等が利用される。ただし，q は定数である。高い S/N の場合には $\eta \simeq 1$ となるため逆フィルタとして働き，逆に低い S/N の場合には $\eta \simeq 0$ となり整合フィルタ

として機能する。ただし複数の信号が存在する場合は，それぞれで S/N が異なるために，最適な η を決定することは難しい。

図 4.4 および図 4.5 に整合フィルタ，逆フィルタおよび Wiener フィルタの出力例を雑音なしと $S/N = 25\,\mathrm{dB}$ の場合で列挙する。雑音なしの場合では，逆フィルタの応答はインパルスに近い応答を出力するため，近接する目標を分離可能である。一方，雑音がある場合では，$S(f)$ の振幅が小さい周波数において，除算により雑音成分を強調させるため，応答が振動的になり，特性が劣化することがわかる。また整合フィルタは，雑音なしおよびありの両方の場合で応答は安定しているが，近接目標の分離は困難であることがわかる。Wiener フィルタは雑音なしの場合は，逆フィルタ的，雑音ありの場合は，整合フィルタに近づき，両者の中間的な応答をとることが確認できる。

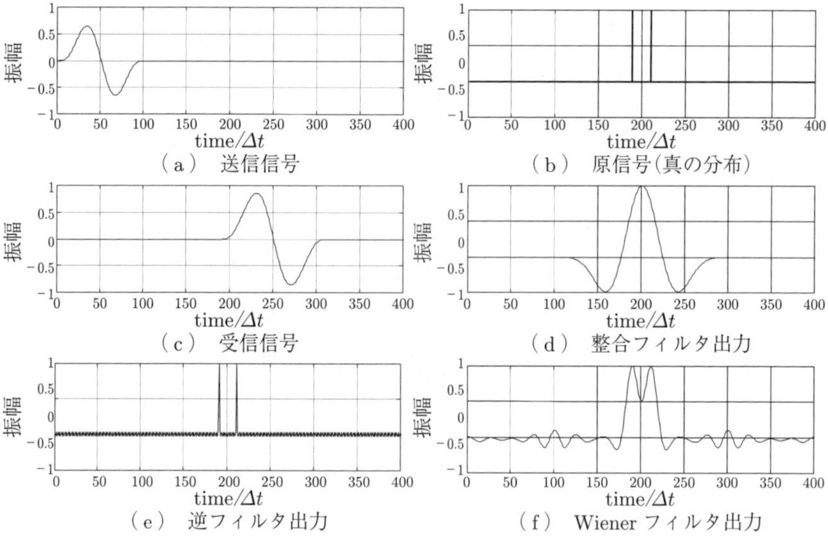

（a） 送信信号　（b） 原信号(真の分布)　（c） 受信信号　（d） 整合フィルタ出力　（e） 逆フィルタ出力　（f） Wiener フィルタ出力

図 4.4　各種フィルタの応答（$S/N = \infty$）

雑音環境下においても逆フィルタの応答に近づけるいわゆる超分解手法が各種提案されている。これには，Capon 法 [8]，MUSIC（multiple signal classification）法 [9] などが有用である。また近年，原信号のスパース性（目標の分

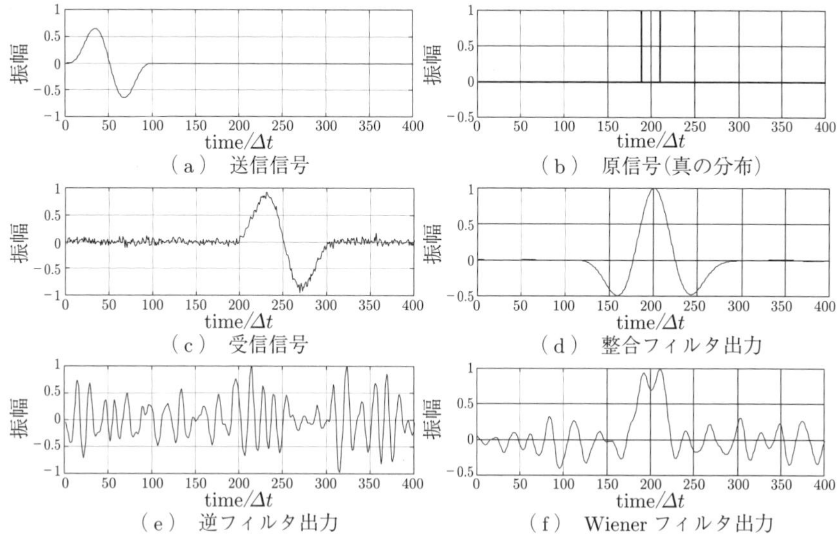

図 4.5 各種フィルタの応答（$S/N = 25\,\mathrm{dB}$）

布がサンプルエリアに対してきわめて疎に分布すること）を利用した圧縮センシング（compressing sensing）による超分解能法も導入されている[10)]。いずれも分離すべき信号が非常に強い相関性を有している場合は特性が劣化し，それらの相関性を低減する工夫が必要になる。

4.4 ディジタル信号処理

4.4.1 信号の離散化

レーダでの受信信号もサンプリングホールド回路と A/D 変換器により，離散信号（ディジタル信号）として計測することが一般的になってきている。離散信号は計算機との相性がよく，多様なディジタル信号処理を適用することでより高度な信号解析を可能にする[11)]。一方，アナログ的な情報を離散化するため，失われる情報もある。時間領域での離散信号は，時間および振幅方向に離散化する必要がある。振幅方向の離散化を量子化（quantization）と呼び，時間方向の離散化を標本化またはサンプリング（sampling）と呼ぶ。

（1）量子化誤差　A/D 変換では連続的な信号振幅（一般には電圧値）を離散的な振幅値として保持する。同離散化によって生じる丸め誤差を量子化誤差または量子化雑音と呼ぶ。1 bit（ビット）当りの情報量を最大にするという観点から，2 進数による離散化が用いられる。n〔bit〕での量子化とは，最小振幅から最大振幅までを 2^n で分割し，離散表現することを示す。この n ビットを量子化における分解能と呼ぶ。一定の周波数を有する正弦波信号を n ビットで量子化する場合，信号電力と量子化雑音電力の比を表す信号対雑音比（S/N）は次式で与えられる。

$$S/N = 6n + 1.8\,\text{〔dB〕} \tag{4.63}$$

よって量子化ビット数 n を 1 bit 増大させると，S/N は 6 dB（4 倍）改善される。

（2）時間方向の離散化（標本化）　時間的に連続なアナログ信号に対して，同信号の情報をすべて抽出するには無限に小さいサンプリング間隔で対象を標本化しなければならない。これは計測器の標本性能やデータ容量が有限であることから不可能である。一方，対象とする信号がどれくらいの周波数成分を含んでいるかがあらかじめわかっている場合は，その周波数成分の 2 倍以上のサンプリング周波数で標本化することで，信号の情報は完全に保持される。標本化された連続信号の情報量を保持するための条件としてつぎのサンプリング定理がある。

（3）サンプリング（標本化）定理　計測対象となる信号に含まれる周波数の上限を $f_{\max}$ とするとき，同信号の情報を完全に保持するのに必要な標本化周波数 f_{s} の条件は次式で与えられる。

$$f_{\mathrm{s}} \geqq 2f_{\max} \tag{4.64}$$

式 (4.64) はナイキスト (Nyquist) 条件と呼ばれる。ナイキスト条件を満たさない場合 ($f_s < 2f_{\max}$)，エイリアシング (aliasing) という現象が起きる。この場合，元の信号の $f_{\max}$ 付近のスペクトルは，折り返し現象によって $f_{\mathrm{s}} - f_{\max}$

付近に生じる。特に標本化周波数の半分 $f_s/2$ をナイキスト周波数，その逆数をナイキスト間隔という。ナイキスト条件を満たす場合，同信号の情報は標本化において保持され，後述する sinc 関数による内挿補間により**完全**に復元される。

以下では，上記の現象を数式で表現し，理論的な裏付けをする。対象の信号 $s(t)$ を時間方向に標本化することは，4.2.4 項の式 (4.32) で定義された Dirac のデルタ関数列を $s(t)$ に乗算することに相当する。4.2.4 項の式 (4.41) で定義された，間隔 T_s でのデルタ関数列 $p(t)$ を再掲する。

$$p(t) = \sum_{n=-\infty}^{\infty} \delta(t - nT_s) \tag{4.65}$$

標本化された信号を $s_s(t)$ とすると

$$s_s(t) = s(t)p(t) \tag{4.66}$$

と表される。また $s_s(f)$ のフーリエスペクトル $S_s(f)$ は次式で表される。

$$S_s(f) = S(f) * P(f) \tag{4.67}$$

ここで，$S(f) = \mathcal{F}[s(t)]$ および $P(f) = \mathcal{F}[p(t)]$ である。式 (4.44) を $P(f)$ に代入すると

$$S_s(f) = \frac{1}{T_s} S(f) \sum_{n=-\infty}^{\infty} \delta(f - nf_s) \tag{4.68}$$

を得る。これは信号 $s(t)$ のフーリエスペクトル $S(f)$ を周波数領域で一定間隔 f_s でずらしてコピーし，重ね合わせることに相当する。これらのコピーされたフーリエスペクトルが重なり合わない条件が，先述のナイキスト条件である。ナイキスト条件を満たすとき，$S_s(f)$ は $S(f)$ が周波数間隔 f_s で無限に繰り返す周期関数として表現される。図 4.6 に標本化における時間と周波数領域の関係を示す。計測信号が有している最高周波数を f_{max} とするとき，$f_s > 2f_{max}$ の場合では，$S(f)$ はたがいに干渉せず，元のスペクトルを適当な周波数フィルタで抽出することが可能となる。一方，$f_s < 2f_{max}$ の場合は $S(f)$ がたがいに干渉し，本来のスペクトルのみを抽出することが困難となる。

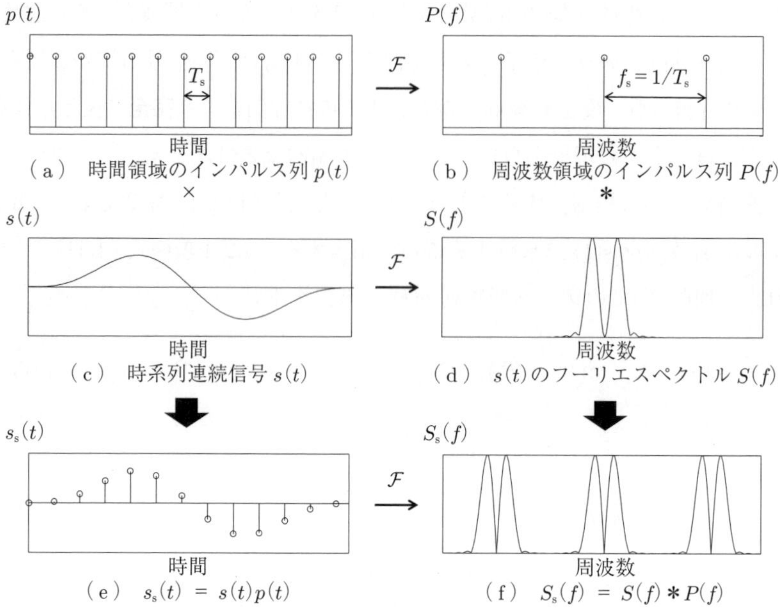

図 4.6　標本化における時間と周波数領域表現

4.4.2 信号の復元

ナイキスト条件を満足するように標本された信号は，完全に復元することができる。これを以下で示す。ナイキスト条件を満たすということは，元の信号のフーリエスペクトルが

$$S(f) = \begin{cases} T_s S_s(f) & (|f| \leqq f_s/2) \\ 0 & (|f| > f_s/2) \end{cases} \tag{4.69}$$

を満たすことに相当する。これは次式で定義される矩形窓

$$W(f) = \begin{cases} 1 & (|f| \leqq f_s/2) \\ 0 & (|f| > f_s/2) \end{cases} \tag{4.70}$$

を導入すると

$$S(f) = T_s W(f) S_s(f) \tag{4.71}$$

と表される。よって，復元信号の連続時間応答 $s(t)$ は

$$s(t) = \mathcal{F}^{-1}[S(f)] = T_s \mathcal{F}^{-1}[W(f)s_s(f)]$$
$$= T_s\ w(t) * s_s(t) \tag{4.72}$$

となる。$w(t)$ は $W(f)$ の逆フーリエ変換であり

$$w(t) = \frac{1}{T_s}\mathrm{sinc}\left(\frac{t}{T_s}\right) = \frac{1}{T_s}\frac{\sin\left(\pi\dfrac{t}{T_s}\right)}{\pi\dfrac{t}{T_s}} \tag{4.73}$$

として表される。よって，標本された系列 $s_s(t)$ と $\mathrm{sinc}(t/T_s)$ のたたみ込み積分をすることで，無限に細かい標本間隔で信号を復元することが可能である。図 4.7 に sinc 関数による内挿の原理を示す。たたみ込み積分は演算量が多いため，簡易な内挿補間（アップサンプリング）法として，フーリエスペクトルにおける高周波領域のゼロパディング（zero padding）が採用される。

以下，ゼロパディングによる N 倍のアップサンプリング法について述べる。式 (4.44) において $T_s \to T_s/N$ として，次式でおきなおす。

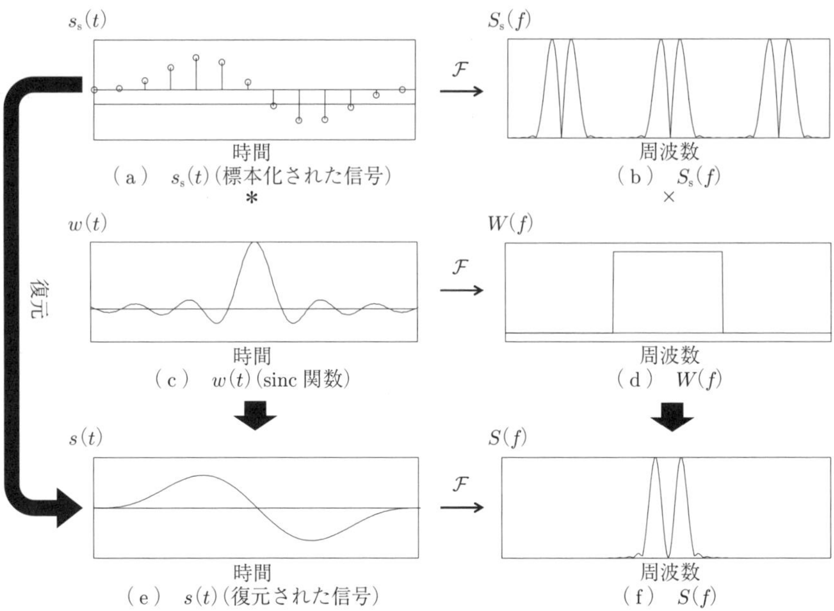

図 4.7　sinc 関数とのたたみ込みによる信号復元

$$S_{\mathrm{s}}^{(N)}(f) = \frac{N}{T_{\mathrm{s}}} S(f) \sum_{n=-\infty}^{\infty} \delta\left(f - \frac{nN}{T_{\mathrm{s}}}\right) \tag{4.74}$$

ここで

$$S_{\mathrm{s}}^{(N)}(f) = S_{\mathrm{s}}(f), \ \left(|f| \leqq \frac{f_{\mathrm{s}}}{2}\right) \tag{4.75}$$

とナイキスト条件を満たすため，式 (4.69) は

$$S(f) = \begin{cases} \dfrac{T_{\mathrm{s}}}{N} S_{\mathrm{s}}^{(N)}(f) & \left(|f| \leqq \dfrac{f_{\mathrm{s}}}{2}\right) \\ 0 & \left(|f| > \dfrac{f_{\mathrm{s}}}{2}\right) \end{cases} \tag{4.76}$$

と置き換えられる。式 (4.74) の $S_{\mathrm{s}}^{(N)}(f)$ は，時間領域で f_{s} の N 倍のサンプリング周波数で標本化した信号のフーリエスペクトルである。よって，これを逆フーリエ変換した信号 $s_{\mathrm{s}}^{(N)}(t)$ は

$$S_{\mathrm{s}}^{(N)}(t) = s(t) \sum_{n=-\infty}^{\infty} \delta\left(t - \frac{nT_{\mathrm{s}}}{N}\right) \tag{4.77}$$

であり，元の信号を $1/N$ 倍のサンプリング周期で標本化した信号となる。

上記処理の実手順を以下に示す。データ長 M 個の離散データ系列が与えられ，N 倍のアップサンプリングを実現したいとする。同データに後述する DFT もしくは FFT を施し，正および負の周波数領域において，高い周波数側にそれぞれ $(N-1)M/2$ 個のゼロを格納する。拡張されたデータ長は NM となる。これを IDFT もしくは IFFT することで，N 倍にアップサンプリングされた信号を得る。この操作により，時間領域で sinc 関数とのたたみ込みを計算するより高速なアップサンプリングが可能となる。

4.4.3 離散フーリエ変換（DFT）

フーリエ変換は，4.2 節で述べたとおり，連続的な時系列信号に対して定義される。離散化された信号については，同変換も当然ながら離散化した形で表現する必要がある。これを離散フーリエ変換（discrete Fourier transform，DFT）と呼ぶ。DFT の特徴を以下に示す。

(1)周　期　性　離散フーリエ変換では，有限のデータ長と有現の標本間隔により標本化された離散信号系列を扱う。信号 $s(t)$ を間隔 T_s で標本すると，4.4.2 項での議論により，そのフーリエスペクトルは周波数間隔 $1/T_\mathrm{s}$ の周期関数として表現される。また，逆にフーリエスペクトルを $1/T_\mathrm{s}$ の周波数間隔で標本すると，時間領域では逆フーリエ変換された関数が T_s 間隔で現れる周期関数となる。各周期系列は，T_s または $1/T_\mathrm{s}$ の領域のみで考えることで十分であり，この領域での時間，周波数の関係を定義するのが離散フーリエ変換である。

(2)離散フーリエ係数　DFT において計算される係数を，離散フーリエ級数（discrete Fourier series，DFS）と呼ぶ。前項で示したとおり，$s(t)$ を周期 T_s で標本化した離散信号 $s_\mathrm{s}(t)$ は次式で表される。

$$s_\mathrm{s}(t) = \sum_{m=-\infty}^{\infty} s(mT_\mathrm{s})\delta(t - mT_\mathrm{s}) \tag{4.78}$$

式 (4.78) の両辺を（連続）フーリエ変換すると

$$\begin{aligned} S_\mathrm{s}(f) &= \int_{-\infty}^{\infty} \left\{ \sum_{m=-\infty}^{\infty} s(mT_\mathrm{s})\delta(t - mT_\mathrm{s}) \right\} e^{-i2\pi ft} dt \\ &= \sum_{m=-\infty}^{\infty} s(mT_\mathrm{s}) \left\{ \int_{-\infty}^{\infty} \delta(t - mT_\mathrm{s}) e^{-i2\pi ft} dt \right\} \\ &= \sum_{m=-\infty}^{\infty} s(mT_\mathrm{s}) e^{-i2\pi fmT_\mathrm{s}} \end{aligned} \tag{4.79}$$

よって，T_s で標本化された離散信号のフーリエスペクトルは $e^{-i2\pi fmT_\mathrm{s}}$ で級数展開され，その離散フーリエ係数は $s(mT_\mathrm{s})$ で与えられる。

以後，表現の簡略化のため，時間領域はサンプル間隔 T_s で正規化されているとし，T_s を除いて考える。周期 M を有する離散時間信号 $s_\mathrm{s}(t)$ を $\tilde{s}(m)$ とする。ただし，$m = 0, 1, 2, \cdots, M-1$ である。これに相当するフーリエスペクトル $\tilde{S}(k)$ $(k = 0, 1, 2, \cdots, M-1)$ は，周期性を考慮し，式 (4.78) の加算区分を無限から有限の領域とし，f を k，mT_s を m/M としておきなおすと次式を得る。

$$\tilde{S}(k) = \sum_{m=0}^{M-1} \tilde{s}(m) e^{-i2\pi k \frac{m}{M}} \tag{4.80}$$

ここで，$e^{-i2\pi km/M}$ はフーリエ級数展開の基本となる関数であり

$$e_k(m) = e^{-i2\pi k \frac{m}{M}} \qquad (k = 0, 1, 2, \cdots, M-1) \tag{4.81}$$

として表す。また

$$W_M = e^{-\frac{i2\pi}{M}} \tag{4.82}$$

とおくと，周期信号 $\tilde{s}(m)$ は次式で級数展開される。

$$\tilde{s}(m) = \frac{1}{M} \sum_{k=0}^{M-1} \tilde{S}(k) W_M^{-km} \qquad (m = 0, 1, 2, \cdots, M-1) \tag{4.83}$$

ここで，フーリエ級数 $\tilde{S}(k)$ は

$$\tilde{S}(k) = \sum_{m=0}^{M-1} \tilde{s}(m) W_M^{km} \qquad (k = 0, 1, 2, \cdots, M-1) \tag{4.84}$$

で与えられる。$\tilde{S}(k)$ も周期 M の周期系列である。両者の式が可逆変換であることは

$$\frac{1}{M} \sum_{k=0}^{M-1} W_M^{mk} = \begin{cases} 1 & (m = KM, K \in Z) \\ 0 & (\text{otherwise}) \end{cases} \tag{4.85}$$

を用いて確認することができる。

上記の事項は，基本周期のみを取り出した孤立離散時間系列の場合も同様に成立する。有限な長さ M を有する非周期離散時間系列 $s(m)$ を

$$P_M(m) = \begin{cases} 1 & (0 \leq m \leq M-1) \\ 0 & (\text{otherwise}) \end{cases} \tag{4.86}$$

を用いて

$$s(m) = P_M(m) \tilde{s}(m) \tag{4.87}$$

とする。同様に $s(m)$ に対する離散フーリエスペクトル $S(k)$ も

$$S(k) = P_M(m)\tilde{S}(k) \tag{4.88}$$

で表される。よって，離散孤立系の信号に対しても，式 (4.83) および式 (4.84) と同様に次式が成立する。

$$s(m) = \frac{1}{M}\sum_{k=0}^{M-1} S(k)W_M^{-km} \qquad (m = 0, 1, 2, \cdots, M-1) \tag{4.89}$$

$$S(k) = \sum_{m=0}^{M-1} s(m)W_M^{km} \qquad (k = 0, 1, 2, \cdots, M-1) \tag{4.90}$$

式 (4.89) を離散フーリエ変換（DFT），式 (4.90) を逆離散フーリエ変換（IDFT）と呼ぶ。

離散フーリエ変換には以下の特徴的な性質がある。

（1） 対 象 定 理　　信号 $s(m)$　$(0 \leqq m \leqq M-1)$ が実数である場合

$$\mathrm{Re}[X(k)] = \mathrm{Re}[X(M-k)] \tag{4.91}$$

$$\mathrm{Im}[X(k)] = -\mathrm{Im}[X(M-k)] \tag{4.92}$$

$$|X(k)| = |X(M-k)| \tag{4.93}$$

$$\arg[X(k)] = -\arg[X(M-k)] \tag{4.94}$$

これは，連続と離散フーリエスペクトルにおいて，$f \to k$ ならば，$-f \to N-k$ が成立することによる。

（2） 循環推移定理　　長さ M の信号 $s(m)$ とそれを基本周期とする周期信号を $\tilde{s}(m)$ とするとき，これを m だけ推移し，基本周期 M で切り出した信号を循環推移信号といい

$$s(m+n)_M \equiv \tilde{s}(m+n)P_M(m) \tag{4.95}$$

で定義する。このとき，$s(m+n)_M$ のフーリエスペクトルは

$$\mathcal{F}_M[s(m+n)_M] = W_M^{-kn}X(k) \tag{4.96}$$

となる。ただし，$\mathcal{F}_M$ は周期 M での離散フーリエ変換を示す。DFT は周期信号の基本区間に対して定義されるため，時間または周波数シフトは，それを基本周期とする周期信号の時間または周波数シフトとして表現されることに注意が必要である。

循環推移の考え方を利用することで，連続フーリエ変換と同様に，二つの信号 $s(m)$ および $r(m)$ の積とたたみ込み積分の関係も成立する。

$$\mathcal{F}_M[s(m)r(m)] = S(k) * R(k) \tag{4.97}$$

$$\mathcal{F}_M^{-1}[S(k)R(k)] = s(m) * r(m) \tag{4.98}$$

4.4.4 高速フーリエ変換（FFT）

M 点の DFT を計算機で実行するためには M^2 回の複素乗算および $M(M-1)$ 回の複素加算が必要となる。計算複雑性を示すランダウの記号 $O(*)$ を用いると，DFT の計算量は $O(M^2)$ であり，M^2 に比例して増大する。このため，DFT の高速化アルゴリズムが各種検討されてきた。中でも離散フーリエ係数 W_M^{nk} の周期性に着目した計算方法クーリー・チューキー（Cooley-Tukey）アルゴリズムを使用することで，計算量を $O(M \log M)$ にまで減らすことが可能となる。同アルゴリズムを FFT（fast Fourier transform）と呼ぶ[12)]。例えば $M = 2^{10} = 1\,024$ の場合，通常の DFT では計算量は $M^2 \simeq 10^6$ となるが，FFT では $M \log M \simeq 10^4$ となり大幅な計算量の短縮が可能となる。

代表的な FFT アルゴリズムとして，信号データ長が $M = 2^K$，$K \in Z$ のときに適用可能な時間間引き FFT アルゴリズムを紹介する。式 (4.89) で示される DFT の定義式を $s(m)$ の添え字 m の偶奇によって二つに分ける。

$$\begin{aligned} S(k) &= \sum_{m=0}^{M-1} s(m) W_M^{km} \\ &= \sum_{r=0}^{\frac{M}{2}-1} s(2r) W_M^{2rk} + \sum_{r=0}^{\frac{M}{2}-1} s(2r+1) W_M^{(2r+1)k} \end{aligned}$$

$$= \sum_{r=0}^{\frac{M}{2}-1} s(2r)(W_M^2)^{rk} + W_M^k \sum_{r=0}^{\frac{M}{2}-1} s(2r+1)(W_M^2)^{rk} \tag{4.99}$$

ここで $W_M = e^{-i2\pi/M}$ であるため

$$W_M^2 = e^{\frac{-\frac{i2\pi}{M}}{2}} = W_{M/2} \tag{4.100}$$

が成立する。よって，式 (4.99) は

$$S(k) = \sum_{r=0}^{\frac{M}{2}-1} s(2r)(W_{M/2})^{rk} + W_M^k \sum_{r=0}^{\frac{M}{2}-1} s(2r+1)(W_{M/2})^{rk} \tag{4.101}$$

となる。ここで特に，第一項は長さ $M/2$ の系列，$s(0), s(2), \cdots, s(M-2)$ の DFT 係数となっている。第二項も W_M^k を無視すると，長さ $M/2$ の系列，$s(1), s(3), \cdots, s(M-1)$ の DFT 係数となっている。これにより，一つの長さ $M = 2^K$ の DFT の計算が，二つの長さ $M = 2^{K-1}$ の DFT の加算として置き換えられることがわかる。これを繰り返すことによって，$M = 2^K$ の 1 回の DFT は，最小の系列長 $M = 2$ での DFT を $K-1$ 個計算して，加算すればよいことになる。このため，計算回数は 2^K から $\log 2^K \simeq K-1$ に縮退させることができる。よって，計算量は $O(M)^2$ から $O(M \log M)$ に減ずることができる。

FFT 処理のブロック図は，蝶のような形になることからバタフライ演算とも呼ばれる。逆高速フーリエ変換すなわち IFFT は，FFT 計算と同様に可能である。式 (4.99) で示される IDFT の式の両辺に $1/M$ を乗算し，複素共役をとると

$$\frac{1}{M} S(k)^* = \frac{1}{M} \sum_{m=0}^{M-1} s(m) W_M^{-km} \qquad (k = 0, 1, 2, \cdots, M-1) \tag{4.102}$$

となる。これは $\frac{1}{M} S(k)^*$ を DFT 計算することと等価である。よって，IFFT は上の変換を使うことで FFT 計算に置き換えられる。

FFT アルゴリズムには周波数間引きアルゴリズム[13] や，$M \neq 2^K$ の場合に対するアルゴリズムなど，さまざまなアルゴリズムが提案されている。

5 捜索・追尾レーダ

1章でも触れたが，レーダは20世紀初めのライン川で実施された衝突防止装置の実証実験から飛躍的な発展を遂げた。本章では，レーダの原型となっている捜索レーダと追尾レーダを解説する。まず，レーダに使われるマイクロ波の発振等の捜索レーダの基本構成を説明し，探知領域と検出処理について解説する。つぎに，目標を探知した後に目標にビームを照射し続けて捕捉を行う追尾レーダの処理法を要約し，単一目標と複数の目標の追尾に利用される代表的な追尾フィルターを解説する。

5.1 捜索レーダ

5.1.1 捜索レーダの概要

捜索レーダ（search radar，surveillance radar）は，レーダの代表的な用途の一つである。マイクロ波帯の電波は音波に比べて大気中の伝搬速度が速く直進性が優れること，および光や赤外線に比べ散乱や減衰が少ないことから，捜索レーダは昼夜を問わず天候に左右されずに遠方の目標をリアルタイムで探知するために広く用いられている。

一般的な捜索レーダは，監視する空間に向けてアンテナビームを走査しつつ電波を送受信することにより目標物体を検出し，目標が検出された場合には目標位置についての情報を得るように動作する。このとき，目標の存在やその位置については事前にはわからないので，アンテナ・ビームは監視すべき空間に対して一定の時間間隔でまんべんなく走査される。

したがって，捜索レーダの能力は一般に，捜索空間の広さ（レーダ覆域），捜索空間を走査するのに必要な時間（捜索データレート），どれほど小さい目標をどれほど遠くで探知できるか（最大探知距離），および探知した目標の観測位置精度などで評価される。

例えば，使用する周波数に関しては，一般に周波数が高いほど観測精度や分解能が良い反面，降雨減衰などの電波伝搬損失やクラッタ反射率が大きくなるので，比較的高い周波数帯のレーダは主として近距離の高分解能観測用，比較的低い周波数帯のレーダはおもに遠距離探知用に使用される。

また，捜索する領域が三次元空間の場合をボリウムサーチレーダ（volume search radar），捜索領域が二次元平面の場合を表面サーチレーダ（surface search radar）と呼ぶこともある。前者は，例えば空港周辺や航空路の航空機の監視・管制のための航空管制レーダや軍用防空レーダなどの用途があり，後者は海上の船舶の監視レーダなどの用途がある。

さらに，レーダが設置される場所によって，地上レーダ（groundbased radar），艦船搭載レーダ（shipborne radar），航空機搭載レーダ（airborne radar），衛星搭載レーダ（spacebased radar）などの応用がある。

5.1.2 捜索レーダの構成

捜索レーダの一般的な構成は，送信信号の発生方法によって直接発振方式と増幅方式に大きく分けることができる。また，後者については近年，アクティブフェーズドアレイ方式やディジタルビームフォーミング方式と呼ばれる新しい方式のレーダが登場してきている。以下ではこれらの方式の基本構成について簡単に述べる。

（1） 直接発振方式　直接発振方式[1)]とは，図 5.1 の系統図に示すように，送信機として高出力のマイクロ波発振管を用いる方式である。代表的な発振管にはマグネトロン（magnetron）があり，変調器からの変調パルスをトリガとして大電力の送信パルスを直接に発生できるため，比較的簡単にレーダ送信機を実現できる。

一方，目標からの反射信号は，受信回路保護のためのリミッタを通した後，周波数

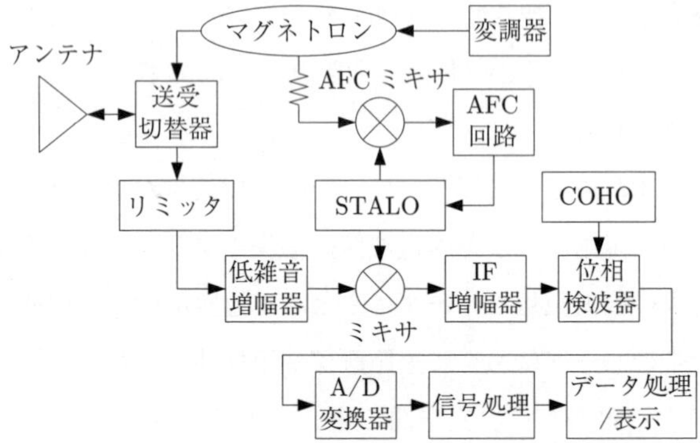

AFC：automatic frequency control（自動周波数制御）
STALO：stable local oscillator（安定局部発振器）
COHO：coherent oscillator（コヒーレント発振器）
IF：intermediate frequency（中間周波数）
A/D：analog to digital（アナログ/ディジタル）

図 5.1　直接発振方式の一般的な系統図

選択度や受信感度を高く保つためにスーパーヘテロダイン（superheterodyne）方式で受信するのが一般的である。すなわち，マイクロ波の受信信号を直接検波するのではなく，まず低雑音増幅器で増幅した後，STALO（stable local oscillator）と呼ばれる局部発振器の信号と混合して中間周波数（intermediate frequency，IF）へ周波数変換してから検波する。

また，検波方式は，移動目標検出などの信号処理のために，COHO（coherent oscillator）と呼ばれる安定な原発振器を参照信号とした位相検波が行われることが多い。検波された信号は，ディジタル信号に変換された後，4 章で述べた不要信号抑圧や目標検出のための信号処理が行われ，さらに 5.2 節で述べる目標追尾など処理を経て表示される。

なお，マグネトロンの周波数安定度はそれほどよくないので，通常は自動周波数制御（automatic frequency control，AFC）回路を設け，つねに中間周波数が一定となるように，マグネトロンの発振周波数に合わせて STALO 周波数を制御することが行われる。直接発振方式は，比較的安価で小型軽量なレーダが実現できるので，従来から非常に広い分野で用いられている。

(2) 直増幅方式　直増幅方式[1)]は，図 5.2 の系統図に示すように，高安定の原発振器（COHO）を元に中間周波数の励振（れいしん）信号を作り，これを局部発振器（STALO）を用いてマイクロ波帯へ周波数変換した後，大電力のマイクロ波増幅器で増幅して送信信号を得るものである。

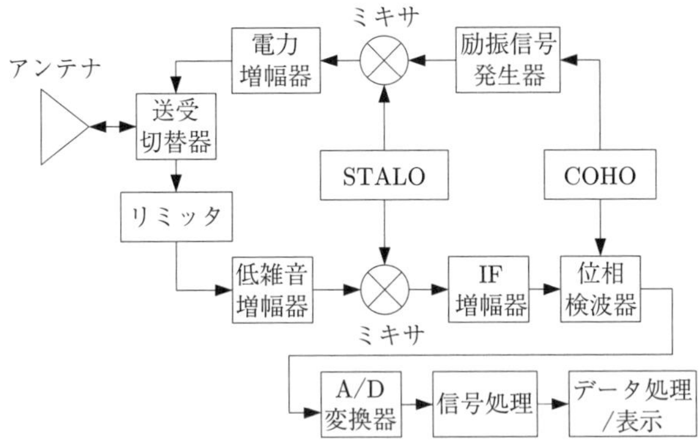

STALO：stable local oscillator（安定局部発振器）
COHO：coherent oscillator（コヒーレント発振器）
IF：intermediate frequency（中間周波数）
A/D：analog to digital（アナログ/ディジタル）

図 5.2　直増幅方式の一般的な系統図

この方式は送受信信号の周波数および位相の安定度が高くクラッタ抑圧などの性能が優れ，また必要に応じて励振信号を変調すればパルス圧縮（1.2.4 項と 8.1 節参照）にも容易に対応できるため，最近の多くの高性能レーダで用いられている。

送信機の大電力マイクロ波増幅器には，進行波管（traveling wave tube），クライストロン（klystron）などの送信管のほか，最近ではしばしば，シリコン（Si），ガリウム・ヒ素（GaAs），窒化（ちっか）ガリウム（GaN）などのマイクロ波デバイスを用いた半導体電力増幅器も使用される。

(3) アクティブフェーズドアレイ方式　前述の直接発振方式や直増幅方式のレーダで用いられるアンテナで最もよく見かけるものはパラボラアンテナである。例えば，航空管制レーダなどでは，仰角方向に広く方位方向に狭い偏平な形状のビーム（一般に，ファンビーム（fan beam）と呼ばれる）のアンテナを水平方向に連続機械回転させて全周を捜索することが行われる。

これに対して最近の高性能レーダでは，2.3.1 項で述べたフェーズドアレイアンテナ[1)] が用いられるようになってきた。特に，各アンテナ素子に送受信機能を持つ送受信モジュールを実装するものはアクティブフェーズドアレイアンテナ（active phased array antenna，APAA），または，アクティブ電子走査アレイ（active electronically scanned array，AESA）と呼ばれている。

このような電子走査型のアンテナは機械式のアンテナに比べてビームを高速に走査したり，空間捜索の合間に特殊な追尾専用ビームを挿入したりするなど，状況に応じた多機能動作をすることができる。また，送受信回路がアンテナ開口面のごく近くに実装されるため給電損失が小さく，従来に比べて探知性能が飛躍的に向上する。

（4） ディジタルビームフォーミング　ディジタルビームフォーミング（digital beam forming，DBF）[1)] は，フェーズドアレイ方式でのマイクロ波回路による受信ビーム形成処理をディジタル信号処理で行うものである。このため，各素子アンテナには受信信号をディジタル信号に変換するためのアナログ・ディジタル（analog to digital，A/D）変換器が設けられており，図 2.18 で示したフェーズドアレイアンテナでの位相シフトと振幅スケーリング，および受信信号合成は，それぞれ受信ディジタル信号に対する複素ウェイト $a_j e^{-i\phi_j}$ の乗算とその結果の加算で置き換えられる。

この DBF 方式の利点は以下である。

（1） 高速のディジタル演算を用いることにより，超高速のビーム走査が可能。

（2） ウェイトを細かく制御できるので，例えば，超低サイドローブ化などの細やかなアンテナパターンの整形が可能。

（3） ディジタル演算により複数のビーム形成演算を並列に実行することにより，指向方向が異なる複数の受信ビームを同時に形成することが容易。なお，演算式はアンテナ素子の位置座標からビーム形成角度へのフーリエ変換の形をしているので，例えば，4.4.4 項で述べた高速フーリエ変換を利用するなどして非常に効率的に演算できる。

このような利点を生かして，近年の先進的なレーダではDBF方式を採用したものが登場しており，捜索データレートの改善や探知・追尾性能の向上が図られている。

5.1.3 レ ー ダ 覆 域

レーダが目標を探知できる範囲をレーダ覆域（ふくいき）(radar coverage) といい，一般的な捜索レーダでは，探知できる最大方位幅・仰角幅を表す角度覆域と，角度覆域内の最大探知距離を表す距離覆域で表現される。

以下では，簡単のため，角度覆域内の最大探知距離が一定である場合について，捜索レーダの最大探知距離の考え方と覆域の図示に用いられる覆域図について述べる。

（1） 捜索レーダのレーダ方程式　レーダの最大探知距離は 2.2.1 項で述べたレーダレンジ方程式で計算できる。しかし，この式は，あらかじめ送信尖頭電力やアンテナ利得などの諸元がすべてわかっている場合には最大探知距離を正確に計算できるが，所要の最大探知距離を得るために必要なレーダ諸元を求めるには試行錯誤的な手順が必要となり，レーダ設計者にとってはあまり適切ではない。

しかし，幸いにしてボリウムサーチの捜索レーダの場合には，このレーダレンジ方程式をより実用的な形に変形することができる。まず，式 (2.25) のレーダレンジ方程式は以下のように書ける。なお，ここでは説明の都合上，モノスタティックのパルスレーダを仮定し，パルス圧縮やヒット積分による利得を明示した表現としている。

$$R_{max} = \left[\frac{P_t G_t G_r \lambda^2 \sigma D H}{(4\pi)^3 \, kTBF_n \cdot \left(\dfrac{S}{N}\right)_{min} \cdot L} \right]^{\frac{1}{4}} \tag{5.1}$$

ここで，R_{max} は最大探知距離，P_t は送信尖頭（せんとう）電力，G_t は送信アンテナ利得，

G_r は受信アンテナ利得，λ は送受信するマイクロ波の波長，σ は目標のレーダ断面積，D はパルス圧縮利得，H はヒット積分利得（コヒーレント積分の場合はパルスヒット数に等しい），k はボルツマン定数（1.38×10^{-23} J/K），T は受信機の温度，B は受信周波数帯域幅，F_n は受信機雑音指数，S/N_{min} は最小探知信号対雑音比（signal to noise ratio，S/N），L は各種損失の合計である。なお，上記では式 (2.25) の最小受信パワー P_{min} を，雑音電力（$kTBF_n$）と最小探知 S/N（S/N_{min}）と損失（L）の積で表している。

ここで，捜索する角度範囲（field of view，FOV）を Ω と表記する（直観的には方位幅 × 仰角幅であるが，正確には立体角で表される）。この角度範囲 Ω を送信ビーム幅 ϕ（立体角。近似的には方位ビーム幅 × 仰角ビーム幅）のビームで順に走査して，データレート（Ω を走査するのに必要な時間）T_s で 1 回の捜索が完了するレーダがあるとする。このとき，ビーム走査に必要なビーム数は Ω/ϕ であるから，ビーム 1 本当りの送受信時間，すなわち，目標照射時間（dwell time）T_d は $T_d = T_s\phi/\Omega$ と書ける。

一方，この目標照射時間 T_d は，パルス反復時間 t_{prt} の H 回のパルス送受信（H ヒット〔hits〕のパルス列と呼ばれる）で構成されているとすると，近似的に $T_d = H \cdot t_{prt}$ と書ける。ゆえに，両者を等しいとおくと，$\phi = \Omega H t_{prt}/T_s$ という関係が得られる。さらに，送信アンテナ利得 G_t は，おおよそ近似的に $G_t = 4\pi/\phi$ と書けるので，これに代入すると以下が得られる。

$$G_t = \frac{4\pi T_s}{\Omega H t_{prt}} \tag{5.2}$$

また，パルス圧縮利得 D は，ほぼパルス圧縮の前後のパルス幅の比で与えられるので，圧縮後のパルス幅を τ とすると，送信パルス幅（つまり，圧縮前のパルス幅）は $D \cdot \tau$ と書ける。また，送信平均電力は，送信パルス幅とパルス反復時間との比 $D \cdot \tau/t_{prt}$（いわゆる，送信デューティサイクル（duty cycle））を送信尖頭電力に乗じた値である。ゆえに，送信尖頭電力 P_t と送信平均電力 P_{ave} との関係は $P_t = t_{prt}P_{ave}/D\tau$ と書ける。さらに，受信帯域幅 B と圧縮後パルス幅 τ との間には，一般におおよそ $B = 1/\tau$ の関係があるので，以下のようになる。

$$P_t = \frac{t_{prt} P_{ave} B}{D} \tag{5.3}$$

また，受信アンテナ利得 G_r と受信アンテナの有効開口面積 A_R との間には一般につぎの関係がある（λ は波長）。

$$G_r = \frac{4\pi A_R}{\lambda^2} \tag{5.4}$$

したがって，式 (5.2)〜(5.4) を式 (5.1) に代入して整理するとつぎのようになる。

$$\frac{R_{max}^4 \Omega \cdot \left(\dfrac{S}{N}\right)_{min}}{\sigma T_s} = \frac{P_{ave} A_R}{4\pi k T F_n L} \tag{5.5}$$

これはボリウムサーチのレーダ方程式として知られているものである。この式の左辺は捜索レーダが達成すべき性能，すなわち，どれほど広い角度範囲と距離範囲をどれほど短時間で，また，どれほど小さい目標をどれほど高い S/N で探知できるかを表している。また，右辺はそのために必要なレーダ諸元を表しており，この中で特に送信平均電力と受信アンテナ開口の積は「パワー・アパチャ積（power aperture product）」と呼ばれる。

この式の面白い点は，見かけ上，右辺に周波数の項が含まれておらず，レーダ性能はパワー・アパーチャ積に比例することである。実際には雑音指数や各種損失には周波数特性があるが，近似的にこれを省略して考えると，左辺のレーダ性能が与えられれば，そのために必要なパワー・アパチャ積が簡単に計算できる。つまり，アンテナやパルス波形などの詳細な設計をすることなく，レーダの概略規模を見積もるような場合には非常に有用である。

（2） 覆 域 図　ボリウムサーチの捜索レーダでは，覆域を表現するのに図 5.3 に示すような特定の方位の最大探知距離を距離と高度の二次元で図示した垂直面覆域図（vertical coverage chart）[1)] がよく用いられる。

このとき，横軸の距離はレーダアンテナから目標までの伝搬経路に沿った距離であるスラントレンジ（slant-range）が用いられることが多い。この理由は，2.2.2 項で述べたように，スラントレンジは以下の式で簡単に得られ，また，低

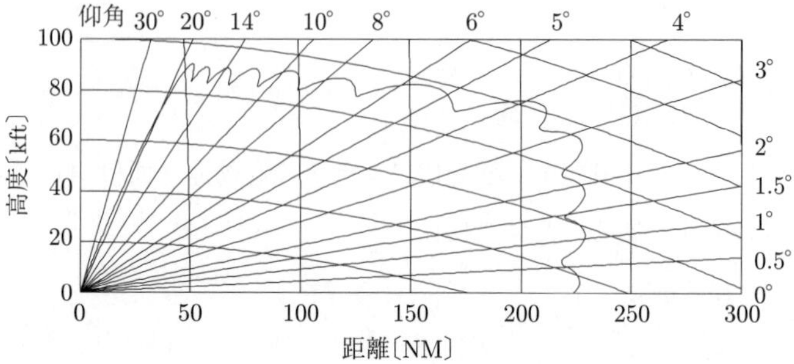

図 **5.3** 垂直面覆域図の例（NM（海里）：1 852 m）

仰角では地表に沿った距離であるグランドレンジ（ground-range）との実用上の差が小さいからである。

$$R_A = \frac{c\tau_A}{2} \tag{5.6}$$

ここで，R_A はスラントレンジ，c は電波の伝搬速度（大気中では約 3×10^8 m/s），τ_A は目標までの伝搬遅延時間（パルス往復時間）である。

なお，このような覆域図で注意すべき点は，地表付近の電波伝搬では，大気密度が高度とともに減少するため光と同様に屈折が生じることである。このため，電波は直進せずにわずかに下方に曲がって伝搬する。実際の大気密度の高度分布は季節や気象状況で変化するが，一般には屈折率が高度に比例して減少するという近似を用いることが多い。

この近似を用いれば，図 5.4 に示すように等価的な地球半径を Ka（K：定数，a：実際の地球半径（約 6 370 km））というように実際よりも大きくして作図すると，仰角一定の伝搬経路を直線で描くことができ非常に便利である。実際によく用いられる K の値は約 4/3 であり（すなわち，$Ka = 8\,500$ km），標準大気伝搬モデルと呼ばれる。図 5.3 はこのようにして作図されている。

この場合，レーダから見た目標のスラントレンジ R_A，目標仰角 θ と目標高度 h_t の関係は，幾何学的に第 2 余弦定理を用いて以下のような簡単な式で与えられる[1)]。ここで，h_a はアンテナの高度である。

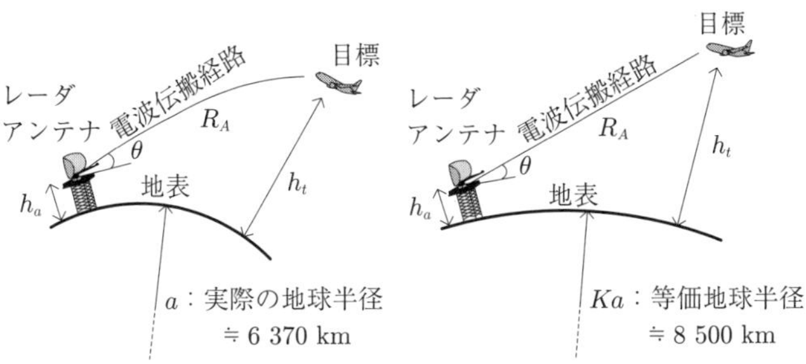

（a） 実際の電波伝搬経路　（b） 等価地球半径で作図したときの電波伝搬経路

図 5.4 目標のスラント・レンジ，仰角，高度の関係

$$h_t = \left[(Ka + h_a)^2 + R_A^2 + 2(Ka + h_a) R_A \sin\theta\right]^{\frac{1}{2}} - Ka$$
$$\approx h_a + R_A \sin\theta + \frac{R_A^2}{2Ka} \quad (5.7)$$
$$(h_a \ll Ka \text{ かつ } \sin\theta \ll 1 \text{ のとき})$$

5.1.4 目標検出処理

初期の捜索レーダでは，レーダの受信信号から目標を検出するのに，レーダスコープに表示される受信ビデオ（受信信号を検波した波形）を目視で観測し，その輝点から目標の有無を判断していた。しかし，近年のレーダではほとんどが目標の自動検出機能を用いている。

最も一般的で簡便な方法は，図 5.5 に示すように，受信ビデオに対して適切なしきい値を設け，受信ビデオレベルがこれを超えた場合には，その位置で目標が検出されたと自動判定するものである。

このとき，3.4 節でも述べたが，しきい値をどのように設定するかが目標検出性能にとって重要になる。特に，目標の信号強度や雑音の瞬時振幅は時間変動するので，捜索レーダの検出性能は以下に示す検出確率と誤警報確率を定義して確率的に取り扱うのが一般的である。

1. 検出確率 p_d**：**目標が存在するときにその受信ビデオがしきい値を超える

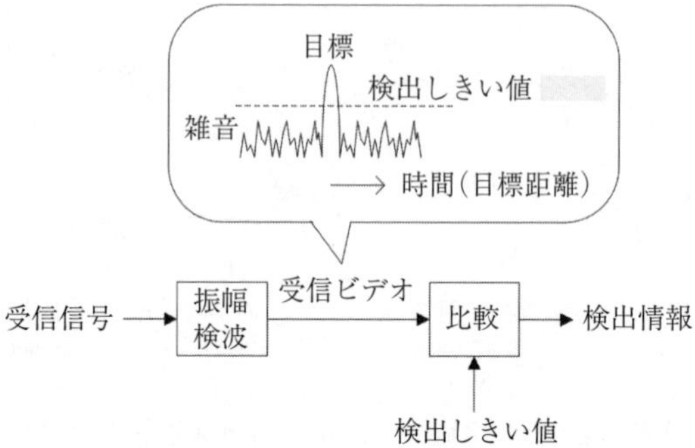

図 **5.5**　目標検出機能の一般的な系統図

確率。つまり，目標が正しく検出される確率。同じ受信信号レベルでもしきい値を低く設定するほど p_d は大きくなる。

2. **誤警報確率** p_{fa}：目標が存在しないときに雑音がしきい値を越える確率。つまり，目標が存在しないのに誤って目標有りと検出される確率。しきい値を低く設定するほど p_{fa} は大きくなる。

さて，ここで上記の p_d，p_{fa} と，5.1.3 項の式 (5.1) や式 (5.5) のレーダ方程式に現れる最小探知信号対雑音比 S/N_{min} との関係を整理しておく。

最初に，目標が存在しない雑音のみのレンジセルについて考える。通常，レーダ受信信号に含まれる雑音は受信機の熱雑音が支配的であり，これは統計的には位相がランダムで振幅が正規分布をする白色ガウス雑音（white Gaussian noise）としてモデル化できる。この雑音を振幅検波すると，その確率分布は 3.2.2 項で述べたレイリー分布になることが知られており，その確率密度関数は式 (3.20) で与えられる。したがって，誤警報確率 p_{fa} は，しきい値電圧を Y'，雑音電力を $\langle A^2 \rangle$ とするとつぎのように書ける。

$$p_{fa} = \int_{Y'}^{\infty} p(A)dA = \exp\left(\frac{-Y'^2}{\langle A^2 \rangle}\right) = \exp\left(-Y^2\right) \tag{5.8}$$

$$\text{または}\quad Y = \sqrt{-\ln p_{fa}} \tag{5.9}$$

ここで，Y は雑音電力の平方根で正規化したしきい値電圧である（すなわち，$Y = Y'/\sqrt{\langle A^2 \rangle}$）。

つぎに，目標と雑音が存在するレンジセルについて考える。目標からの反射信号の変動（目標のレーダ断面積の変動）の統計的性質は目標の形状や運動によってさまざまに異なるが，一般的なレーダの設計では表 5.1 に示すような Swerling によって Case1〜4 に分類されたモデルがよく用いられる[1)]。

表 5.1 Swerling の目標変動モデル

分布＼変動速度	低速（スキャンごと）	高速（ヒットごと）
レイリー分布	Case1 （航空機等）	Case2 （周波数アジリティ等）
カイ 2 乗分布 （自由度 4）	Case3 （ミサイル等）	Case4 （ヘリコプタ等）

このうち，Case1 と Case2 はレーダ断面積の変動がレイリー分布で表されるモデルであり，目標を多数のランダムな微小散乱体の集合とみなすことに相当する。一方，Case3 と Case4 は変動が自由度 4 のカイ 2 乗分布で表されるモデルであり，目標を 1 個の大きい散乱体とこれより小さい多数の微小散乱体の集合とみなすことに相当する。

また，それぞれについて変動速度が低速でスキャン（角度覆域を 1 回走査する時間）ごとに変動する場合が Case1 と Case3，変動速度が高速でヒット（1 回の送受信）ごとに変動する場合が Case2 と Case4 のように分類されている。

さて，上記のレイリー分布およびカイ 2 乗分布する目標について，信号対雑音平均電力比（S/N）を α とおくと，信号+雑音の振幅検波後の確率密度関数は以下のようになる。

Case1, 2:

$$p(x) = \frac{2x}{1+\alpha}\exp\left(-\frac{x^2}{1+\alpha}\right) \tag{5.10}$$

Case3, 4:

$$p(x) = \frac{2x}{(1+\alpha/2)^2}\left(1+\frac{x^2}{1+\dfrac{2}{\alpha}}\right)\exp\left(-\frac{x^2}{1+\dfrac{\alpha}{2}}\right) \tag{5.11}$$

したがって，目標検出確率 p_d は，前述の正規化したしきい値電圧を Y とすると，つぎのように書ける。

Case1, 2:

$$P_d = \int_Y^\infty p(x)dx \ = \ \exp\left(-\frac{Y^2}{1+\alpha}\right) \tag{5.12}$$

Case3, 4:

$$P_d = \left\{1 + \frac{2\alpha Y^2}{(2+\alpha)^2}\right\}\exp\left(-\frac{Y^2}{1+\dfrac{\alpha}{2}}\right) \tag{5.13}$$

上式に式 (5.8) を代入すると，所要の p_d と p_{fa} を満足するのに必要な最小の信号対雑音電力比 α（すなわち，レーダ方程式 (5.1)，(5.5) の S/N_{min} が求められる。特に，Case1 および Case2 の場合はこれらの関係は以下のような簡単な式になる。

$$S/N_{min} = \frac{\ln p_{fa}}{\ln p_d} - 1 \qquad \text{(Case1, 2)} \tag{5.14}$$

一例として，$p_{fa} = 10^{-6}$ の場合の α と p_d の関係を図 5.6 に示す。

なお，ここでは，目標信号以外の不要信号を雑音のみとしたため，検出しきい値は固定の値と考えた。しかし，実際の環境では各種のクラッタが存在する

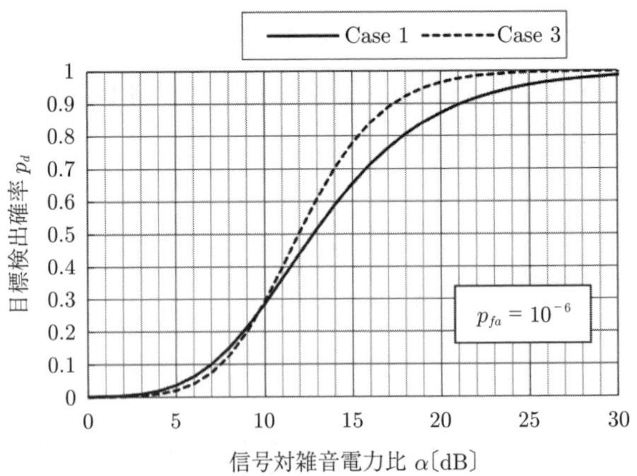

図 5.6　目標検出確率の計算例

ので，クラッタに対して一定誤警報確率となるようにしきい値を可変することも行われる。このような機能が3.4節で述べたCFAR処理であり，しばしば上記の固定しきい値と併用される。

5.2 追 尾 処 理

5.2.1 追尾処理の概要

レーダによる目標追尾（target tracking）とは，空間を移動する航空機などの目標からのレーダ観測値（通常，測距結果の距離および測角結果の角度からなる目標位置観測値）をもとに，ディジタル処理により目標の位置・速度などを推定し，この推定結果をもとに，次サンプリング時刻のレーダ観測値を目標から得ることである[1)~6)]。この目標追尾におけるディジタル処理は，追尾フィルタ（tracking filter）と呼ばれる[2)~7)]。

速度は位置を時間で微分すれば算出できるが，観測雑音（観測誤差）を含む信号を単純に微分すると，観測雑音が増大してしまう。

追尾フィルタの役割は，図5.7に示すように，観測雑音を含んだレーダ観測値より，観測雑音を抑圧しながら，目標の位置・速度などの真値を推定することである。追尾フィルタの出力で実際に使用するのは，レーダでは直接は観測できない速度・加速度などと，サンプリング間での目標の移動を反映した次サンプリング時刻に対する目標位置予測値である。

最新サンプリング時刻に対する推定値を，追尾フィルタでは平滑値（smoothed value）と呼ぶ。一方，一般的な推定論では，フィルタ値（filtered value）と

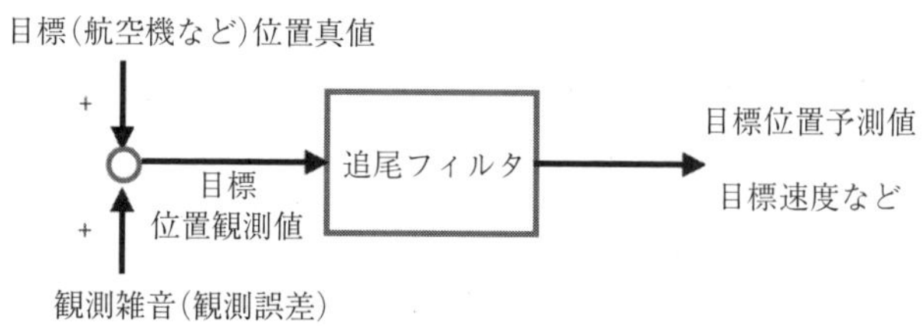

図 5.7 追尾フィルタの役割

呼ぶ。この違いは，一般的な推定論とは異なり，追尾フィルタが後述する α–β フィルタを中心に発展し，この用語を踏襲しているためである[2),6)]。

5.2.2 追尾レーダ

追尾レーダ（tracking radar）は，単一目標の距離，仰角，方位角を精密に観測するために使用される[1),6)]。このため，追尾レーダは，捜索レーダより細いビームで電波を目標に照射し続け，ビーム中心と目標との角度差，および距離ゲート中心と目標との距離誤差を検出し，誤差が0となるように制御を行う。すなわち，図5.8に示すような追尾ループを構成し，ビームおよび距離ゲート内に目標を捉え続ける。この場合，アンテナと目標を結ぶ直線がビーム中心に一致するように，アンテナを機械的に制御する。このループでの距離系を距離追尾，角度系を角度追尾と呼ぶ。また，ビーム中心に角度誤差を付加した値を角度観測値とし，距離ゲート中心に距離誤差を付加した値を距離観測値として，追尾フィルタで使用する。

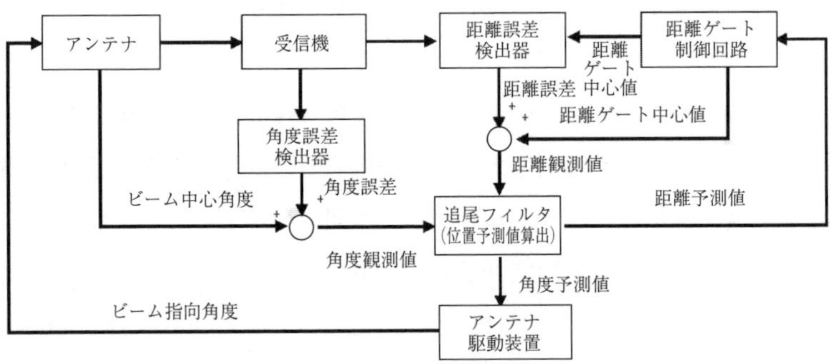

図 5.8　追尾ループ

角度におけるビーム中心が，距離における距離ゲート中心に相当する。アンテナビームに相当するのが距離ゲート，ビーム幅に相当するのが距離ゲート幅である。距離ゲートを狭くすれば，追尾目標以外の信号を誤って追尾することを防止できる。追尾レーダでは，距離精度および距離分解能を確保するため短いパルスを使用し，目標位置を観測するサンプリング間隔も短い。

距離と同時にドップラーが計測可能な場合もあるが，距離観測値がドップラーの影響をどう受けるかどうかを考慮して追尾系を設計する必要がある。さらに，追尾対象目標が回転する機器を搭載する場合，目標の速度以外からも，ドップラーが発生することにも注意を要する。例えば，ジェット機のエンジンからの変調であるJEM（jet engine modulation）あるいはヘリコプターの回転翼からの変調などである。

目標追尾の初期値を得るためには，ビームおよび距離ゲート内に目標を捕捉（acquisition）する必要がある。しかし，追尾レーダの細いビームで広い空間の中から目標を捕捉するのは困難である。この対策としては，太いビームの捜索レーダで目標を発見し，結果を追尾レーダに指示して捕捉する図5.9のような二段階方式が有効である。

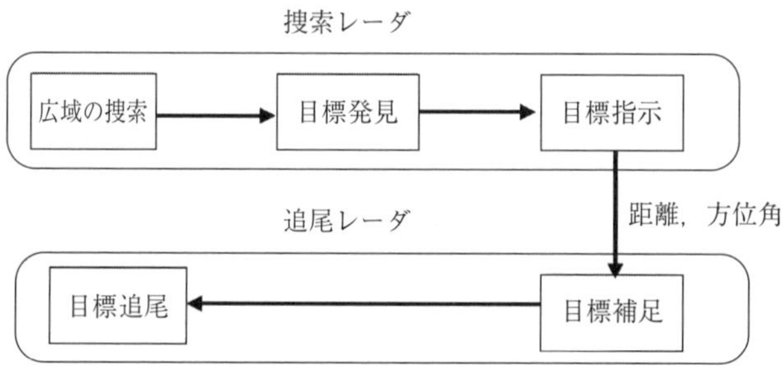

図 5.9 目 標 捕 捉

しかし，例えば，捜索レーダの仰角のビーム幅が10°で方位角のビーム幅が4°，追尾レーダのビーム幅が2°の場合，捜索レーダが指示した方向に追尾レーダを向けたとしても，目標捕捉が可能とは限らない。そこで，追尾レーダでは両レーダの差異を考慮して捜索レーダに指示された角度を中心に，図5.10のような捕捉パターンを描いて目標捕捉を行う。捜索レーダが指示した角度（例えば，180°）と，機械制御の追尾レーダが待機していた角度（例えば，0°）に大きなずれがあった場合，アンテナを駆動して指示方向まで追尾レーダを回転させなければならない。したがって目標捕捉に余分な時間が必要となる。この欠点を解消するのが，ビームを電子走査で制御可能なフェーズドアレイアンテナの

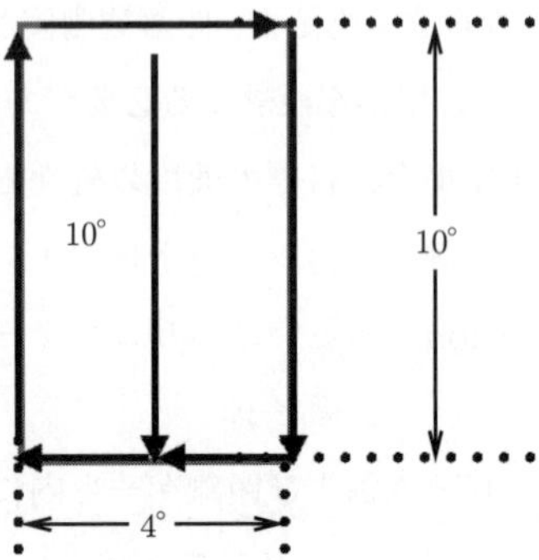

図 5.10 捕捉パターン

ような，1 台で捜索と目標捕捉，多目標同時追尾が可能な多機能レーダである。

5.2.3 単一目標追尾と多目標追尾

(1) 単一目標追尾 追尾レーダによる単一目標追尾 (single target tracking) では，特定の一つの目標のみを追尾対象とする。このため，レーダエネルギーを集中でき，マルチパス環境下などの特殊な場合を除けば，目標から信号が得られる確率である探知確率は 1 とみなしてよい。また，受信機雑音あるいは雲からのレーダ反射波であるクラッタなど，目標以外からの信号が誤って得られる確率である誤警報確率が 0 とみなせる。この結果，マルチパス環境や視界から目標が消えた場合（航空機が山のかげに隠れた場合など）を除き，追尾レーダでは，追尾目標からの信号のみが必ず入力するとして追尾する。

(2) 多目標追尾 アンテナ回転あるいは電子走査により広範囲の空間を捜索するレーダでは，多数の目標を追尾 (multiple target tracking) しなければならない。したがって，一目標当りのレーダエネルギーは単一目標追尾と比べ著しく低下する。さらに，より少ないエネルギーで，より小さい，より機動性の高い目標を，より遠くで，また目標が密集した状態で追尾したいとのニーズが高まっている。このような場合，追尾の前段階での MTI (moving target indication) などの信号処理を施しても，探知確率の低下，誤警報確率の増大を解消するのは困難である。つまり，多数の目標信号とともにいくつかの不要信号が，信号処理部より追尾処理部に出力される。捜索レーダでは，多数の目標からの観測値および不要信号が追尾フィルタの入力諸元となる。

多目標追尾では，図 5.11 に示すようなゲート処理（gating）およびデータ割当（data association）からなる相関処理（correlation）が必要となる。ここで，図 5.12 のように，ある既追尾目標の位置予測値のまわりに，つまり追尾目標が存在すると予測される範囲にゲートを形成し，ゲート内の観測値を追尾維持（track maintenance）に使用する。ゲート内に複数の観測値が存在，あるいは異なる追尾目標のゲートが重なっている場合，どの観測値をどの目標に割り当てるかのデータ割当が必要となる。特に，狭い空間に多数の目標あるいは目標以外からの不要信号が存在する高密度環境（dense target environment）でのデータ割当は，きわめて困難である。相関処理として最も簡単なのは，目標ごとにゲート中心に最も近い観測値を採用する NN（nearest neighbor）法である。しかし，NN 法では追尾がクラッタあるいはほかの目標に乗り移るなど，高密度環境下では必ずしも充分な性能を発揮できない。

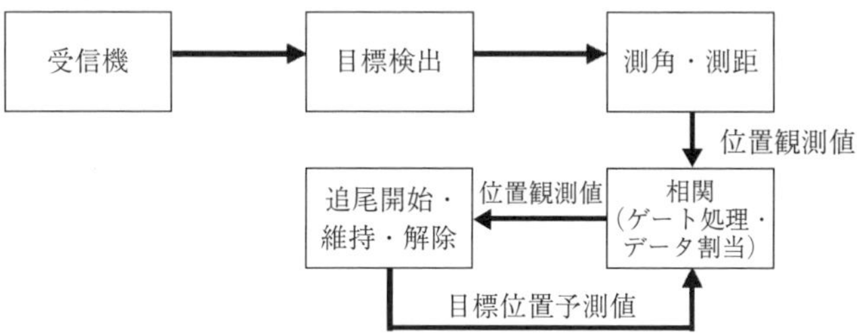

図 5.11　多目標追尾

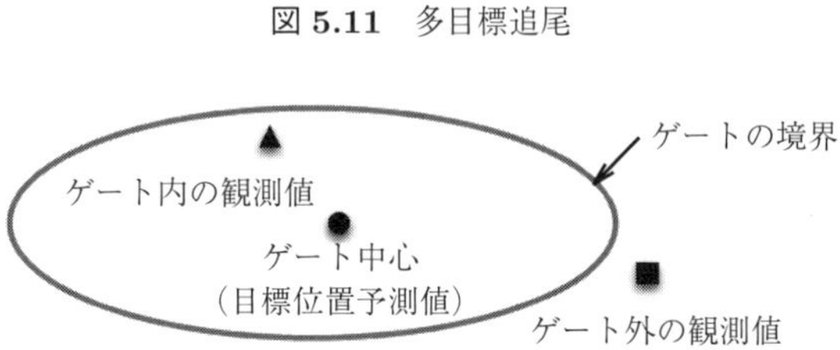

図 5.12　ゲートの例（二次元追尾）

追尾中のどの目標にも割り当てられなかった観測値は，既追尾目標以外からの観測値として追尾開始（track initiation）の処理が必要となる。どの観測値とも割り当てられなかった追尾目標は，レーダの覆域から外れた，あるいはクラッタなどからできた誤航跡として追尾解除（track deletion）の対象となる。

TWS（track while scan）と呼ばれる方法は，特定の領域を一定の周期で，一定のパターンで捜索しながら追尾を行う多目標追尾方法の一種である[2),8)]。例えば，仰角 0° で全方位を等角速度で回転するアンテナで船舶を捜索する場合，TWS が使用可能である。この場合，連続した異なる受信時刻から船舶からの信号が検出される。したがって，船舶からの信号は広がりを持ったエコーとなるため，TWS ではエコーの重心を検出し追尾するなどの工夫が必要である。

5.2.4 座　　標　　系

ここでは，地上に設置されたレーダで，航空機を追尾する場合を例に，追尾フィルタで使用する代表的な座標系とその特徴について述べる。

（1） 北基準直交座標　　図 5.13 のように，レーダを原点，東を x 軸の正，北を y 軸の正，水平面（x–y 面）に垂直で上方を z 軸の正に取った直交座標を「北基準直交座標」と呼ぶ。北基準直交座標は，目標運動の記述に便利である。例えば，等速直線運動を行っている目標の 1 サンプリング後の位置は，現時刻の目標位置を現時刻の目標速度で 1 サンプリング外挿して得られる。等加速度運動（加速または減速）も厳密に定義できるが，一見容易に見える等速円運動の記述は困難である。

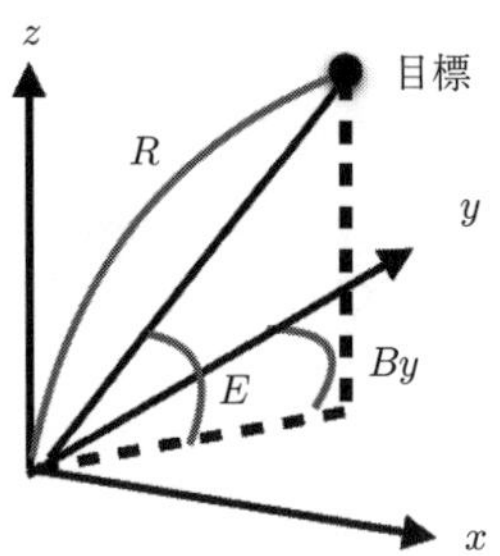

図 5.13　北基準直交座標と極座標

（2） 極　座　標　　図 5.13 のように，レーダより目標までの距離を R，水平面より目標までの仰角を E，水平面内で北方向より目標までの方位角を By とした座標を「極座標」と呼ぶ。極座標は，レーダによる目標位置観測値およびその誤差を記述するのに便利である。ドップラーを観測値とする場合も記述が容易である。しかし，等速直線運動を記述するためにも非線形項（距離の時間2階微分値，角加速度など）を考える必要があり，目標運動の記述には不便である。

（3）座標変換　北基準直交座標と極座標の間には，つぎの関係がある。

$$\begin{pmatrix} x \\ y \\ z \end{pmatrix} = \begin{pmatrix} R\cos(E)\sin(By) \\ R\cos(E)\cos(By) \\ R\sin(E) \end{pmatrix} \tag{5.15}$$

式 (5.15) は，北基準直交座標の各軸 x, y, z における観測雑音は，すべて距離および角度の観測雑音の影響を受けることを示す。結果として，北基準直交座標の各軸 x, y, z における観測値は無相関ではなく，たがいに干渉していることがわかる。

5.2.5　干渉形フィルタと非干渉形フィルタ

（1）非干渉形フィルタ　北基準直交座標の x, y, z 軸ごとに独立に三次元空間の追尾を行う追尾フィルタを非干渉形フィルタ（decoupled filter）という。この場合，x, y, z 軸ごとの計3個の追尾フィルタを使用して，三次元空間の追尾を行う。

式 (5.15) に示したように，レーダの距離と角度の観測誤差は x, y, z 軸に影響する。非干渉形フィルタは，この影響を無視しているが，非干渉形フィルタの実使用例は多い。これは，無相関としても，その悪影響が軽微なためである。

極座標を使用した追尾フィルタは，非干渉形フィルタとなり，レーダを厳密にモデル化した追尾となる。ただし，極座標による近距離目標の追尾は，運動モデルの非線形項の影響で追尾精度が確保しにくい。

（2）干渉形フィルタ　北基準直交座標の x, y, z 軸間で観測雑音に相関があるとして，三次元空間の追尾を行う追尾フィルタを干渉形フィルタ（fully coupled filter）という。干渉型フィルタでは，1個の追尾フィルタで三次元空間の追尾を行う。極座標の観測雑音を北基準直交座標に変換するには，線形近似が必要で，それにともなう誤差が発生する。特に，遠距離目標の追尾は影響が大きい。

5.2.6 代表的な非干渉形フィルタ

(1) 線形最小2乗フィルタ　ここでは，初期状態での過渡応答に優れた性能を発揮する線形最小2乗フィルタ（linear least squares filter）について述べる。

目標が一次元空間で等速直線運動を行っているとすると，目標の速度を一定値 v，時刻0での目標の位置を x_0 とすれば，時刻 t での目標位置の真値は次式となる。

$$x(t)=vt+x_0 \tag{5.16}$$

ここで，サンプリング間隔は一定値 T として，現在および過去のサンプリング時刻 $t_j=jT\ (j=0,1,2,\cdots,k)$ における $k+1$ 個の目標位置観測値を $x_{oj}\ (j=0,1,2,\cdots,k)$ とすれば，目標位置観測値と直線との差の2乗和は次式となる。

$$S(v,x_0)=\sum_{j=0}^{k}\{x_{oj}-(vjT+x_0)\}^2 \tag{5.17}$$

線形最小2乗フィルタは，式 (5.17) を最小にする v および x_0 を算出することにより，目標位置平滑値 $x_{sk}=x(t_k)$，目標位置予測値 $x_{pk+1}=x(t_{k+1})$，目標速度平滑値 $\dot{x}_{sk}=v$，および目標速度予測値 $\dot{x}_{pk+1}=v$ を算出する。

線形最小2乗フィルタは，位置のゲインを α_k，速度のゲインを β_k としたとき，以下の式 (5.18)～式 (5.24) で表される[6)]。

・平滑値の算出

$$x_{sk}=x_{pk}+\alpha_k\,(x_{ok}-x_{pk}) \tag{5.18}$$

$$\dot{x}_{sk}=\dot{x}_{pk}+(\beta_k/T)\,(x_{ok}-x_{pk}) \tag{5.19}$$

・予測値の算出

$$x_{pk}=x_{sk-1}+T\cdot\dot{x}_{sk-1} \tag{5.20}$$

$$\dot{x}_{pk}=\dot{x}_{sk} \tag{5.21}$$

ここで，ゲインは，次式に示すサンプリング回数の関数となる。

$$\alpha_k=\frac{2(2k+1)}{(k+1)(k+2)} \quad (k\geqq 1) \tag{5.22}$$

$$\beta_k=\frac{6}{(k+1)(k+2)} \quad (k\geqq 1) \tag{5.23}$$

初期値は次式である。

$$x_{s0}=x_{o0},\ \dot{x}_{s0}=0,\ x_{p1}=x_{o0} \tag{5.24}$$

サンプリング回数 k とゲイン α_k と β_k の関係を図 5.14 に示す。図にあるように，α_k と β_k はサンプリング回数 k の単調減少関数である。すなわち，目標位置平滑値および目標速度平滑値の算出に使用される目標位置観測値の重みは，時間とともに減少する。これは，時間の経過とともに，追尾フィルタの算出精

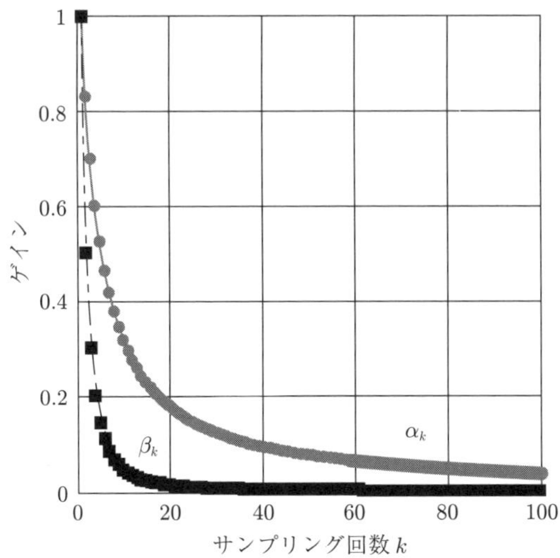

図 5.14 線形最小 2 乗法におけるサンプリング回数とゲインの関係

度が向上するので，観測雑音を含んだ観測値の重みを下げていくことを示す。ただし，目標が等速直線運動を行うことを前提としている。したがってゲインが小さくなりすぎた場合，目標が等速直線以外の運動を行うと追尾の継続が困難となる。この不具合を避けるためには，あるサンプリング時刻以降で次式のようにゲインを固定する簡易な方法がある[4)]。

$$\alpha_k = \frac{2(2k_0+1)}{(k_0+1)(k_0+2)} \quad (k \geqq k_0) \tag{5.25}$$

$$\beta_k = \frac{6}{(k_0+1)(k_0+2)} \quad (k \geqq k_0) \tag{5.26}$$

（**2**）**α–β フィルタ**　代表的な追尾フィルタである α–β フィルタは，式 (5.18)〜(5.21) により定義される[2)〜7)]。ゲイン α_k と β_k は，設計者が決めるのが一般的である。線形最小 2 乗フィルタは α–β フィルタの一種であるが，式 (5.22) および式 (5.23) によりゲインが自動的に決まるとの特徴を有する。

定数ゲインの α–β フィルタは，位置のゲイン α および速度のゲイン β が次式を満たせば安定であり，この範囲内でゲインを定めればよい。

$$0 < \alpha \ \ and \ \ 0 < \beta < 4 - 2\alpha \tag{5.27}$$

安定条件を満たす α–β フィルタには，観測雑音の分散を一定値 B とすれば，初期値算出から充分経過した定常状態の場合，等速直線運動目標に対する目標位置予測値の誤差（ランダム誤差）の分散 σ_p^2 は次式となる。

$$\sigma_p^2 = \frac{2\alpha^2 + 2\beta + \alpha\beta}{\alpha(4 - 2\alpha - \beta)} B \tag{5.28}$$

式 (5.28) は α–β フィルタの平滑性能（観測雑音の抑圧性能）の指標である。また，サンプリング間隔を T とすれば，等加速度 a_c で運動を行う目標に対する定常状態の追従誤差（バイアス誤差）は次式となる。

$$e_{fin} = \frac{a_c}{\beta} T^2 \tag{5.29}$$

式 (5.29) は α–β フィルタの追従性能（追尾維持性能）の指標である。

式 (5.20) および式 (5.21) が示すように，目標がサンプリング間では，α–β フィルタが等速直線運動を行うと仮定している。実際，式 (5.29) は，静止目標および等速直線運動の目標に対して，定常追従誤差が0であることを示す。しかし，式(5.29)が示すように，目標が等速直線以外の運動を行っても，ゲイン β を大きく設定するか，サンプリング間隔 T を小さく設定すれば，追尾維持は可能である。

追尾すべき最大加速度が既知で，サンプリング間隔も定まっている場合，式(5.29)の定常追従誤差は，速度のゲイン β で決まる。結果として，追尾システムに要求される追従性能よりゲイン β が定まった場合，式(5.28)を最小とするゲイン α が望ましい。この条件は次式のゲイン α, β で満たされる[9]。

$$\alpha = -\frac{\beta}{2} + \sqrt{\beta} \tag{5.30}$$

α–β フィルタは，ローパス（低域通過）フィルタであり，制御理論におけるPID（proportional, integral, derivative）制御あるいは信号処理におけるIIR（infinite impulse response）フィルタの一種と考えられる。したがって，定数ゲインの α–β フィルタは，z 変換[10]等を使用して追尾性能の解析が容易にできる。

（3） α–β–γ フィルタ　α–β–γ フィルタは，目標がサンプリング間では，等加速度運動を行うと仮定し，以下の式(5.31)～(5.36)で定義される[2),3)]。

・平滑値の算出

$$x_{sk} = x_{pk} + \alpha_k (x_{ok} - x_{pk}) \tag{5.31}$$

$$\dot{x}_{sk} = \dot{x}_{pk} + \left(\frac{\beta_k}{T}\right)(x_{ok} - x_{pk}) \tag{5.32}$$

$$\ddot{x}_{sk} = \ddot{x}_{pk} + \left(\frac{\gamma_k}{T^2}\right)(x_{ok} - x_{pk}) \tag{5.33}$$

・予測値の算出

$$x_{pk} = x_{sk-1} + T \cdot \dot{x}_{sk-1} + \left(\frac{T^2}{2}\right)\ddot{x}_{sk-1} \tag{5.34}$$

$$\dot{x}_{pk} = \dot{x}_{sk-1} + T \cdot \ddot{x}_{sk-1} \tag{5.35}$$

$$\ddot{x}_{pk} = \ddot{x}_{sk-1} \tag{5.36}$$

ここで，時刻 t_k における目標加速度の平滑値を $\ddot{x}_{sk}$，目標加速度の予測値を

$\ddot{x}_{pk}$，加速度のゲインを γ_k とした。なお，α–β–γ フィルタは，α–β フィルタよりも平滑性能が劣るため，航空機の離発着などの場合に限り使用するのが望ましい。

5.2.7 代表的な干渉形フィルタ

カルマンフィルタ[11),12)]を使用すれば，北基準直交座標による干渉形フィルタの構築が容易である。目標の運動モデルとレーダの観測モデルおよび初期値を定めれば，ゲイン行列が自動的に算出される。モデルが厳密に定義できれば，最適なフィルタとなる。したがって，目標運動をあらかじめ正確に記述でき，レーダ観測雑音の性質（観測雑音の分散値など）がリアルタイムで把握できる場合は，カルマンフィルタは優れた性能を発揮する。一方，カルマンフィルタは丸めの誤差の影響を受けやすいため，演算桁数を十分に確保して実装する必要がある。

カルマンフィルタにおける設計パラメータは，運動モデルの曖昧（あいまい）さの大きさを表す駆動雑音共分散行列である。この駆動雑音共分散行列が大は，α–β フィルタではゲインが大に相当する。特に駆動雑音が 0 のとき，サンプリング間隔および観測雑音の分散が一定ならば，等速直線運動モデルを使用した一次元空間追尾用のカルマンフィルタは，線形最小 2 乗フィルタと等価となる[11)]。この場合，ゲイン行列は式 (5.22)，(5.23) によって定まる。

航空管制のような場合，種々の運動を行う航空機の運動をあらかじめ精密にモデル化することは非常に困難である。したがって，駆動雑音共分散行列の大きさを試行錯誤で調整し，所要の追尾性能を得るように設計せざるを得ない。駆動雑音共分散行列の選定は，サンプリング間隔あるいは観測雑音の統計的性質にも依存しており，適正に決めるのが困難である[4)]。そこで，複数のカルマンフィルタを同時に実行し，追尾性能確保を目指す方法が提案されている[2)~5),7)]。

サンプリング間隔および観測雑音の分散が一定とすれば，等速直線運動モデルを使用した一次元空間追尾用のカルマンフィルタは，定常状態では，定数ゲインの α–β フィルタとなる。駆動雑音をランダムな加速度（等速直線の打ち切

り誤差）とすれば，フィルタは次式を満たし[2),6),13)]

$$\alpha = -\frac{\beta}{2} + \sqrt{2\beta} \tag{5.37}$$

駆動雑音をランダムな速度誤差とすれば，次式を満たす[2),6),13)]。

$$\beta = \frac{\alpha^2}{2-\alpha} \tag{5.38}$$

5.2.8 ベイズ推定手法による多目標追尾法

ここでは，ベイズ推定（Bayesian inference）手法により，追尾目標と観測値との相関確率を算出しながら，追尾を行う代表的な手法[2)~5)]を概説する。なお，カルマンフィルタもベイズ推定の一種である[12)]。

（1）ゲートの算出　多目標追尾において，ゲートは追尾対象目標が存在すると予測される範囲である。ゲート中心は，現サンプリング時刻より1サンプリング後の目標位置予測値である。ゲートが大きければ，追尾対象目標からの観測ベクトルは高確率でゲート内に存在する。大き過ぎると，不要信号あるいはほかの追尾目標からの信号がゲート内に入る確率も高くなる。逆に，小さ過ぎると，余計な信号はゲート内に入りにくくなるが，追尾対象目標からの観測値はゲート外に存在しやすくなる。ゲート内に追尾対象目標からの観測値が存在する確率が同一ならば，球や直方体，楕円体など種々の形状が考えられるが，体積が最小となる形状が最適ゲートである。

三次元追尾の場合，観測雑音等が正規分布と仮定すれば，予測位置と観測位置の差ベクトル d は，3変量正規分布に従う。したがって，d を，その共分散行列 S（観測雑音共分散行列および位置予測誤差共分散行列の和）で正規化した二次形式 $d^T S^{-1} d$（d^T は d の転置ベクトルを表す）は，自由度3のカイ2乗分布となり，$d^T S^{-1} d \leqq g$ を満たす観測値がゲート内と判定できる。g は追尾対象目標からの観測値がゲート内に存在しないとの危険率から定まるパラメータである。このゲートは楕円体で上記のゲートの最適条件を満たす。

（2）PDA　PDA（probabilistic data association）は，まずゲート内の各観測値に対し，追尾目標から得られているとの相関確率を観測雑音共分散行列（観測雑音の分散等）と探知確率，誤警報確率を使用して計算する。つぎに，ゲート内のすべての観測値を相関確率で重み付き平均化し，現サンプリング時刻に対する目標運動諸元の推定値である平滑値算出に使用する。NN 法ではゲート内の 1 個の観測値のみを使用するのに対して，ゲート内のすべての観測値を使用する PDA は AN（all neighbor）法と呼ばれる。最後に，算出された平滑値をもとに次サンプリング時刻に対する目標運動諸元の推定値である予測値を算出し，予測位置のまわりにゲートを作成する。

図 5.15 にあるように，PDA では上記の一連の作業を繰り返し，不要信号環境下での追尾性能を NN 法より大幅に改善している。また，PDA は相関確率の算出に観測値の統計的性質を使用するため，信号処理部より観測雑音共分散行列と探知確率，誤警報確率の推定値を入力する必要がある。

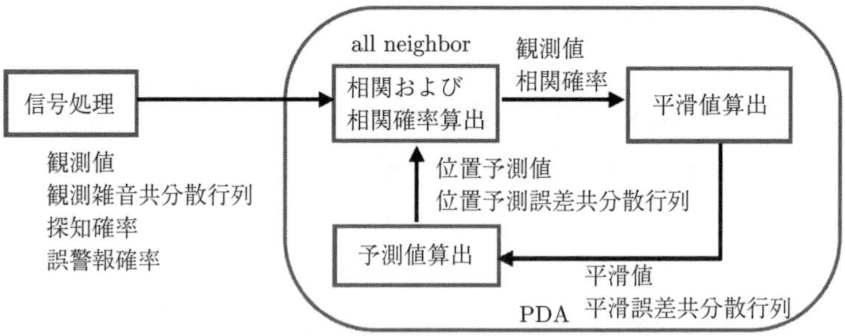

図 5.15　PDA

(3)　JPDA　　不要信号環境下での追尾法である PDA は，相関処理を追尾目標ごとに独立に行う。一方，JPDA（joint probabilistic data association）では，観測値が複数の目標のゲートに存在した場合，図 5.16 のように，複数の目標全体で相関処理を行う。

図 5.16 で二つの観測値 M1 と M2，また追尾目標 1 と追尾目標 2 のゲートが存在するとする。観測値 M1 と M2 は，両追尾目標のゲート内に存在しているとする。簡単のため，探知確率は 1，誤警報確率は 0 とし，表 5.2 のように，g_{ij} は，追尾目標 i と観測値 Mj との相関の度合いを表すとする。

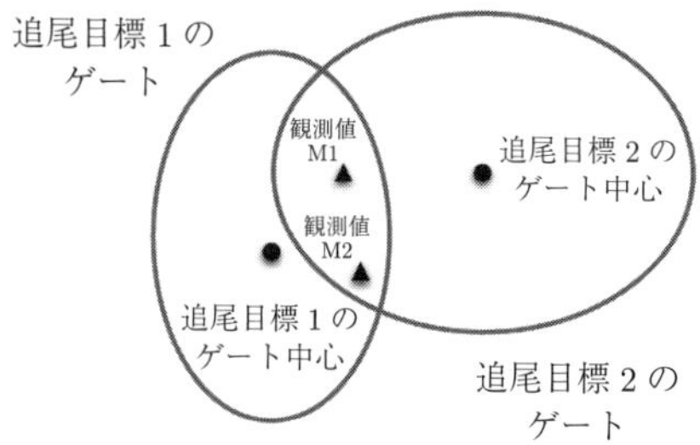

図 **5.16**　JPDA と PDA

表 **5.2**　追尾目標と観測値との相関の度合い

	追尾目標 1	追尾目標 2
観測値　M1	g_{11}	g_{21}
観測値　M2	g_{12}	g_{22}

PDA の場合，「観測値 M1 と追尾目標 1」および「観測値 M1 と追尾目標 2」の相関が可能である。しかし，追尾目標 1 と追尾目標 2 とから同じ観測値 M1 が得られることはないことから，この相関はありえない。一方，JPDA の場合，二つの相関のみ可能である。一つは「観測値 M1 と追尾目標 1，観測値 M2 と追尾目標 2」の組合せで，もう一つは「観測値 M1 と追尾目標 2，観測値 M2 と追尾目標 1」の組合せである。

PDA では，追尾目標 1 のみ対象とし追尾目標 2 は考慮しないため，観測値 M1 が追尾目標 1 より得られているとの相関確率は

$$\frac{g_{11}}{g_{11}+g_{12}} \tag{5.39}$$

となる。JPDA の場合，追尾目標 1 と追尾目標 2 の存在を同時に考えているため，観測値 M1 が追尾目標 1 より得られているとの相関確率は次式となる。

$$\frac{g_{11}\cdot g_{22}}{g_{11}\cdot g_{22}+g_{12}\cdot g_{21}} \tag{5.40}$$

このようにして，JPDA は，狭い空間に複数の目標が存在する高密度環境下での追尾性能を PDA より改善している。ただし，PDA より相関問題に厳密に対処している分，JPDA で必要とする計算機負荷（演算時間および記憶容量）は PDA より増加する。この傾向は目標数および観測値の数が多いほど顕著である。

(4) MHT　上記の NN 法, PDA あるいは JPDA は，相関に関してサンプリング時刻ごとに一つの仮説が真であると決定していく逐次決定型（sequential decision logic）の方法である。これに対し，MHT（multiple hypothesis tracking）では複雑な事象が発生した場合，相関に関して複数の仮説を維持し，次サンプリング以降の観測情報を使用して最終結論を導く延期決定型（deferred decision logic）の方法である。すなわち，MHT は，最新サンプリング時刻の観測値が，新目標かクラッタなどの不要信号か，あるいは，どの既追尾目標から得られたかの識別状況を複数の仮説として保持し，追尾を行う。

例えば，図 5.17 のように，既追尾目標のゲート内に 2 個の観測値 a, b が得られたとする。観測値 a が「新目標から得られた」を N_a とし，「不要信号から得られた」を F_a,「既追尾目標から得られた」を T_a とする。さらに，「既追尾目標からは観測値が得られない」を T_0 のように表すとする。既追尾目標はたかだか 1 個の観測値と相関があり，すべての観測値は新目標あるいは不要信号の可能性があるとすれば，以下 8 個の仮説が作成される。

（仮説 1）$\{T_a, N_b\}$（T_a かつ N_b が真の仮説）

（仮説 2）$\{T_a, F_b\}$（T_a かつ F_b が真の仮説）

（仮説 3）$\{T_b, N_a\}$（T_b かつ N_a が真の仮説）

（仮説 4）$\{T_b, F_a\}$（T_b かつ F_a が真の仮説）

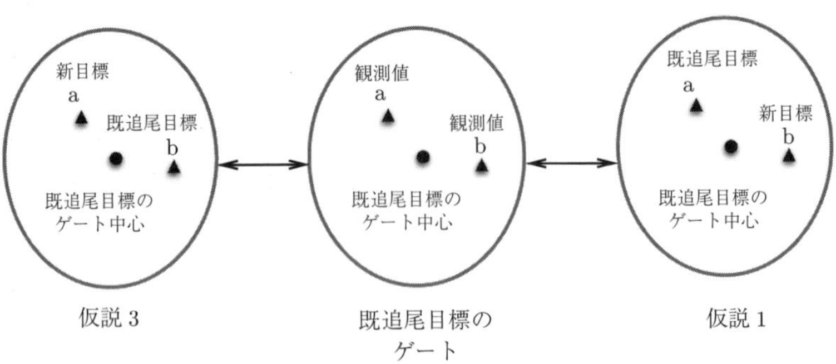

図 5.17　MHT の仮説の例

（仮説 5）$\{T_0, N_a, N_b\}$（T_0 かつ N_a かつ N_b が真の仮説）

（仮説 6）$\{T_0, N_a, F_b\}$（T_0 かつ N_a かつ F_b が真の仮説）

（仮説 7）$\{T_0, F_a, N_b\}$（T_0 かつ F_a かつ N_b が真の仮説）

（仮説 8）$\{T_0, F_a, F_b\}$（T_0 かつ F_a かつ F_b が真の仮説）

図 5.17 に仮説 1 と仮説 3 における相関結果を示す。

MHT は，観測雑音共分散行列と探知確率，誤警報確率および MHT 特有のパラメータである新目標発生頻度を使用して各仮説の信頼度を計算する。したがって，MHT には，各サンプリング時刻でたかだか一つの観測値を選んだ時系列データとして作成される航跡が目標から得られた真の航跡かを判定する機能がある。すなわち，追尾開始機能が存在する。これに比べ，NN 法と PDA および JPDA では，追尾維持機能は存在するが追尾開始機能がなく，ほかの方法で真の航跡であると判定された航跡のみが処理対象である。追尾開始機能が存在しない場合，ロケットから分離した人工衛星の追尾なども困難である。

MHT には，誤って確立された誤航跡やレーダ覆域から外れた目標の航跡を削除するための追尾解除機能もあるが，NN 法や PDA および JPDA にはないことから，MHT は追尾性能の面では最適の方法との評価を受けている。しかし，サンプリング時刻の経過とともに必要とする仮説数が爆発的に増大するため，計算機負荷の観点から MHT のリアルタイムでの実行は困難である。さらに，MHT では考えられるすべての航跡を追尾する必要がある。したがって，信頼度の低い仮説を削除するなど，仮説数の増大を抑制するための各種準最適化方法が MHT には必須で，準最適化により真の航跡のみが抽出可能となる。

原型の MHT は，観測値が不要信号か，あるいは過去に新目標と判定されたときのどの観測値に対応しているかで仮説を構成していたため，別途航跡の抽出が必要であるとともに，追尾開始条件は厳密性に欠けていた。この点を改良するため，航跡型 MHT では航跡間で観測値の共有がないように選んだ複数の航跡の組合せで仮説を構成している[14)]。この航跡型 MHT は，最新サンプリング時刻の情報を捨て，既追尾目標のみが存在するとの準最適化を行うことにより，多目標同時追尾維持性能に優れたJPDAと等価となる[15)]。

MHTを使用しない場合の追尾開始は，レーダスコープにより追尾状況を監視するオペレータによる手動による方法，あるいは過去n回のサンプリングの内m回以上観測値が得られたかによって判定する方法（sliding window detection, m out of n）が一般的である。追尾解除は，オペレータによる手動，あるいはn回連続して観測値が得られない，などにより判定していた。

6 気象レーダ

気象レーダは，降雨を観測するための測器として，戦後早い時期から実用化された。一般的な気象レーダは，パラボラアンテナと送受信機で構成され，パラボラアンテナを回転させて任意の方向にビームを発射する（図 6.1）。日本では，気象庁，国土交通省，防衛省，大学や研究所，電力会社，民間気象会社などが気象レーダを有しており，単位面積当りのレーダ数は世界有数といえる。近年，ドップラー化も進み，雨だけでなく定量的に風も測定することが可能となった（口絵 2）。本章では，まず気象レーダの対象と観測手法を要約し，単偏波と二重偏波レーダによる降雨量の計測とドップラーレーダによる大気の観測手法を例をあげて解説する。続いてドップラーライダ等のさまざまな気象観測センサを紹介し，X-NET や雲レーダなどの最新気象レーダ技術を説明する。

図 6.1　気象レーダの外観（防衛大ドップラーレーダ）

6.1　気象レーダの概要と特徴

6.1.1　日本の気象レーダの歴史

気象レーダの歴史はレーダ技術が開発された第二次世界大戦期とほぼ同じく

する（1章参照）。航空機を発見する際，“得体の知れないエコー”が報告されていたのである。降水の効果に関する研究が始まったのは，1946年であり，航空機の発見に大気現象がどの程度障害になるかを調べ，「降雨からかなりの強さの反射がある」ことを確認した。つまり，波長20 cm以下のレーダで降雨の分布を探知できることが確かめられたわけである。その後，急速に気象レーダの実用化が進んだ。わが国でも1954年に大阪管区気象台と気象研究所に設置され，その後全国に展開された。1964年には富士山レーダが整備され，いち早く南海上の台風を探知することが可能になった。当時，静止気象衛星（ひまわり）の打ち上げ前であり，障害物のない富士山山頂に国家プロジェクトとしてレーダが設置された。1960年代には船舶用に開発されたレーダが，啓風丸と凌風丸に整備された。1980年代はドップラー化が進み，風を測る器材として発展を遂げた。また，レーダデータのディジタル化（それまでは，モニター画面をスケッチあるいは写真に撮っていた）も進んだ。現在，テレビの天気予報で日々目にする全国の合成レーダ画像もこの時期に確立された[1)]。

6.1.2　気象レーダの種類

直径1 mm以上の降水粒子の集合体から後方散乱される波長1〜10 cm程度のマイクロ波帯が気象レーダに利用される。マイクロ波バンドは，図1.2に示したが気象レーダで対象となる散乱体を含めて表6.1に表示する。現在多く用いられているCバンド（波長5 cm，周波数5 000 MHz（5 GHz））やXバンド（波長3 cm，周波数9 000 MHz（9 GHz））の気象レーダは，後方散乱物体として大粒形の雨滴，雪片，雹（ひょう），霰（あられ）から強いレーダ反射強度が検出される。Sバンドは，相対的に波長が長い（10 cm）ため，探知距離が500 km程度と長いレンジを有する。富士山レーダが山頂から撤去されたため，現在Sバンドは使用されていない。一方，Xバンドより波長の短いレーダも開発されている。波長1 cm前後の，Kuバンド，Kaバンドレーダは実用化されている。マイクロ波帯に入るが，直径100 μm以上の大粒形の雲粒を捉えることができるため，「雲レーダ」と呼ばれている。Wバンド（波長数mm）は雲粒からの

表 6.1　気象レーダの波長と観測対象

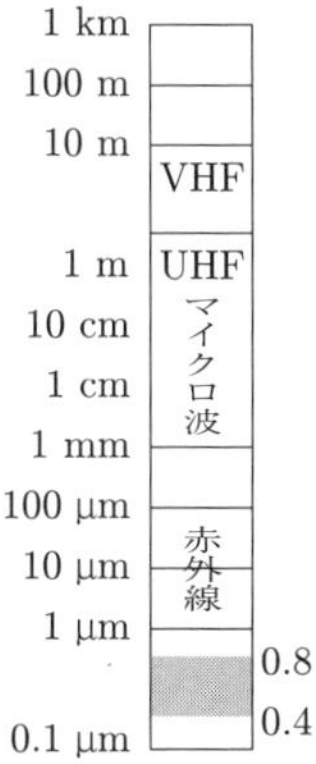

名　称	波　長	周波数	散乱物体
VHF	6 m	30〜300 MHz	大気密度（屈折率の変化）
UHF	75 cm	300〜1 000 MHz	大気密度（屈折率の変化）
L バンド	15〜30 cm	1 000〜2 000 MHz	降水粒子
S バンド	7.5〜15 cm	2 000〜4 000 MHz	降水粒子
C バンド	3.8〜7.5 cm	4 000〜8 000 MHz	降水粒子
X バンド	2.4〜3.8 cm	8〜12.5 GHz	降水粒子
Ku バンド	1.7〜2.4 cm	12.5〜18 GHz	降水粒子・雲粒子
K バンド	1.1〜1.7 cm	18〜26.5 GHz	降水粒子・雲粒子
Ka バンド	0.75〜1.1 cm	26.5〜40 GHz	降水粒子・雲粒子
W バンド	2.7〜4.0 mm	75〜110 GHz	雲粒子
LIDAR (infrared)	10 μm		エアロゾル

反射を捉えることができるので，霧の観測も可能である。マイクロ波帯レーダはレイリー散乱の反射波を観測しているのに対して，W バンドはミー散乱である（2.2.4 項参照）。そのほか，波長の長い UHF 帯（波長数 10 cm）や VHF 帯（波長数 m）の電磁波を用いたレーダは，一般にプロファイラ（profiler）と呼ばれている。

6.1.3　気象レーダで観えるもの

一般に，気象レーダで捉えることのできるものは降水粒子以外に，「地形（グランドクラッタ）」，「波（シークラッタ）」，「航空機」，「船舶」，「大気の屈折率」，「雷放電路」などがある（クラッタに関しては 3.1 節参照）。地形エコーは，山地，丘陵，構造物からの反射であり，グランドクラッタと呼ばれる。近くに構造物が存在すると，電波が遮断されシャドー（エコーの無い影）ができる。ただ，電線程度であれば，ビーム幅があるのでそれほど遮蔽されない。定常的な静止エコーであるグランドクラッタは，ソフトウェア的に除去することが可能であり，その技術は MTI（moving target indicator）と呼ばれている。波からの反射であるシークラッタは，波しぶきの粒子が後方散乱物体となる。海面付近の風速が数 m/s を超えるとシークラッタは現れ始め，約 5 m/s を超えると明瞭になる。降水粒子と海面付近の海水粒子は化学的な成分は異なるが，液体粒子として同じような粒径を有しているため，降水時に両者をレーダで区別することは難しい。気象の分野ではシークラッタはノイズであるが，海洋ではシークラッタを利用して波高を推定する研究も進められている。

航空機や船舶など移動する物体も，マイクロ波帯レーダで明瞭な反射がみられる。大型の船舶であれば，反射強度でもエコーを確認することができるが，ドップラー速度場ではシークラッタとは異なる直線的な速度パターンが認められる。雷放電路も気象レーダ開発初期段階で観測が試みられ，RHI（range height indicator）画像で放電エコーを，PPI（plane position indicator）画像で放電経路を捉えている。これは，雷放電に対象を絞り，かなり高速でパラボラを回転させた結果と考えられ，その後雷放電路の観測例の報告はほとんどみられない。

そのほか，前線や逆転層などの大気成層の異なる境界からの反射（大気の屈折率），あるいは昆虫や種子からの反射も報告されており，これらは晴天エコー（clear air echo）あるいはエンジェルエコーと呼ばれている[2)]。

6.1.4　観測手法（PPI, RHI, CAPPI）

一般に，一様な層状雲に対して，鉛直方向に発達する対流雲（積乱雲）は10分から20分で成長することが多く，著しい時間変化を示す。このようなエコー分布の時間変化を把握するためには，三次元のパラボラスキャンを，適切な場所で，対象に応じた観測モードを選択して実行する必要がある。

（1）ボリュームスキャン観測　通常の大気観測では，一定仰角の水平スキャンである，PPI観測を組み合わせて観測スケジュールを作ることが多い。実際にはビーム幅を考慮して観測空間をカバーするように仰角を決める。多仰角PPI（ステップドPPI）観測により得られたデータにより，同一高度面のCAPPI（constant altitude PPI）画像が作成される。雲頂までのCAPPIデータを得るためには，いかに高速で多仰角スキャンをさせるかが課題となる。積乱雲観測の場合は，少なくとも5分程度で1セットのデータが得られるのが望ましい。例えば，回転速度が6 rpmならば，仰角20～30°でのスキャンが可能になる。仮にビーム幅を 1° として，1° 間隔で仰角 20° まで観測するとき，水平距離が 30 km 離れて初めて高度 10 km までカバーすることができる。すなわち，空間分解能を上げるならレーダは積乱雲に近いほうがよいが，積乱雲の全体像を把握するには，ある程度離れた場所から観測する必要がある。図 6.2 に示したように，例えばレーダから 40 km 離れた雲頂 14 km の積乱雲は，仰角 20° までの CAPPI 観測ですべての高度の水平断面を作成することができる。一方，10 km 離れた積乱雲は仰角 20° までの観測では不十分であることがわかる。このように，対象とする現象のスケール，観測の目的を考慮した上でレーダの設置場所，観測モードを選定することが重要になる。

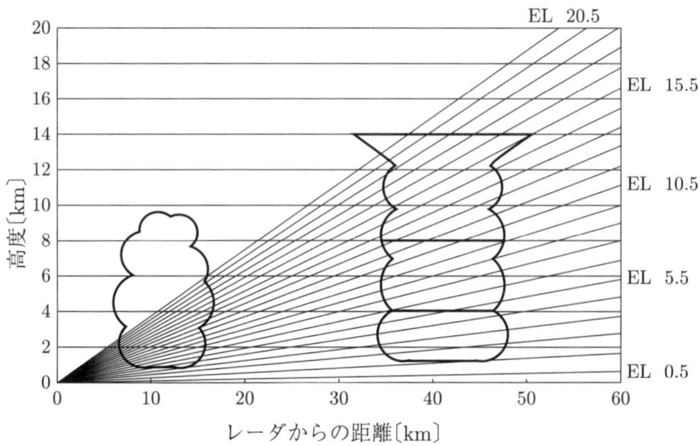

図 6.2 レーダの観測仰角

（2） **RHI 観 測**　積乱雲エコーの鉛直断面図は，瞬間ごとの構造を把握する点で重要な情報となる。また，レーダ近傍の背の高いエコーは PPI では捉えきれないので，RHI 走査が有効である。レーダデータの二次的な処理を行い，多仰角 PPI 画像から任意の方向の鉛直断面図を作成することも可能であるが，積乱雲の移動速度が速い場合や一般風速が大きな場合などは，現実の雲構造と異なる変形した画像になるので注意を要する。最近のレーダでは，180° 間の任意の仰角でセクタースキャンを行う RHI 走査も可能になっている。しかしながら，RHI 走査時の回転速度は 0.5～2 rpm 程度と PPI に比べて遅いため，実際の観測では数多くの RHI 観測を行うことは難しい。

(3) 鉛直観測　積乱雲直下における鉛直観測は，エコー強度，降水粒子の鉛直プロファイルや上昇・下降流を直接観測できることから有用な観測手法である。例えば，降雪雲が上陸して雪霰（ゆきあられ）を伴った降水や落雷が集中する日本海沿岸域や夏季熱雷が発生しやすい北関東の山麓などは観測場所として好都合である。

実際の観測では，ボリュームスキャン，RHI，VAD（velocity azimuth display）法†のための PPI 60°，鉛直観測を組み合わせることが多いが，1 スケジュールで 10 分以上かかると，エコーを追跡し時間変化を議論することが難しくなる。このため，積乱雲の位置や高度などターゲットを絞った観測モードを設定する必要がある。

6.1.5 観測誤差要因

レーダ観測では，以下のようなさまざまな要因で観測誤差が生じる（図 6.3）。

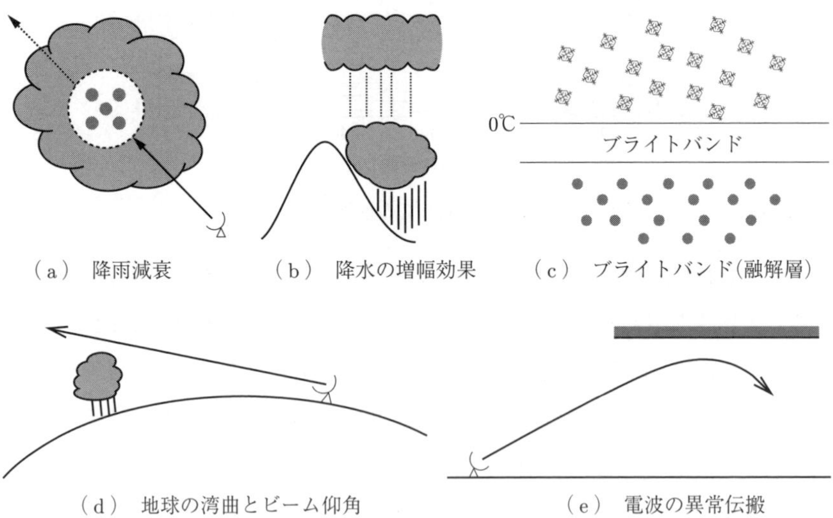

（a） 降雨減衰　（b） 降水の増幅効果　（c） ブライトバンド（融解層）

（d） 地球の湾曲とビーム仰角　（e） 電波の異常伝搬

図 6.3 レーダの観測誤差

† 一定の仰角でアンテナを 360° 回転させ，円周内の平均的な風向・風速を求める手法。

1. 降雨減衰

 降水強度が 30～50 mm/h に達するような発達した積乱雲近傍における観測では，降雨による電波の減衰が著しく（C バンドに比べて X バンドの方が減衰は大きい），積乱雲後方のデータが得られないことが多い。

2. 降水粒子の変化

 雨滴は落下中に蒸発するために，レーダで求めた雨量と地上雨量が異なることがある。さらに，山岳域では，ビームの下で降水が強まる効果がしばしば観測される。このような「地形性エコー」は，上層雲からの種まき効果で下層雲の降水が増幅された結果である。また，0 °C 層で雪が融解するためにエコー強度が強まるブライトバンドや，層状性の雨や霧雨では，降水粒子の鉛直分布が異なるため，観測ビームと地上降水が異なることも誤差要因となる。

3. レーダビームの問題

 レーダビームはある仰角で発射され直進するため，遠方の背の低い降水が見えない。これには地球の湾曲の影響も加味される。また，ビーム幅があるため，遠方と近傍では受信感度が異なることも考慮する必要がある（距離補正の問題）。

4. 電波の異常伝搬

 大気の成層状態により，ビームが異常に伝搬する。鉛直方向の大きな温度差（逆転層）や湿度差が存在し大気の屈折率が大きくなると，その不連続面において電波の反射が生じる。

そのほか，レーダ間の干渉も実観測では考慮しなければならない。X バンドであれば，同じ X バンドの周波数を有する船舶レーダからの干渉の影響が考えられる海岸線における観測や，複数のレーダを用いた観測時には同一の周波数を避けるようにする。干渉によるエコーは，干渉縞といわれるように任意の動径方向に直線的に現れることが多いが，そうでない干渉のエコーもみられる。

6.2　レーダによる降雨の観測

6.2.1　降水量の推定

気象レーダを用いた具体的な利用目的の第一は降水量の推定といえる。天気予報や河川・ダム管理など対象分野は広い。地上の降水量を正確に計測するためには，雨量計（降雨感度 0.5 mm の転倒ます式雨量計）を設置，観測すればよいが，雨量計には空間分解能の限界がある。代表的な降水を観測するために必要な雨量計の個数（密度）は，一様な層状性降雨（いわゆる地雨）の場合，1 000 km^2 当り 2〜3 個，積乱雲による雷雨や驟雨（しゅうう）の場合は，1 000 km^2 当り少なくとも 20〜30 個とされている。気象庁の地域気象観測システム，アメダス（AMeDAS）雨量計は約 17 km 間隔であり，1 000 km^2 当りに直すと 3.5 個となる。つまり，アメダスでは雷雨を観測することは困難であることがわかる。雷雨を観測するためには，今の 10 倍の密度で雨量計を設置しなければならないことになる。雨量計とレーダのメリット，デメリットをまとめると，つぎのようになる。

（1）雨量計　（メリット）直接測定で正確
　　　　　　（デメリット）空間密度に限界

（2）レーダ　（メリット）広範囲にわたり連続した空間データが得られリアルタイムで監視が可能
　　　　　　（デメリット）雨量の推定が正確でない

レーダを用いて雨量推定を行う手法を次節で述べるが，レーダ観測では反射波をパラボラアンテナで受けて，電力量（反射強度〔dBZ〕†）として情報を得るが，これを降水強度〔mm/h〕に変換する必要がある。

---

† 〔dBZ〕はおもに気象レーダで使われる反射強度の単位で，単位体積当りの粒子数/粒子直径の 6 乗に比例する。

6.2.2 降水のモデル

大気現象としての降水や雲の種類は多岐にわたる。すなわち，氷晶を含まない熱帯の“暖かい雨（warm rain)”，中緯度で形成される氷晶過程を含んだ“冷たい雨（cold rain)”，雪片やあられで形づくられる背の低い降雪雲（雪雲）では，雲内を構成する降水粒子は大きく異なる。また，雲の種別によっても違いは大きい。層状性の雲（おもに乱層雲）からの降水（一様な雨，地雨）では，落下した雪片が0°Cレベルで融解し，レーダでみるとブライドバンドが形成される。一方，対流雲（積乱雲）は鉛直方向に発達し，過冷却水滴を氷晶が取り込む，捕捉成長により雪片が急成長し，落下中に融解して地上では雨（局地的強雨，雷雨）となる。気象レーダは，このようなさまざまな雲の内部を観測して，雨量を推定するのが目的といえる。

一般に，レーダ方程式において，平均受信電力 Pr は距離 r とレーダ反射因子 Z の関数として表される。

$$Pr = ck_w^2 \frac{Z}{r^2} \tag{6.1}$$

（c と k_w は定数，水の場合 $k_w = 0.93$，氷の場合 $k_w = 0.21$）

ここで，レーダ反射因子（レーダリフレクティブファクタ）Z は，降水粒子の直径を D とすると

$$Z = \Sigma D^6 = \int N(D) D^6 dD \tag{6.2}$$

と定義される。つまり，レーダ反射因子を求めるには，降水粒子の粒径分布を知らなければならない。各粒子の直径毎に，粒子の個数 N と直径 D の6乗の積の乗じた総和が Z となる。粒子の直径の6乗であるから，相対的に大粒径の降水粒子（ひょうや大粒径の雨滴など）ほど Z が大きくなる。

一方，単位体積中の水の総量 M は

$$M = \frac{4}{3}\pi \int N(D) \left(\frac{D}{2}\right)^3 dD = \frac{1}{6}\pi \int N(D) D^3 dD \tag{6.3}$$

と表されるので，降水強度 R は

$$R = \frac{1}{6}\rho \int VN(D)D^3 dD \tag{6.4}$$

となる。ここで，V は粒子の落下終速度，ρ は空気密度である。

レーダを用いて雨量を推定したいのにもかかわらず，雲内の粒径分布（粒子の直径ごとの個数）がわからないとレーダ方程式が解けないというのは，レーダ観測のパラドックスといえる。そこで，先人たちは世界各地で熱帯の氷晶を含まない温かい雨から中緯度の積乱雲や層状雲など，さまざまな降水のタイプ別に Z と R の関係を調べた（図 6.4）。当時は，現在のように光学的に降水粒子の直径を計測できなかったため，“ろ紙” に雨滴を受けて 1 個 1 個計測したのである（ウォーターブルー法）。これが，「Z–R 関係」と呼ばれている。代表的な雨の Z–R 関係は，$Z = 200R^{1.6}$（マーシャル・パルマー分布）であり，気象庁もこの値を用いている。原理的には，層状性の雨，積乱雲による雨などそれぞれの降水で Z–R 関係を用いるべきである。鉛直レーダ観測と雨滴粒径分布観測から，三つの降雨パターン（雷雨，地雨，霧雨）の Z–R 関係は，雷雨は $Z = 830R^{1.5}$，地雨は $Z = 200R^{1.56}$，霧雨 $Z = 190R^{1.5}$ と報告されている。しかしながら，実際に降っている雨の Z–R 関係は観測できず，また雲の種類によって Z–R 関係をその都度変えることもできないので，現実には一つの経

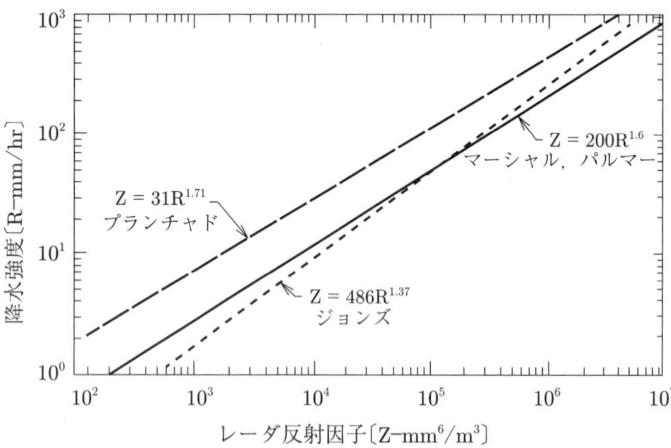

図 **6.4**　Z–R 関係

験値を選択せざるを得ない。特に雪の場合は，$Z = 2\,000R^{2.0}$ と大きく異なるため，降雪時には R を過小評価してしまう。天気予報のレーダ画像で，冬の日本海上で発生する降雪エコーが，ほとんど水色～青の弱いエコー強度でしか表れないのはこの理由からである。

6.2.3　レーダ・アメダス合成雨量

前節で述べた気象レーダのデメリットを克服するために，気象庁が開発したのがレーダ・アメダス合成雨量である。これは，不確かさが伴うレーダ反射強度値をアメダスの地上雨量計データで補正する方法である。雨量計値を真値として，雨量計上空のレーダ観測値を補正し，雨量計がない隣の降水強度も同様に修正していくのである。アメダスという高密度の地上観測網（雨量計は約 17 km 間隔）が存在することで可能となった手法といえる。気象情報で，「レーダ解析で雨量 ◯◯ mm」という表現が用いられるようになったのも，レーダによる雨量推定の精度が向上したためである[3)]。

6.2.4　特徴的なエコーパターン

反射強度パターンはレーダエコーと呼ばれ，大気現象に固有なエコーパターンが存在する。「フックエコー（hook echo）」は，昔から竜巻の指標として有名である（図 6.5）。スーパーセル（supercell）は，強い上昇流と強い下降流が背中合わせで存在するのが特徴であり，数 10 m/s に達する上昇流域では竜巻が発生し，強い下降流域では，ダウンバーストや降ひょう・豪雨が観測される。そのため，スーパーセルは，「トルネードストーム」だけでなく，「ヘイル（ひょう）ストーム」とも呼ばれている。スーパーセルは，雲自体が回転しているため，ひょうは上昇流のコアの周りを回転しながら漂い成長を続ける。ゆえに，平面的にスーパーセルを観ると，上昇流域では降水がなく，その周りに降ひょう域，その外側に強雨域が存在するという構造を示す。気象レーダで観測すると，ドーナッツの真ん中のようにエコーのない領域（echo vault（エコーヴォールト）あるいは，echo free（エコーフリー）と呼ばれる）の北側に，取り囲むよ

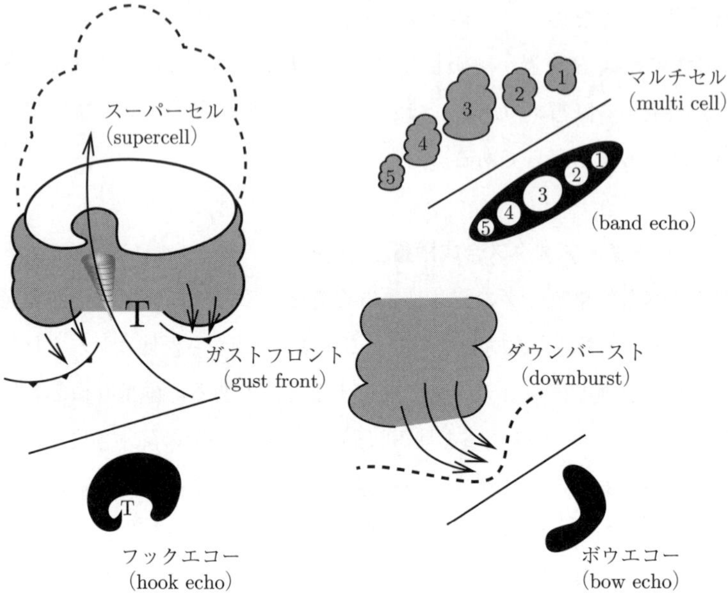

図 6.5　特徴的なレーダエコーパターン

うな強エコーが存在するため，フック状（鉤状）になる。ボウエコーは，弓矢のように先端が尖ったエコーのことをいい，ダウンバーストの指標となる。ライン状あるいはバンド状のエコーは，複数の積乱雲が内在するためマルチセル（multi cell）構造を示すことが多い。組織化されたライン状エコーは停滞するため，線状降水帯と呼ばれしばしば豪雨をもたらす。

6.2.5　二重偏波レーダ

二重偏波レーダ（dual-polarization radar）は，位相が 90° ずれた水平偏波と垂直偏波をパルスごとに切り換えてそれぞれのレーダ反射因子（水平偏波：Z_H と垂直偏波：Z_V）を独立に測定し，降水粒子の水平・垂直方向の形状の違いに基づく反射強度差を求める原理である。つまり，降水粒子の水平・垂直方向の形状の違い，例えば平板と針状の雪結晶の違い，球形の雨滴（直径 1 mm 未満）と扁平の大雨滴（直径 1 mm 以上）の違い，球形のひょうと紡錘形の雪あられの違いなどを識別し，降水粒子を推定することが可能になる。6.2.2 項で述べたように，通常のレーダでは難しかった，正確な降水量の推定につながる技術である[4)]。

この反射因子の比（反射因子差：$Z_{DR} = Z_H - Z_V$〔dB〕）を検出することで，降水粒子の形状を推定することが可能になる。雨滴は粒径が増加するとともに偏平度が増す。雲頂付近の氷晶は，反射強度は弱いものの平板や針状の形状を有しているので Z_{DR} 値は大きい。雷雲のエコーコア内に存在するひょうやあられは，高い反射強度と形状によった Z_{DR} 値をとる（球形のひょうならばゼロに近く，紡錘形の雪あられの Z_{DR} は大きくなる）。

二重偏波レーダを用いた気象学的な観測に当たっては，反射強度（水平偏波：Z_H）と反射因子差（Z_{DR}）をそれぞれ縦軸と横軸にとり，降水粒子の種類を分類した“降水粒子判別表”を作成することが重要である。具体的には，rain（雨），rain and snow（雨と雪），drizzle（霧雨），dry snow（乾いた雪），wet snow（湿った雪），dense snow（濃密な雪），dry graupel（乾いたあられ），wet graupel（湿ったあられ），rain and graupel（あられの混じった雨），wet hail（湿ったひょう），large wet hail（大きな湿ったひょう），rain and hail（ひょうの混じった雨）の 12 種類に分類されている。ただし，降水粒子判別表はさまざまなタイプの降水（暖かい雨，冷たい雨，雪雲など）における検証を経て作成されるべきである。二重偏波レーダは 1970 年代後半から実用に向けて研究が始まったが，近年米国では反射因子差（Z_{DR}）だけでなく，水平偏波と垂直偏波の伝搬位相差（Z_{DP}）に注目して，降水粒子を識別する方法も提案されている[5)]。

6.2.6 わが国における二重偏波レーダを用いた観測

わが国における，二重偏波レーダを用いた研究は 1990 年代に入り盛んになり，特に日本海沿岸の冬季雷（雷雲）を対象に観測研究が実施されてきた。この背景には，日本海沿岸における電力設備，構造物への雷撃事故が挙げられる。送電線主要回線事故の約 4 割が冬季雷に起因しており，冬季雷の解明と予測が重要な課題になっている。二重偏波機能を用いてあられ（雪あられ）の把握を行うことが目的であった。

1990 年から 3 年にわたり，山形と新潟において土木研究所の二重偏波ドップラーレーダ（DND レーダ：C バンド），電荷ゾンデなどの測定機器を用いた冬季雷雲の観測が行われ，あられと氷晶の降水粒子識別，降水粒子の移動と発雷場所の対応，降水粒子の高度分布などの知見が得られた[6)]。その後，北大グループは二重偏波ドップラーレーダ（X バンド）を用いて，札幌と若狭湾で降雪雲の観測を行った。北陸電力雷センターは雷撃観測，LLS（lightning location system）システムの構築に続き，1998 年に二重偏波ドップラーレーダ（C バンド）を富山県と石川県の県境に位置する碁石ヶ峰に設置し，二重偏波ドップラーレーダと降水粒子観測により，冬季雷雲の内部構造と降水粒子の平均的な存在領域を明らかにした。

このように二重偏波レーダは，その実用化とともにさまざまな観測結果が示されているが，つぎのような課題が残されている。

① あられの反射強度 Z_H と反射因子差 Z_{DR} の関係

② 雷雲内の霰数密度とレーダエコーとの関係

③ 発雷と霰数密度の関係

課題 ① に関しては，日本海沿岸の雪雲からのあられをサンプリングして反射強度 Z_H と反射因子差 Z_{DR} の関係を気象条件の異なるさまざまな雪雲で確かめ，降水粒子識別表を検証する必要がある。課題 ② に関しては，雷雲内のあられの空間密度は，地域，季節によって異なるため，わが国の代表的な場所で降水粒子と反射因子差の関係を検証する必要がある。特に，冬季雷雲はスケールが小さく，その中のあられ領域の体積は小さく，時間変化も早い。近距離から雷雲を捉える観測実験と異なり，レーダから 100 km 程度離れた雷雲内を平均化された距離分解能（1 km 程度）で見たとき，どの程度の霰数密度であればレーダで捉えることができるか確かめる必要がある。課題 ③ に関しては，レーダで見たあられの存在と発雷との関係を調べる必要がある。あられとレーダ反射強度との対応がつけば，あられと落雷（発雷）の関係も議論できる。

6.3 ドップラーレーダによる大気の観測

6.3.1 ドップラーレーダの原理

ドップラーレーダ（Doppler radar）は反射強度の測定に加えて，発射されたパルス波が降水粒子で後方散乱される際のドップラーシフト（送信波と受信波の周波数変化）を測定する。「ドップラー速度」とは，ドップラーシフトから計算されたビーム方向の動径速度であり，降水粒子の移動速度である。レーダから発射されたパルス波形は，振幅を A_0，送信周波数を f_0，位相を ϕ_0 とすると

$$E_t(t) = A_0 \sin(2\pi f_0 t + \phi_0) \tag{6.5}$$

と表される。ここで，レーダから距離 r に存在する後方散乱物体が速度 v でレーダから遠ざかっているとき，受信信号は

$$E_s(t) = A_s \sin\{2\pi f_0 t + 4\pi\lambda^{-1}(r + vt) + \phi_0 + \phi_r\} \tag{6.6}$$

となる。ここで，A_s は後方散乱断面積により決定される振幅，λ はレーダの波長，ϕ_r は位相の偏移であり，物体の形状で決まる（定数）。$4\pi\lambda^{-1}(r+vt)$ $(=\phi)$ は，t 秒間に電波が物体間を往復する間に生じる位相の偏移である。後方散乱物体の移動による周波数の変動を，ドップラー周波数 f_d という。物体がレーダから遠ざかると，ϕ は増加し，f_d は負となることから，$d\phi/dt = -2\pi f_d$ と表される。ϕ の時間微分は，$d\phi/dt = 4\pi v/\lambda$ であり，電波の角周波数 ω に相当するから

$$V_d = -\lambda \frac{f_d}{2} \tag{6.7}$$

となり，ドップラー速度 V_d を得る。

6.3.2 ドップラーレーダによる風観測

1 台のドップラーレーダからは，収束・発散，シアー，渦などの特徴的な気流

のパターンを，モニター上で捉えることになる。つまり，リアルタイムで積乱雲内のメソサイクロンや，ダウンバーストに伴う地上付近の発散を観測することができる。1台のドップラーレーダでは動径方向（ビーム方向）の動き，すなわちレーダに近づく風（負）と遠ざかる風（正）の情報が得られるが，レーダビームに直交する風の成分は測定することはできない。モニター上では，動径方向の風成分を360°表示した正負のパターンで表示されるため，速度パターンを見る経験が必要となる。反射強度データはノイズレベルを考慮して，あるしきい値（例えば10 dBZ）以上のデータを検出するのに対して，ドップラー速度データはすべてのエコー域で処理できるので感度がよく，相対的に探知領域が広くなる。ドップラー速度のデータ処理では，風速の折返し処理†が一番の課題となる[7)]。

もし2台以上の同時観測ができれば，降水雲内の二次元的，三次元的な風の場を求めることができる。アメリカでは約150台のドップラーレーダでほぼ全土をカバーしており，日本でも1995年からおもな飛行場に空港気象ドップラーレーダが設置され運用されている。気象庁レーダも，2005〜2006年に発生した竜巻被害を受けてドップラー化が進み，現在約20台のドップラーレーダで全国を監視し，この情報を基に竜巻注意情報が出されている。

6.3.3　ドップラー速度場のパターン

1台のドップラーレーダで観測される渦・発散・収束という特徴的な速度パターンを図6.6に示す。1台の速度パターンからでも，竜巻渦やダウンバーストの地上発散という，特徴的な気流構造を捉えることができる。竜巻渦のような鉛直渦をレーダでスキャンすると，遠ざかる成分のピーク（+）と近づく成分のピーク（–）のペアが隣り合わせで検出される。渦の中心を通るビームは，ビームに直交する風向になるためドップラー速度はゼロとなる。その結果，正

† レーダが1秒間に発射するパルス数（繰返し周波数 f_{prf}）に対して，受信信号のサンプリング周波数も同じであるため，$f_{prf}/2$ より高いドップラー周波数は認識できない。つまり，測定可能なドップラー速度の最大値が存在し，真のドップラー速度の絶対値がこの最大値を超えると，正負が折り返されて測定される。

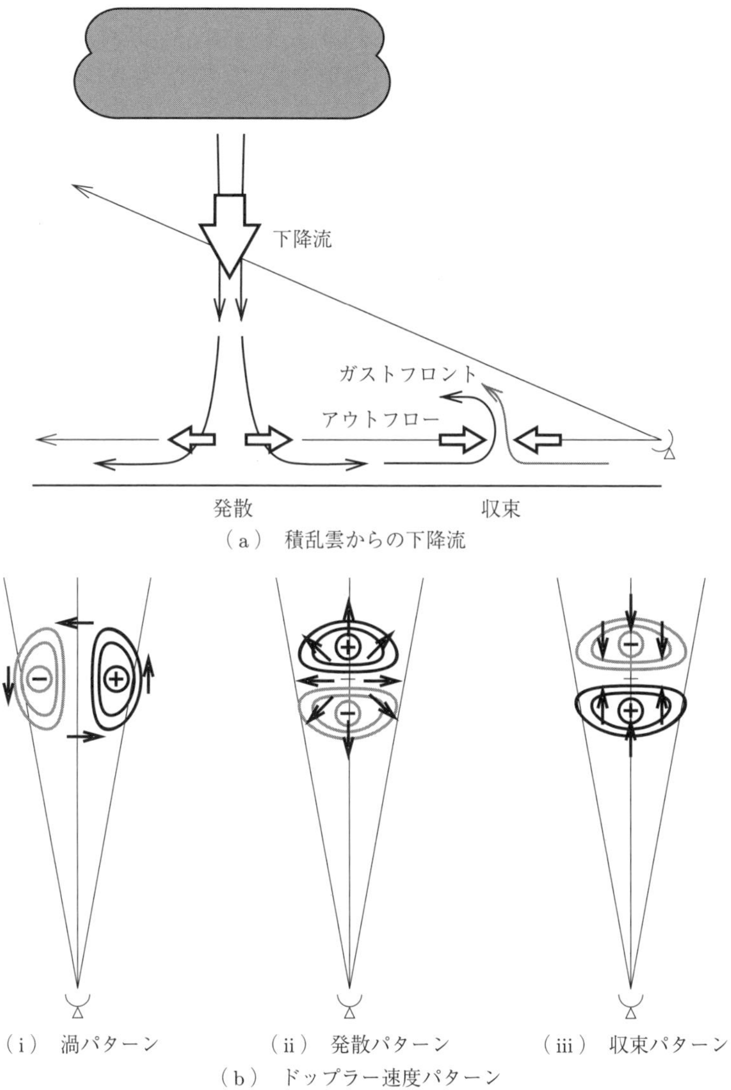

図 6.6 ドップラーレーダで観測される収束・発散・渦のパターン

（+）と負（−）の peak to peak の目玉模様が検出される。この正負のピーク間距離が渦の直径となる。

一方，ダウンバーストの場合，1 台のドップラーレーダで下降流そのものは観測することはできない（鉛直観測で下降流を捉えるのは一般には難しい）。検出できるのは，地上付近の発散（divergence）と，アウトフロー先端であるガストフロント（gust front）における収束（convergence）である。ダウンバーストの定義である，「differential velocity $\Delta V \geqq 10\,\mathrm{m/s}$」というのは，ドップラーレーダで観測される，積乱雲直下でダウンバーストが反対方向に発散する水平風速差のことである（図 6.6）。

6.3.4　具体的な観測例（竜巻やダウンバースト）

一般にスーパーセル型の竜巻は，積乱雲内に直径 10 km 程度のメソサイクロン（竜巻低気圧）が存在し，メソサイクロン内に直径 1 km 程度の親渦（マイソサイクロン）が形成され，そこから直径 100 m 程度の竜巻渦（漏斗雲）が地上に達するという階層（マルチスケール）構造を示すことが多い。メソサイクロンは，通常のレーダ観測，すなわち，反射強度画像（フックエコー）やドップラー速度場（渦パターン）で確認されることが多いが，マイソサイクロンは，ビーム幅が 1° 程度の現状のレーダでは至近距離で観測しないと分解能が足りず観ることができない。また，竜巻の発生や構造を議論するには，雲内のメソ（マイソ）サイクロン，雲底下の漏斗雲（竜巻渦），地上における渦の挙動に至るまで観測する必要がある。

以下に，ドップラーレーダを用いた具体的な竜巻の観測事例を示す。図 6.7 は冬季北陸沿岸において，季節風卓越時に雲頂高度が 3 km 程度の降雪雲セル内で竜巻が形成される過程を複数のカメラとドップラーレーダ観測により捉えた事例である。観測サイトから約 3 km という至近距離での観測により，竜巻渦とマイソサイクロンがドップラーレーダによって観ることができ，降雪雲からも竜巻（winter tornado）が形成されることが示された。

図 6.8 は 2007 年 5 月 31 日に東京湾で発生した海上竜巻（waterspout）で，

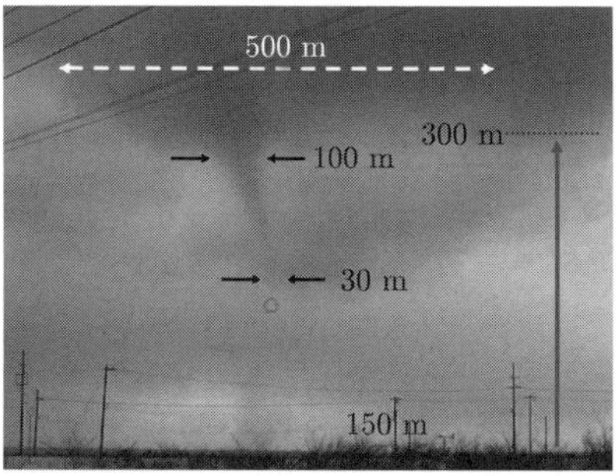

（a） 降雪雲に伴う竜巻

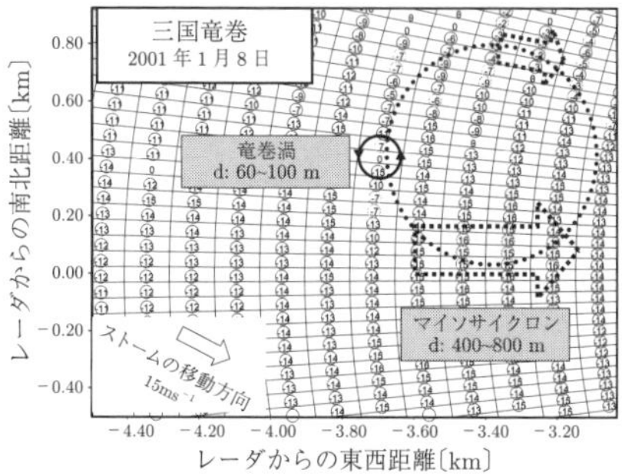

（b） ドップラー速度パターン

図 **6.7** 竜巻の観測事例[8)]

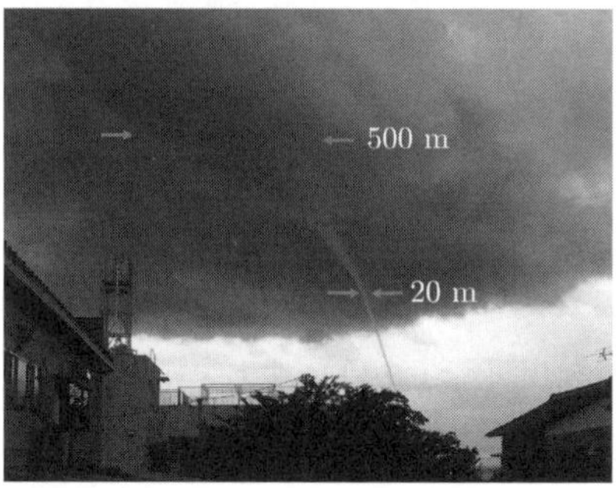

（a） 東京湾で発生した竜巻

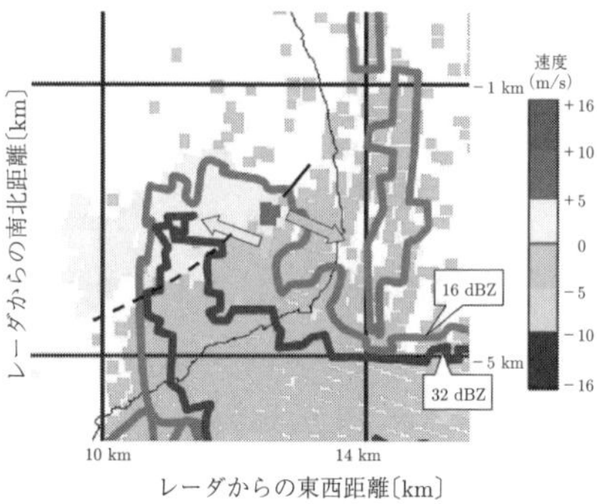

（b） ドップラー速度パターン

図 **6.8** 竜巻の観測事例[9)]

約 10 km という比較的近距離からのレーダ観測を行うことで渦の構造を議論できた事例である。この竜巻は積乱雲の発生とほぼ同時に形成され，周囲の積乱雲からの下降流がぶつかったシアーライン上で親渦（マイソサイクロン）が形成されたことがわかる。ドップラー速度場から検出された竜巻渦の鉛直分布をみると，マイソサイクロンは高度 2 km 付近に直径のピーク（1.5 km）を持ち，高度 3 km 以上に達していた。また，マイソサイクロンとは別に竜巻渦が地上付近から高度 3 km 付近まで存在し，可視的に観測された漏斗雲の構造と一致した（図 6.9）。

ガストフロントは積乱雲からの強い下降気流（ダウンバースト）が地上を発散

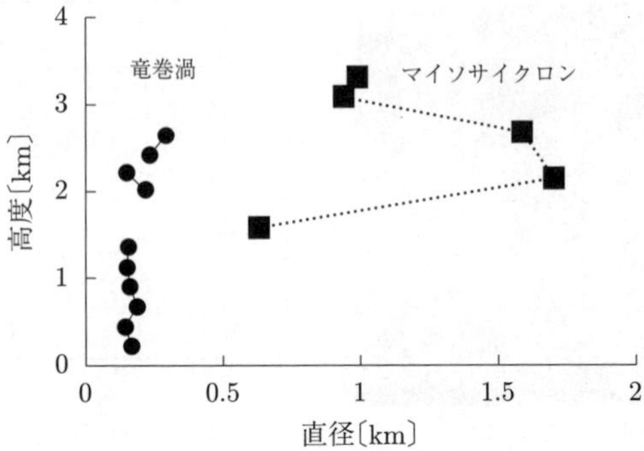

図 6.9　竜巻渦とマイソサイクロンの直径の鉛直分布[10)]

する際の冷気の先端であり，ガストフロントに沿ってアーチ状に形成される雲は「アーククラウド（arc cloud)」と呼ばれる（口絵 3)。レーダ反射強度には，バンドエコーの南部にボウエコーが確認でき，ドップラー速度場にはガストフロントに対応して速度パターンエコーが円弧状に観測された。X バンドレーダでエコーが検出されるのは，積雲であるアーククラウドからの反射と考えられる。ガストフロントはドップラーレーダで検出可能であり，地上を伝搬する挙動をリアルタイムで把握することが可能である。図 6.10 に示したように，数 10 分前からガストフロントが伝搬する様子を正確に観測することができるので，有効な短時間予測手法となる。

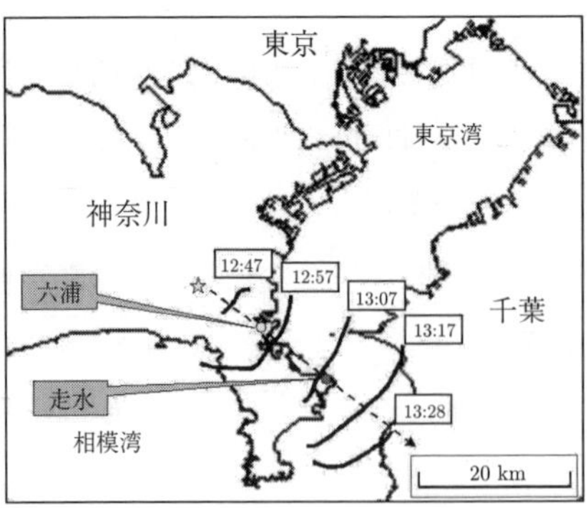

図 6.10　ガストフロントの伝搬[11)]

6.4　さまざまなレーダによる観測

6.4.1　ウィンドプロファイラ

ウィンドプロファイラは，上空の風を計測する鉛直レーダである。マイクロ波帯の気象レーダとは異なり，波長が数 m であるため，おもな後方散乱物体は降水粒子ではなく，大気の屈折率変化からの反射を捉えて計測する。パラボラスキャン型の気象レーダは比較的大気下層を観ており，前線や異なる空気塊などで生じる屈折率の変化からの反射がある。一方，ウィンドプロファイラは鉛直方向の成層状態の変化をターゲットとしている。大気は鉛直方向に温度成層を成しており，密度差（気温，気圧，水蒸気量の変化），乱流構造などによる反射と考えられている。もちろん，降水からの反射もエコーとして捉えられる[12)]。

6.4.2　ドップラーライダ

ドップラーライダは，赤外線レーザを用いたライダ（LIDAR: light detection and ranging，レーザレーダとも呼ばれる）でドップラー機能を有したものである。ライダは大気中のエーロゾル（ミクロン単位の浮遊粒子）を後方散乱体として観測するため，晴天時の風観測が可能となる[13)]。

6.4.3　ドップラーソーダ

ドップラーソーダ（Doppler sodar）は音波を用いた測器であり，高度 50 m から 1 km 程度までの風を観測することができる。ドップラーソーダ（音波レーダ）を用いた観測は，晴天時の弱風，海陸風などの局地循環，積乱雲周辺下層大気の環境場などを調べることができる[14)]。一般に，ソーダのデータ取得率は高度とともに減少するため，有効データの探知範囲は高度 500 m 程度である。また，強い降雨時には大粒径の雨滴による反射，減衰でノイズレベルが上がり，観測が難しくなる。一般風速が 20 m/s 以下であれば，データは得られ，直径 1 cm 程度のあられ降水時にも鉛直流を観測することができる。

ドップラーソーダの観測手法は，3個のパラボラアンテナ（水平風用2個と鉛直観測1個）を同じ場所に配置するモノスタティック型と，離れた場所にパラボラアンテナを設置して対象空間を観測するバイスタティック型がある。いずれの場合も，ソーダ観測の最大の問題点は周囲への騒音問題である。

6.4.4 RASSレーダ

RASS（radio acoustic sounding system）レーダは，音波の伝搬をマイクロ波レーダで追跡して気温の鉛直プロファイルを求めるシステムである。音波の伝搬速度が気温の関数（気温の平方根に比例し気圧に依存しない）であることを利用して，粗密波である音波の誘電率の変化からの反射をマイクロ波ドップラーレーダで捉えて気温を求める原理である[15)]。

6.5 最新のレーダ観測技術

6.5.1 X-NET（Xバンドレーダネットワーク）

複数台のドップラーレーダを用いた観測は，1990年台以降さまざまなプロジェクトで実施されてきたが，常設のレーダを用いたネットワークが2007年から行われている。首都圏では，大学や研究所のレーダが複数存在しており，これらのドップラーレーダを用いたネットワーク網が構築された。安全な都市生活のために竜巻，ダウンバースト，局地的豪雨など「極端気象」を観測し，その構造を解明し，短時間予測（ナウキャスト）を行う試みが目的である。2007年当初は，中央大学，防衛大学校，防災科学技術研究所の3台のレーダを用いたネットワーク観測から始まり，その後参加機関が増えて，現在では，山梨大学，電力中央研究所，気象協会などのレーダも加わり，国土交通省のMPレーダも含めると10台以上のレーダで関東をカバーしている（図6.11）。この観測プロジェクトは，波長3cmのXバンドレーダのネットワークから，「X-NET」と呼ばれている。複数のレーダによる同時観測のメリットは，つぎにまとめるとおりであり，6.1節で述べた1台のレーダ観測の問題点を克服するのが目的

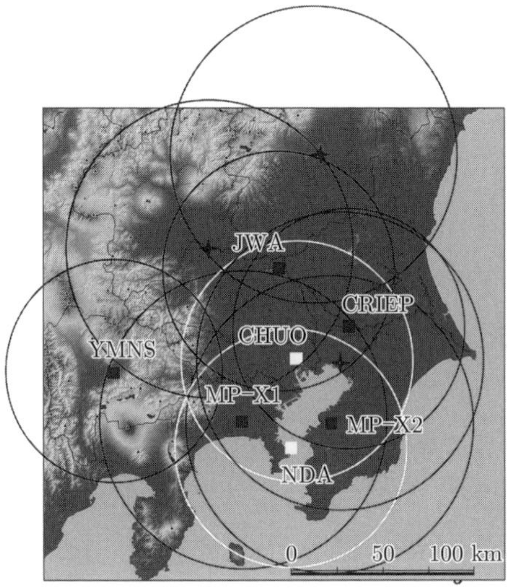

図 **6.11**　X-NET の配置図（2014X-NET）

である。

① 1 台のレーダでは半径 100 km 程度しか観測できないため，台数が増えれば観測領域が広がる。

② 1 台のドップラーレーダではビーム方向の動径風成分しかわからないが，2 台，3 台でカバーできれば，三次元の正確な風を計測することができる。

③ レーダビームはまっすぐに進むため，距離が離れると地上付近の観測ができないため，数が増えると地上付近のデータが得られる。

④ 山地の向こうなど 1 台のレーダで影となる領域をカバーできる。

⑤ 強い降水があると，レーダの電波が減衰してしまうが，複数台でこの降雨減衰域をカバーできる。

X-NET の観測データは，ほぼリアルタイムでインターネットを経由して中央のサーバに集約，処理され，解析された降水強度と風ベクトルが 5 分間隔でアウトプットされる。X-NET では，水平方向で 500 m という分解能で情報を提供できる。首都圏では試験的に X-NET データを行政や学校で使ってもらうという，社会実験が 2010～2014 年までの 5 年間実施され，その効果が検証された。

さらに，レーダもドップラーレーダから高度化された二重偏波機能を有したMP（マルチパラメータ）レーダで降水粒子の識別が可能になり，雨量を正確に観測できるようになった。この X-NET の実験結果は実用化され，国土交通省は 2008 年 7 月に神戸の都賀川で発生した豪雨による増水事故，同年 8 月に都内雑司ヶ谷で発生した局地的豪雨による地下水道管における事故を受けて，“ゲリラ豪雨” 対策として全国のおもな都市に MP レーダの配置を進めている。この雨量情報は「XRAIN」と呼ばれ，1 分間隔で最新のデータが配信されている。

X-NET による具体的な観測例を口絵 4 に示す。2008 年 7 月 12 日に東京 23 区内で突風被害が連続して発生した。このときの積乱雲を，複数のドップラーレーダデータを用いた三次元の風ベクトルを計算することで，反射強度だけでなく，正確な水平風と鉛直流を求めることができた。被害域上空には，降水強度が 100 mm/h を超える強エコーが存在し，同時に下層で強い下降流が発散したことが明らかになった。つまり，この突風被害の原因はダウンバースト（マイクロバースト）であったことが，レーダ観測から示された。

6.5.2 雲 レ ー ダ

雲レーダは，ミリ波を用いたレーダであり，雲内に存在する直径数 10 μm の雲粒子やアンビル（かなとこ雲）内の氷晶など，通常のセンチ波レーダでは捉えることが難しい “雲” を観測することができる。降水エコー周辺の雲の分布，例えば雷雲の上部に形成されるアンビルや直径数 10 μm の雲粒子が対象となる。また，ライダ（レーザレーダ）では雲内の減衰が大きく，探知範囲も限定されるため，ミリ波レーダによる観測が有用となる。

京大・大阪電通大グループは，35 GHz 帯（波長 8.6 mm）の車載型ミリ波ドップラーレーダを用いて北陸沿岸の雪雲（雷雲）を対象に，C バンド，X バンドレーダとの同時観測を試み，雷雲内のあられを含んだ比較的大きな降水粒子による散乱特性の違いを示した。通信総合研究所で開発された航空機搭載雲レーダ（SPIDER）は，95 GHz 帯（波長 3.2 mm）のパルスレーダであり，梅雨前線や日本海上の雪雲などメソスケール降水系の観測を行い，雲の構造を把握できることが実証された。最近では，千葉大グループによって，周波数変調された連続波を用いた雲観測用の 95 GHz 帯 FM-CW レーダが開発されている。FM-CW（frequency modulation-continuous wave）方式はパルス式レーダに比べ，小さい送信電力で同様の感度を確保でき，コストを下げることができる。95 GHz 帯 FM-CW 雲レーダを用いた積乱雲発生初期の観測結果を示す。高空間分解能（数 m）を有することで，積乱雲を構成する雲の塊（タレット，turret，図 6.12）を観測することが可能となり，タレットの成長過程を捉えることに成功している（口絵 5）。

図 **6.12**　積乱雲の微細構造[16)]

6.5.3　フェーズドアレイレーダ

2.3 節でも述べたが，フェーズドアレイレーダは，多数の素子を並べたアンテナで構成されており，これまでのようにパラボラを機械的に回転させるのとは異なり，秒単位での観測が可能となる。このため，竜巻や局地的な豪雨など短時間の激しい現象の観測に特に有効である。日本でも気象用フェーズドアレイレーダが最近実用化された。アンテナは，100 本以上のスロットアンテナを縦に並べて構成されている（図 6.13）。各アンテナから異なった仰角で同時に電波（水平偏波）が発射される。この平板アンテナを機械的に回転させることで

図 6.13　フェーズドアレイレーダのアンテナ外観（日本無線柏柳太郎氏提供）

三次元データが得られる。半径 60 km レンジ内のデータは 30 秒で 1 回転，半径 15 km であれば 10 秒に 1 回転させればよい。CAPPI 観測で約 5 分要するパラボラ型のレーダに比べて観測時間は 1/10 から 1/30 に短縮された。動径方向の距離分解能は 50 m，方位方向は約 1° であり，従来型のレーダとほぼ同様の距離分解能が確保されている。二次元のアンテナを選択したのは，価格を抑えるためである。現在は，二重偏波機能を有したフェーズドアレイレーダの開発が試みられている。

6.5.4　レーダを用いた短時間予測（ナウキャスト）

レーダを用いた大気現象の短時間予測（ナウキャスト）には，反射強度，ドップラー速度，二重偏波データなどさまざまな情報を用いた手法が開発されている。ここではナウキャストに用いられる各パラメータをまとめる。

（1）最大反射強度（強度データ）　積乱雲内のエコーコア内で観測される反射強度の最大値である。積乱雲に関しては，エコー内にひょうやあられなどの個体粒子を含んでいるかどうかが重要であり，雪片とあられの反射強度を区別できれば有効な情報となる。一般に，最大反射強度とひょうやあられの粒径分布とは正の相関があることから，二重偏波レーダを用いた観測データがない場合，最大反射強度データは有効なパラメータになり得る。積乱雲内のエコーコアの判別，追尾なども可能となっている[17)]。

（2）エコー頂高度（強度データ）　最小受信感度レベルのエコー頂，あるいは強エコー域のエコー頂高度情報は，雲や強エコー域が鉛直方向にどの高度にまで発達したか知ることができ，雷雲の判別などに有効である。エコー頂高度とともに，エコー頂温度も重要であり，レーダ探知範囲内を代表する気温の鉛直プロファイルは，高層気象観測データを内挿して地上気温で補正する方法がある。

(3) エコー面積（強度データ） 積乱雲のエコー面積（全エコー面積あるいは強エコー面積）は，その発達過程中最盛期でピークを迎えることが多いので，エコー面積の変化で積乱雲の発達を議論できる。スーパーセルなどの単一巨大積乱雲であれば，エコー面積の時間変化は顕著である。しかしながら，雪雲は直径が数 km 程度とスケールが小さいため，エコー面積の変化でしきい値を見出すことは難しい。また，二重偏波レーダで計測されたあられの含有面積は重要なパラメータになる。

(4) 鉛直積算値（強度データ） 鉛直積算値は基本的には強度データを雲底から雲頂まで足した値（含水量に換算して表すことが多い）で示される。すなわち，強エコー域の三次元的な空間分布を表すことができる。ひょうやあられ存在時のしきい値や豪雨時の値が明らかになれば，ナウキャストの有用なパラメータの一つになり得る[18)]。

(5) エコーコアの下降（強度データ） 強レーダエコー領域の時間変化を捉えることは，豪雨やダウンバースト把握にとって有益な情報となる。ダウンバースト検出のために降水コアの降下を自動的に捉える方法が報告されている[19)]。わが国において，ダウンバーストの成因は降水の蒸発冷却の効果が小さくあられ等の降水粒子によるローディング（空気塊を引きずる効果）が効くことを考えると，エコーコアの降下と下降気流の風速とは高い相関関係がある。

(6) 下層収束（速度データ） ガストフロントは積乱雲エコーの中心から前方約 10 km に形成され，ドップラーレーダでは高度 1 km 以下で収束域として観測される。ドップラーレーダによるダウンバースト/ウィンドシアーの検出は，すでにおもな飛行場で実用化されている。また，同様に風のシアーライン（局地前線あるいは不連続線）も，レーダでも検出することが可能である。

(7) 上昇流（速度データ） 鉛直流速は積乱雲の発達（上昇流）や下降流を直接観測できる点で重要なパラメータである。ただ一般に直接観測は難しく，

1台のドップラーレーダで観測されたボリュームスキャンデータから鉛直流を推定することができるが，誤差も大きくなることに注意を要する。

（8） 降水粒子判別（偏波データ）　反射強度（Z_H）と反射因子差（Z_{DR}）から降水粒子（特にあられ）を判別し，最大反射強度，エコー面積，鉛直積算値などの強度データと組み合わせることで，より精度の高い議論が可能になる。

7 車載レーダ

急速な自動車社会の発展に伴い交通事故が急増しており，特に交通事故死者数は，世界的に年々増加の傾向を示している。近年，安心・安全な自動車社会の実現に向け，ミリ波レーダ，レーザレーダ，赤外線センサ，超音波センサ，光学カメラなどのさまざまなセンサシステムを用いた環境認識，操作支援技術，すなわち安全運転支援システムの研究開発が進められている（表 7.1）。自動車に求められる安全運転支援システムのための機能を図 7.1 に示す。このような安全運転支援システムは，将来的に自動運転へとより高度なシステムへ進化することが求められており，昼夜全天候性の車載レーダは安全運転支援システムにおける重要なセンサに位置付けられる一方で，検知エリアの拡大や，都市のような複雑な環境での運用のための分解能向上など，さらなる高機能化が要求されている。近年では，遠距離前方監視用途の 76 GHz 帯レーダ，近距離前側後方監視用途の 24 GHz/26 GHz 帯レーダを経て，使用可能な周波数帯域幅が 4 GHz と超広帯域で，高分解能化が可能な 79 GHz 帯 UWB（ultra wide band，超広帯域）レーダの開発が期待されている[1)]。本章では，車載用ミリ波レーダの検知距離，変調方式の基本原理，クラッタの統計的性質，信号処理の一例（クラッタ抑圧，複数目標検知・識別），および，今後の解決すべき課題について解説する。

表 7.1　自動車に搭載される各種センサの特徴

性能/方式	近距離レーダ	遠距離レーダ	レーザレーダ	超音波センサ	カメラ	赤外線カメラ
検知距離 $< 2\,\mathrm{m}$	△	△	△	○	○	×
検知範囲 2～30 m	○	○	○	×	△	×
検知範囲 30～150 m	×	○	○	×	×	×
角度検出範囲 $< 10°$	○	○	○	×	○	○
角度検出範囲 $> 30°$	△	×	○	△	○	○
角度分解能	△	△	○	×	○	○
相対速度検出	○	○	×	△	×	×
耐天候性	○	○	△	△	△	△
夜間での検出	○	○	○	○	×	○

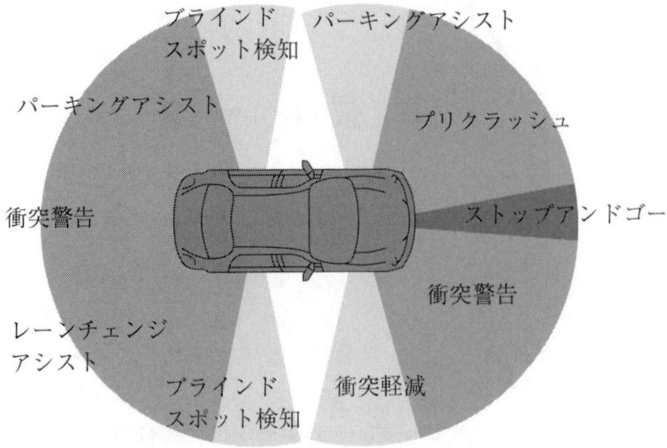

図 7.1　自動車の安全運転支援システム

7.1　車載レーダの概要と特徴[2)]

(1)　76 GHz 帯レーダの現状　　76 GHz 帯レーダは，おもに車両の前方 100〜200 m 程度までの障害物を距離分解能 1〜2 m，視野角 10° 程度で検知する前方監視用長距離レーダとして利用されている。特に高速道路上での ACC (adaptive cruise control，車間自動制御) システムとして，1999 年に初めて市場に導入されて以来順調に普及が進んでいる。また，2003 年からは前方監視プリクラッシュシステムや前方監視追突軽減ブレーキシステムを搭載した車両が一部の自動車メーカから市場に投入され，さらに近年では，監視範囲を前方だけでなく自動車周辺に拡大することで，衝突軽減・予防効果を高めた安全運転支援システムの実用化に向けた開発が進んでいる[2)]。

(2)　24 GHz/26 GHz 帯レーダの現状　　既存のレーダの占有周波数帯幅 (24 GHz 狭帯域レーダ：200 MHz 以下，76 GHz/60 GHz 帯レーダ：500 MHz) では十分な距離分解能が確保できないため，周波数帯幅が広い 24 GHz/26 GHz 帯 UWB レーダが，米国，欧州，日本においてそれぞれ 2002 年，2005 年，2010 年に短距離レーダ (short range radar, SRR) として実用化された。しかし，欧州では使用期限を 2013 年 (ただし 24.25〜26.65 GHz で動作するレーダは 2018

年）と定めており，その後は新しい 79 GHz 帯へ移行することが条件となっている。日本でも 24 GHz 帯 UWB レーダについては使用期限が 2016 年に定められており，また 26 GHz 帯 UWB レーダについては，他システムと共存可能な最大普及率（7%）を超えることが予想される 2022 年頃目処に干渉緩和対策が必要であるとしている。

（3） 新たな 79 GHz 帯 UWB レーダシステム　前述した 76 GHz/60 GHz 帯レーダあるいは 24 GHz/26 GHz 帯 UWB レーダを利用した安全運転支援システムは，検知対象をおもに車両等の大きな対象物としており，運用場所も高速道路等の自動車専用道路としている。一方で，一般道での車載レーダによる安全運転支援システムの実現には，複雑な周囲環境において短距離（0.2 m 程度）から中距離（50～70 m）にわたり歩行者等の小さな物体を高精度に分離検知（距離分解能 20 cm 程度）することが必要となる。これに対し，既存の 76 GHz 帯レーダでは距離分解能の要求条件を満たすことが難しく，また 24 GHz/26 GHz 帯レーダについては使用期限が定められていることから，恒久的に利用可能な新しい高分解能レーダの実用化が求められている。そのため，検知精度が高く，国際的にも導入に向けた検討が進められている 79 GHz 帯レーダに大きな注目が集まっており（図 7.2），研究開発が始まっている。

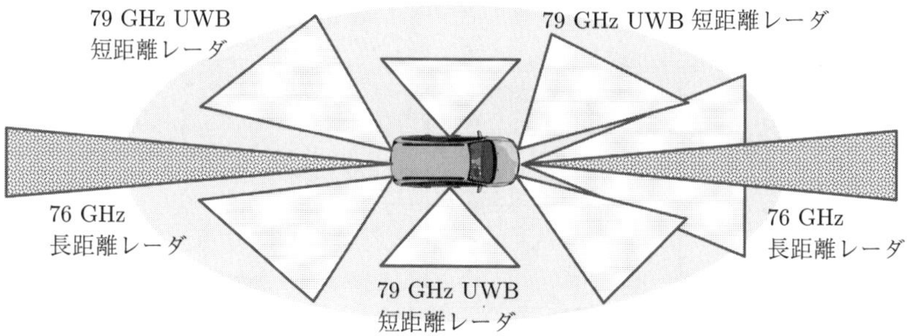

図 7.2　79 GHz 帯 UWB レーダの周辺監視システムの構成例

7.2 変　調　方　式

7.2.1 FM-CW 方式

図 7.3 に示すように，FM-CW 方式は，周期的に増減する FM 送信波と目標からの反射信号とのミキシングによって発生したビート周波数を計測することによって，距離および速度検出を行う[3)]。すなわち，このビート周波数には距離 R と目標の相対速度 v の情報を含んでいるので，増加および減少する FM 勾配の送信波からのビート周波数 f_{up} と f_{down} をそれぞれ下記のように表すことができる。

$$f_{up} = \frac{2(\Delta\dot{f}R + fv)}{c} \tag{7.1}$$

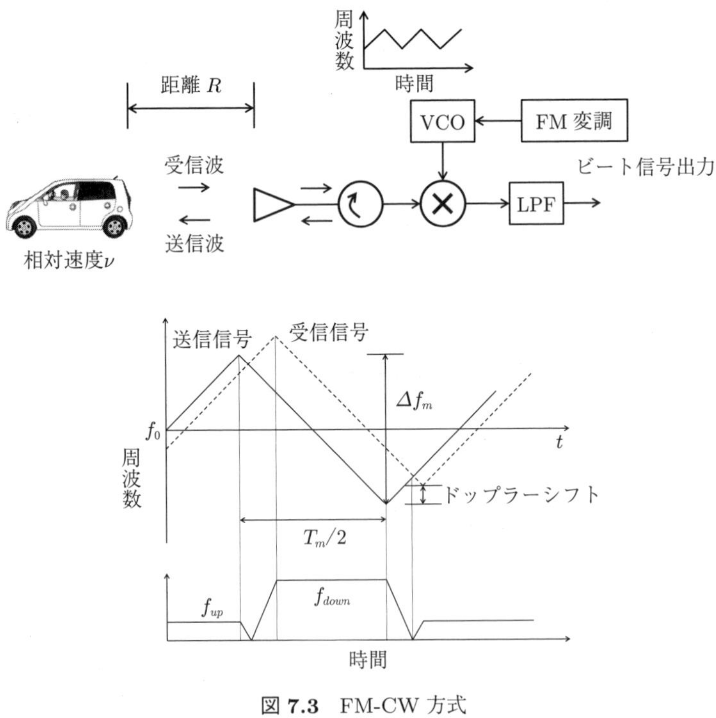

図 **7.3**　FM-CW 方式

$$f_{down} = \frac{2(\Delta \dot{f} R - fv)}{c} \tag{7.2}$$

ここで，FM 勾配は

$$\Delta \dot{f} = \frac{\Delta f_m}{T_m} \tag{7.3}$$

である。ここで f はレーダ周波数，Δf_m は FM 変調幅，T_m は変調繰り返し周期である。したがって，距離 R と速度 v は式 (7.1) と式 (7.2) を解いて求めることができる。ただし，式 (7.1) と式 (7.2) の右辺第二項が第一項に比べて十分小さい場合ではどちらか一方の FM 勾配の送信波からでも測距が可能となる。なお，この方式の距離分解能 ΔR と速度分解能 Δv はそれぞれ次式で与えられる。

$$\Delta R = \frac{c}{2\Delta f_m} \tag{7.4}$$

$$\Delta v = \frac{\lambda}{T_m} \tag{7.5}$$

また，この方式で必要な受信機帯域は距離検知幅および速度検知幅をそれぞれ ΔR および Δv で表すと次式で与えられる。

$$B_0 = \frac{4\Delta f_m}{cT_m}\Delta R + \frac{4}{\lambda}\Delta v \tag{7.6}$$

式 (7.6) より，高い距離分解能を狭い受信機帯域幅で得られることがわかるが，広帯域 VCO（voltage-controlled oscillator，電圧制御発振器）の非線形性によって分解能が劣化することがある。これは非線形性によってビート信号の周波数スペクトラムが広がるからである[4)]。さらに送信波は CW 波であるためほかのレーダへ干渉を与え，かつビーム内の干渉波や多目標に対しては複数の f_{up} と f_{down} の組合せを決定することが必要となり（カップリング問題），また大幅な分解能の劣化も予想される。多目標環境に対するこの問題の解決策として，時分割で傾斜の異なる掃引を行う方法が知られているが，観測時間が長くなるとともに目標数が多くなるとその効果が十分に得られなくなることが指摘されている。また，遠方にある目標からの反射波が近くにある物体からの反射波に埋もれ，その検知が困難になるといわれる遠近問題も抱えている。したがって，前方のみならず自車両周辺を監視することが想定される車載レーダにおいては干渉を与えにくく，かつ受けにくい高分解能レーダ方式が要求される。

7.2.2　2周波 CW 方式

図 7.4 に示すように，2周波 CW 方式は周波数 f_1 の CW 信号とわずかに異なる周波数 f_2 を交互に送信し，それぞれの周波数の区間でローカル信号とのミキシングによって発生したビート周波数を計測することによって，距離および速度検出を行う。図 7.4 で LPF は Low Pass Filter である。各周波数における送信信号 T_{f1} と T_{f2} は次式で与えられる。

$$T_{f_1}(t) = A\cos(2\pi f_1 t + \phi_1) \tag{7.7}$$

$$T_{f_2}(t) = A\cos\left[2\pi(f_1 + \Delta f)t + \phi_2\right] \tag{7.8}$$

ここで，$\Delta f = f_2 - f_1$，ϕ_1，ϕ_2 は初期位相である。つぎに，目標反射信号 R_{f1} と R_{f2}，送信信号の一部を利用する受信ミキサのローカル信号 Lo_{f1} と Lo_{f2} は次式で与えられる。

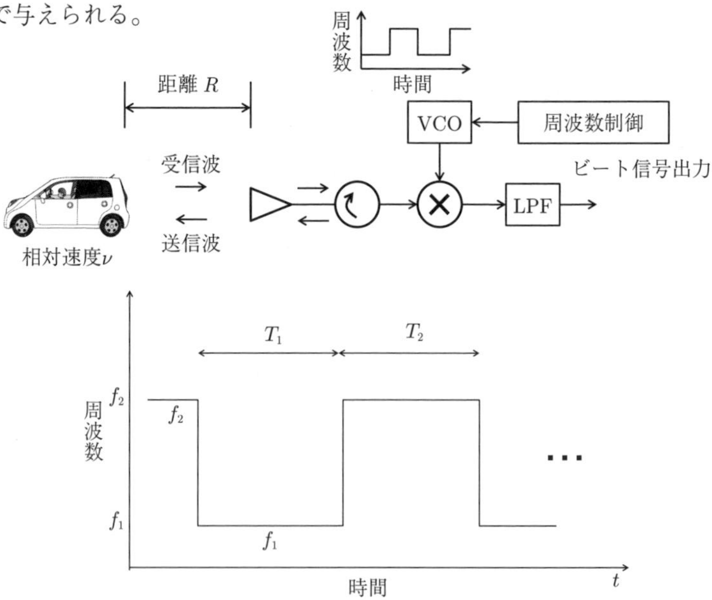

図 **7.4**　2周波 CW 方式

$$R_{f_1}(t) = a\cos\left[2\pi f_1\left(t - \frac{2(R - vt)}{c}\right) + \phi_1\right] \tag{7.9}$$

$$R_{f_2}(t) = a\cos\left[2\pi f_2\left(t - \frac{2(R - vt)}{c}\right) + \phi_2\right] \tag{7.10}$$

$$Lo_{f_1}(t) = B\cos(2\pi f_1 t + \phi_1) \tag{7.11}$$

$$Lo_{f_2}(t) = B\cos(2\pi f_2 t + \phi_2) \tag{7.12}$$

ミキシング後のビート信号はそれぞれ次式で得られる。

$$\begin{aligned} \mathrm{B}_{f_1}(t) &= K\cos\left[\frac{-4\pi f_1 R}{c} + \left(\frac{4\pi f_1 v}{c}\right)t\right] \\ &= K\cos(\theta_1 + \omega_{beat1}) \end{aligned} \tag{7.13}$$

$$\begin{aligned} \mathrm{B}_{f_2}(t) &= K\cos\left[\frac{-4\pi f_2 R}{c} + \left(\frac{4\pi f_2 v}{c}\right)t\right] \\ &= K\cos(\theta_2 + \omega_{beat2}) \end{aligned} \tag{7.14}$$

$$\omega_{beat1} = \frac{4\pi f_1 v}{c} = 2\pi f_{beat1} \tag{7.15}$$

$$\omega_{beat2} = \frac{4\pi f_2 v}{c} = 2\pi f_{beat2} \tag{7.16}$$

目標との相対速度 v は次式 (7.17) と式 (7.18) を解いて求めることができる。

$$v = \frac{f_{beat1} \cdot c}{2f_1} \tag{7.17}$$

$$v = \frac{f_{beat2} \cdot c}{2f_2} \tag{7.18}$$

また，式 (7.13) におけるビート信号 ω_{beat1} の位相 θ_1 は，送信信号に対する反射信号の位相差（遅れ）であり，式 (7.14) におけるビート信号 ω_{beat2} の位相 θ_2 も同様である。この二つのビート信号の位相差 $(\theta_1 - \theta_2)$ から目標までの距離 R を求めることができる。

$$R = \frac{\Delta\theta \cdot c}{4\pi(f_2 - f_1)} \tag{7.19}$$

ここで，

$$\Delta\theta = \theta_1 - \theta_2 \tag{7.20}$$

式 (7.19) から距離アンビギュイティを回避するためには $\Delta\theta < 2\pi$ を満たす必

要がある。一方，目標との相対速度がゼロのときはビート信号の出力は直流成分だけになるので距離測定ができなくなる。また，複数の目標の相対速度が同じ場合には目標の分離ができない[5)]。

7.2.3 相対速度ゼロおよび相対速度同一の複数ターゲット検知対策

前述したように，2 周波 CW 方式においてはレーダと目標の相対速度がゼロの場合，ビート信号は直流成分だけになるため距離の検出ができない。また，FM-CW 方式では複数目標のカップリング問題がある。この解決策として両方式を組み合わせた方式が提案されている[6)~8)]。

また，2 周波 CW 方式を発展させ多周波を階段状に変化させつつ，各周波数を所定の周期と幅でパルス化し送信波とすることで，より精度よく相対速度ゼロと相対速度同一の複数目標を検知する多周波ステップ ICW (Interrupted CW) 方式や，狭帯域なステップド FM パルス列を送信し，受信部で逆フーリエ変換により超短パルスに合成するステップド FM 方式も提案されている[9),10)]。

7.3 クラッタの統計的性質

近距離周辺監視用としてすでに開発され一部運用されている 24 GHz 帯や 26 GHz 帯の車載レーダや，次世代車載レーダとして期待されている 79 GHz 帯車載レーダではアンテナビームの広角化により受信信号に路面や人工建造物などからのクラッタを含んでおり，目標物検知において大きな障害となることが予想される[11)]。本節では，一例として 24 GHz 帯車載レーダにおけるクラッタの統計的性質について説明する。3 章でも解説したが，ここではクラッタの分布モデルとして有力とされている log-normal，Weibull，そして log-Weibull 分布について赤池情報量基準（AIC）を用いて定量的な分布推定を行う[12)]。

7.3.1 レンジプロファイル

図 7.5 に示すような，市街地走行を想定し両サイドに人工建造物がある環境

（a）　強いクラッタ環境　　　　（b）　弱いクラッタ環境

図 7.5　クラッタ環境

（強いクラッタ環境）と郊外走行を想定し建造物がない環境（弱いクラッタ環境）におけるレンジプロファイルを計測した。図 7.6 に強いクラッタ環境で計測したレンジプロファイルの一例を示す。なお，送受信アンテナ前方 15 m 付近に目標物としてセダン車を設置している。図より，広帯域化に伴いターゲットと

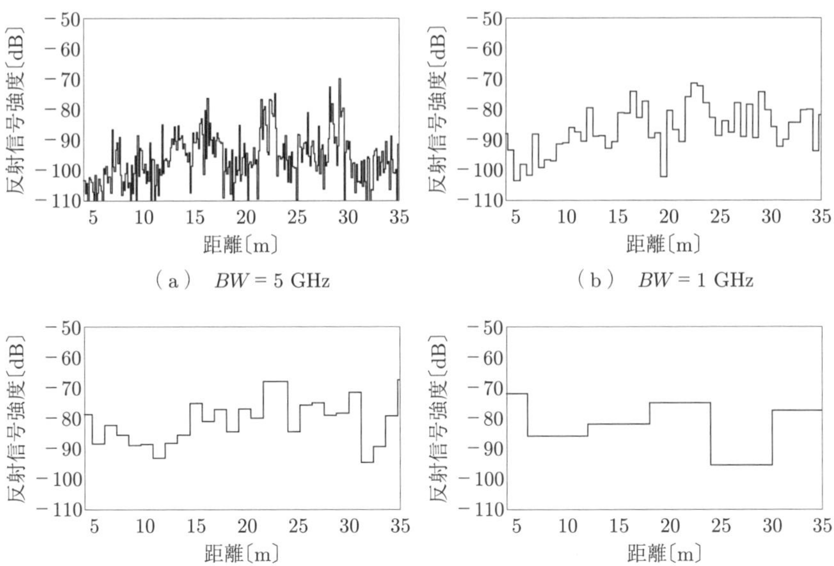

（a）　$BW=5$ GHz　　　　（b）　$BW=1$ GHz

（c）　$BW=500$ MHz　　　　（d）　$BW=100$ MHz

図 7.6　各帯域幅におけるレンジプロファイル例（強いクラッタ環境）

クラッタの分離が可能であることが確認できる。帯域幅 $BW = 5\,\mathrm{GHz}$，$1\,\mathrm{GHz}$ では 20 m，30 m 付近にスパイク状クラッタも視認できることから，UWB レーダでは目標物とクラッタの分離が可能であるものの，目標物と同等もしくはそれより大きなスパイク状クラッタが発生することがわかる。

7.3.2　クラッタの統計的性質

計測したクラッタの信号強度分布に対数正規(log-normal)，ワイブル(Weibull)，対数ワイブル（log-Weibull）分布[13),14)]を回帰させた例を図 7.7 に示す（強いクラッタ環境）。$BW = 5\,\mathrm{GHz}$ では log-normal 分布に従うことがわかる。これは $BW = 1\,\mathrm{GHz}$ 以上で log-normal に近い分布であることが確認できる。

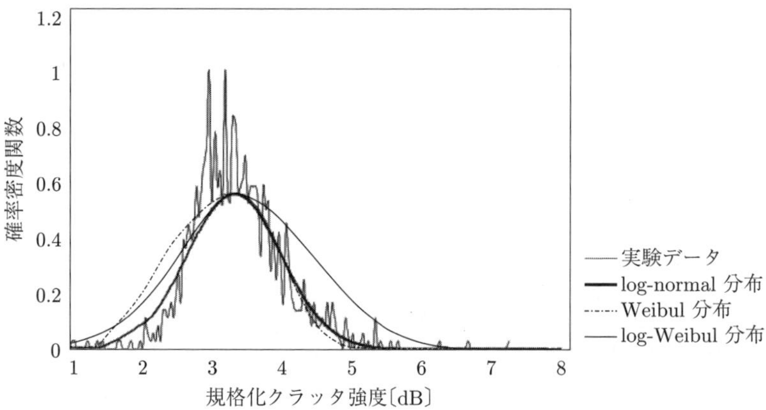

図 **7.7**　クラッタの分布推定（$BW = 5\,\mathrm{GHz}$）

7.3.3　赤池情報量基準（AIC）による分布検定

表 7.2 に強いクラッタ環境と弱いクラッタ環境で計測したクラッタについて，log-normal，Weibull，log-Weibull 分布の MAIC（modified AIC）を示す。AIC の値にアンダーラインを引いたものは log-normal と Weibull 分布のみを比べた場合の MAIC であり，左肩にアスタリスクを付けたものは，log-Weibull 分布を加えた三つの分布についての MAIC である。その結果，log-normal と

表 7.2 AIC による分布推定

（a）強いクラッタ環境

BW	log-normal	Weibull	log-Weibull
5 GHz	*<u>7 003</u>	7 014	7 013
1 GHz	*<u>7 321</u>	7 329	7 326
500 MHz	*<u>7 280</u>	7 360	7 291
100 MHz	<u>6 843</u>	6 864	*6 779

（b）弱いクラッタ環境

BW	log-normal	Weibull	log-Weibull
5 GHz	*<u>6 579</u>	6 742	6 605
1 GHz	*<u>6 657</u>	6 714	6 660
500 MHz	*<u>6 833</u>	6 842	6 834
100 MHz	<u>6 744</u>	6 746	*6 721

Weibull 分布を比較すると強いクラッタ環境と弱いクラッタ環境共に帯域幅に関係なく log-normal 分布に従うことがわかる。つぎに，log-Weibull 分布を含めて比較すると BW = 500 MHz 以上で有意な差をもって log-normal 分布，BW = 100 MHz 以下では log-Weibull 分布に従う。

7.4 クラッタ抑圧

UWB レーダはアンテナの広角性からガードレールや建物などからのさまざまなクラッタを受信し，その中で目標または危険車両を正確に検出しなければならない。本節では，パラメトリック CFAR とパルス積分を用いたクラッタ抑圧法について説明する。さらに，検知特性を改善するため，複数車両とクラッタのレンジビンごとの信号強度変動の生起確率に着目した UWB 特有のクラッタ抑圧法を説明する。

7.4.1 レンジプロファイル

図 7.8 のように強いクラッタ環境におけるレンジプロファイルを図 7.9 に示す。中心周波数は 24 GHz，帯域幅 BW は 5 GHz，1 GHz である。送受信アンテナの前方 20 m 付近にセダン車（Target #1），15 m 付近に SUV（sports

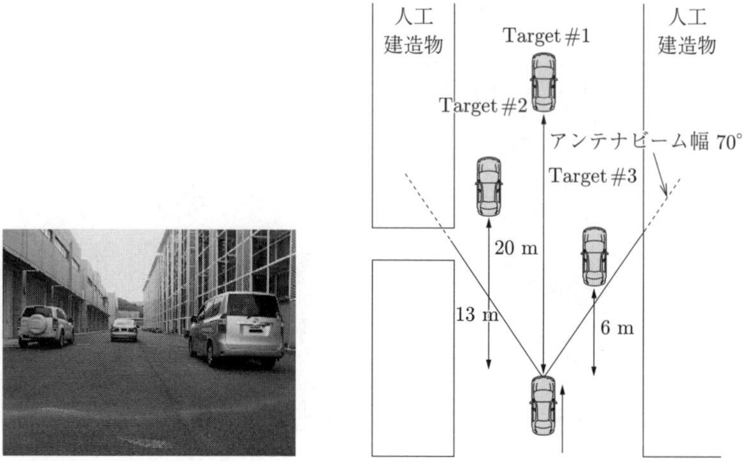

（a）　強いクラッタ環境　　　　（b）　計測シナリオ

図 7.8　複数目標シナリオ

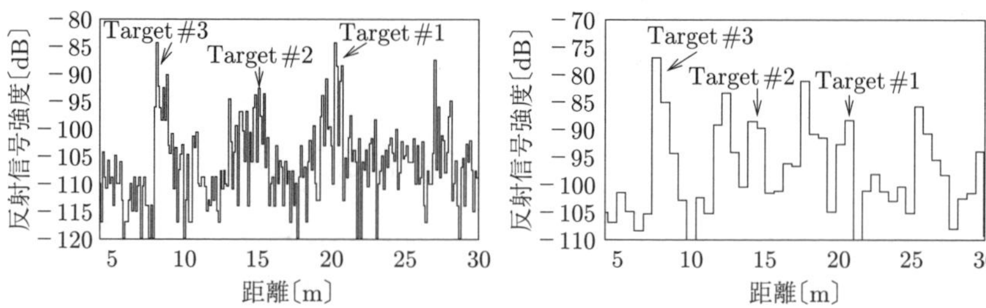

（a）　$BW = 5$ GHz　　　　（b）　$BW = 1$ GHz

図 7.9　レンジプロファイルの例

utility vehicle）車（Target #2），6 m 付近にワンボックス車（Target #3）を目標車両として設置している。図より $BW = 5\,\mathrm{GHz}$，$1\,\mathrm{GHz}$ ともに 7 m 付近に強い信号を視認できるが，これはワンボックス車からの反射信号である。信号の多くは車体後部のナンバープレートやバンパー，リアパネル，ホイールからであるため[15),16)]，各信号の経路長差が距離分解能に応じてレンジ方向への広がりとして表れている。また，15 m，20 m 付近にも SUV 車とセダン車と思われる比較的強い信号があるが，スパイク状のクラッタも確認できる。これは両サイドの人工建造物や路面からの反射である。図 7.10 は計測した 16 個のレ

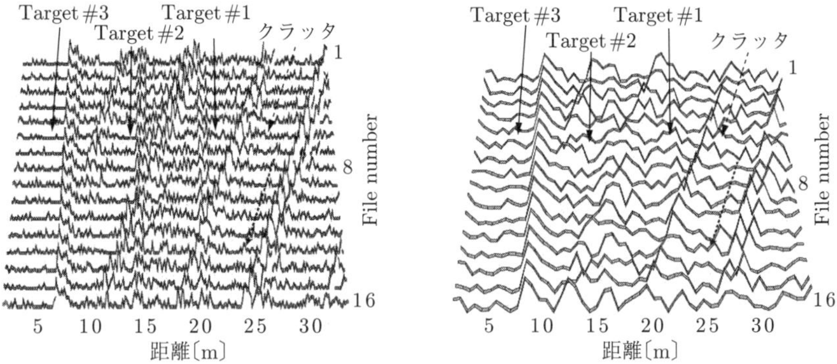

（a） $BW = 5$ GHz　　（b） $BW = 1$ GHz

図 **7.10**　レンジプロファイルを時系列に配列したレーダ画像

ンジプロファイルを時系列に配置したレーダ画像である。7 m，15 m，20 m 地点にそれぞれの目標車両が存在するが路上クラッタに埋れ検知することは困難である。そこで路上クラッタの統計的性質を用いたパラメトリック CFAR とパルス積分を用いて路上クラッタを抑圧し検知特性を改善する。

7.4.2 パルス積分による信号電力対クラッタ電力比（SCR）

図 7.11 にパルス積分による SCR（signal to clutter ratio）を示す。ここで SCR は試行回数 100 回の集合平均である。図より，パルス積分回数を n とする

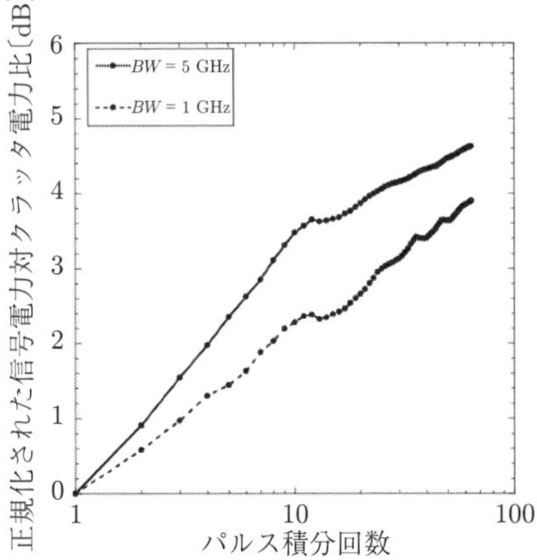

図 **7.11**　パルス積分による信号電力対最大クラッタ電力比

と，例えば $n=8$ のとき，SCR は $BW=5$ GHz，1 GHz でそれぞれ 3.1 dB，2.0 dB，$n=64$ のとき，4.6 dB，4.0 dB であり，n に比例して SCR が増加することが確認できる。ここで，$n=8$，64 のときのレンジプレファイルを図 7.12 に示す。まず，$n=8$ では $BW=5$ GHz，1 GHz ともに，図 7.9 に示す積分処理前のレンジプロファイルと比べると各目標車両を視認できるが，いくつかの路上クラッタが残留している。一方，$n=64$ では残留していた路上クラッタも抑圧されおり目標車両は視認できる。しかしながら，より少ない積分回数（より短い積分時間）で路上クラッタを抑圧し検知特性を改善することは重要な課題である。

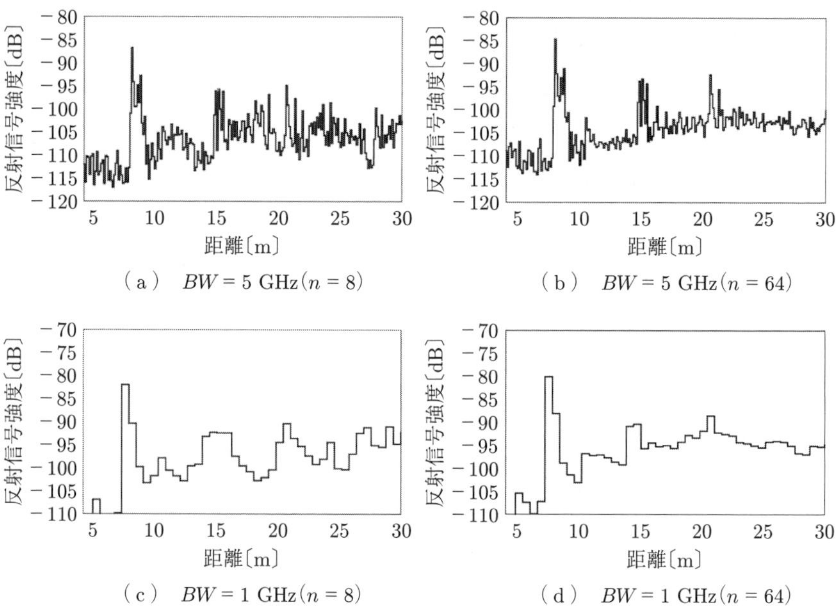

（a）$BW=5$ GHz（$n=8$）　（b）$BW=5$ GHz（$n=64$）

（c）$BW=1$ GHz（$n=8$）　（d）$BW=1$ GHz（$n=64$）

図 7.12　積分処理後のレンジプロファイルの例（$n=8,64$）

7.4.3 パラメトリック CFAR とパルス積分によるクラッタ抑圧

図 7.13 に，$BW=5$ GHz におけるパラメトリック CFAR とパルス積分（$n=8$）後のレンジプロファイルを示す。ここでは，Log-normal に従う路上

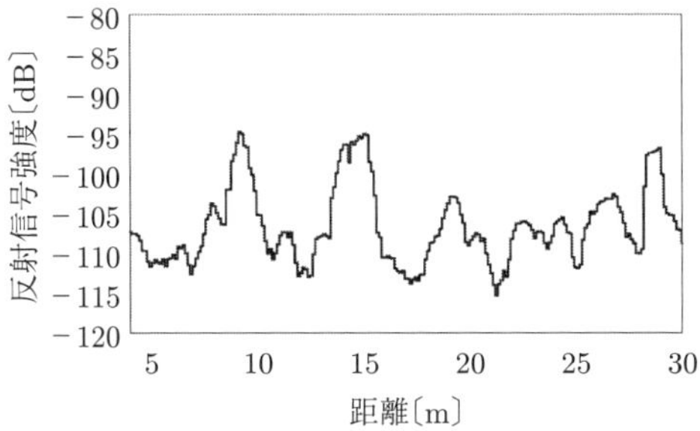

図 7.13 パラメトリック CFAR とパルス積分後のレンジプロファイル例（$n=8$）

クラッタを LOG/CFAR 処理する[17]。図 7.12 と比べると路上クラッタの数が減り各目標物を視認できるようになったが，全体的に距離分解能が劣化している。これは LOG/CFAR の基本処理が対数増幅されたクラッタとフィルタにより平滑化されたクラッタの減算処理であり，レンジ方向で移動平均処理するため距離分解能が劣化するためである。

7.4.4 荷重パルス積分法[18]

（1） 基 本 原 理　図 7.14（a）に Target #2 とその近傍の路上クラッタ

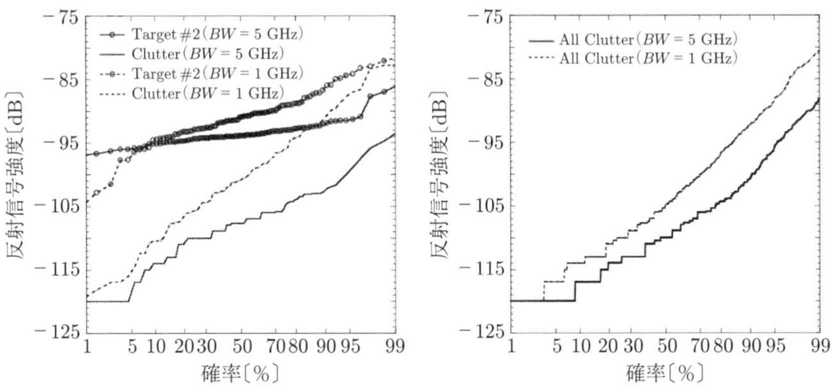

（a） Target #2 とその近傍の路上クラッタ　（b） すべての路上クラッタ

図 7.14 信号強度の確率分布例

の信号強度の確率分布，図 7.14（b）にすべてのレンジビンにおける路上クラッタの信号強度分布を示す。図より $BW = 5\,\mathrm{GHz}$，$1\,\mathrm{GHz}$ ともに目標車両に比べ路上クラッタの信号強度変動は大きい。これは，目標物の分散値より路上クラッタの分散値が大きいことを示す。ここで目標車両の信号強度の最小値をしきい値 Th とすると $BW = 5\,\mathrm{GHz}$ では $Th = -97\,\mathrm{dB}$ のとき，クラッタの生起確率（誤警報確率に相当）は約 10%，$BW = 1\,\mathrm{GHz}$ では $Th = -105\,\mathrm{dB}$ のとき，クラッタの生起確率は約 60%となる。また図 7.14 の結果から，任意のレンジビンにおける路上クラッタの信号強度分布とすべての路上クラッタの信号強度分布はほぼ一致する。したがって，しきい値を固定した場合，路上クラッタは各レンジビンでほぼ同様の生起確率を持つ。荷重パルス積分法はしきい値を超える目標車両と路上クラッタの生起確率をパルス積分に乗じる手法である。

（2） 生 起 確 率　各レンジビンにおいてしきい値 Th を超える目標車両と路上クラッタ生起確率 w は次式で表される。

$$w(j) = \frac{1}{M}\sum_{m=1}^{M} a_m(j) \tag{7.21}$$

ただし

$$a_m(j) = \begin{cases} 1 & (x_m(j) > Th) \\ 0 & (x_m(j) < Th) \end{cases} \tag{7.22}$$

ここで，j はレンジビン数，m はレンジプロファイル数である。$a_m(j)$ は信号電力が Th 以上となれば 1，Th 以下であれば 0 を与える。

図 7.15 に $n = 8$，$Th = -107\,\mathrm{dB}$，$-100\,\mathrm{dB}$（$BW = 5\,\mathrm{GHz}$，$1\,\mathrm{GHz}$ における目標車両と路上クラッタを含めた信号全体の平均値電力）のときの各レンジビンにおける重み係数を示す。図より各目標車両の重み係数は $w = 1$ となり，路上クラッタは $w = 0.7$ 以下であることが視認できる。したがって，荷重パルス積分を用いることで，従来のパルス積分より少ない積分数でクラッタ抑圧が期待できる。なお，路上クラッタの生起確率が一定でないのは生起確率を算出するための母数 n が小さいためである。

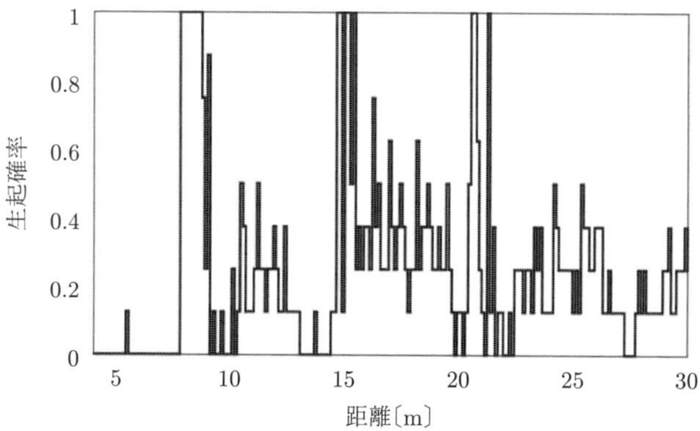

（a） $BW = 5$ GHz（$Th = 107$ dB）

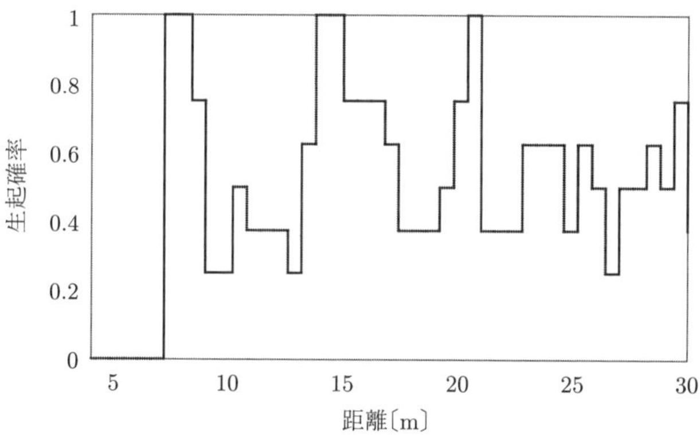

（b） $BW = 1$ GHz（$Th = 100$ dB）

図 7.15　各レンジビンにおける重み係数の例（$n = 8$）

（3） パルス積分と荷重パルス積分の比較　レンジプロファイルは荷重パルス積分によるレンジプロファイル $\overline{y_m(j)}$ で表される。

$$\overline{y_m(j)} = \frac{w(j)}{L} \sum_{m=1}^{L} x_m(j) \tag{7.23}$$

ここで，式 (7.23) を導出するには式 (7.21) を $M = L$ として計算すればよい。図 7.16 に荷重パルス積分後のレンジプロファイルを示す。従来のパルス積分後のレンジプロファイルと比べると明らかに路上クラッタは抑圧され，各目標車

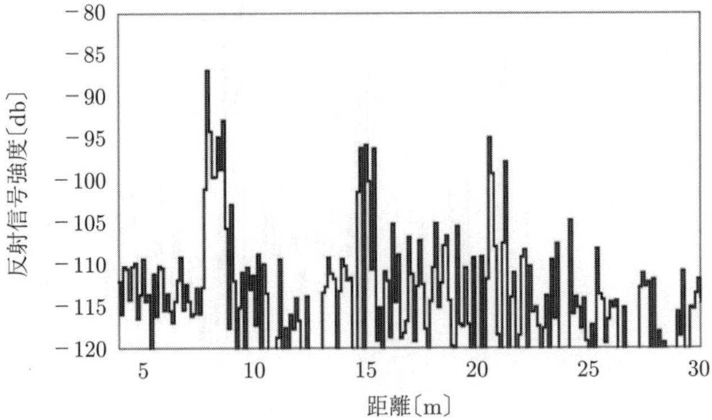

（a）　$BW = 5$ GHz

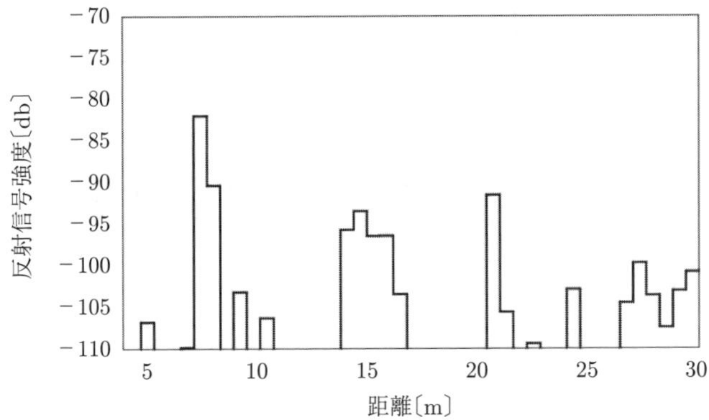

（b）　$BW = 1$ GHz

図 7.16　荷重パルス積分後のレンジプロファイルの例（$n = 8$）

両が顕著に現われている。したがって，UWB 車載レーダにおいてスパイク状の非常に強いクラッタが存在する環境では荷重パルス積分が有効である。

7.5　目標物検知・識別

前節では，パルス積分時間の増大問題の解決策を提示し，UWB レーダで効果的なクラッタ抑圧法の一例について説明した。本節では，目標物の検知・識別問題に着目し，その解決策について説明する。

7.5.1 ハフ変換による複数移動目標物検知

前節では荷重パルス積分法を紹介したが，ここではより簡便な手法で目標車両とクラッタを一括して検知するハフ変換による複数移動目標検知法[19),20)]について紹介する。本手法は，図 7.17 に示すレンジプロファイル数を一定時間観測し時系列上で構成したレーダ画像からハフ変換を用いて相対速度の異なる複数移動目標を一括で検出する三次元空間処理であるが，メモリ量，計算量の増大を招くことなく効率的に目標物検知が可能となる。

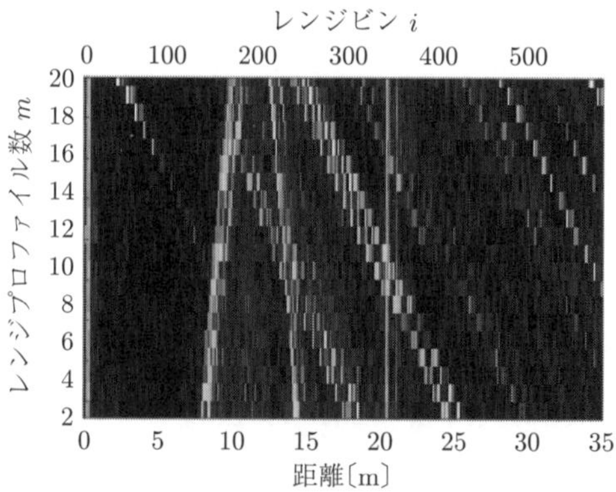

図 7.17 レーダ画像

（1） ハフ変換による初期捕捉と目標情報推定誤差 まず，初期捕捉のためレンジプロファイルを一定時間観測し，図 7.17 に示すレーダ画像を構成してハフ変換を行った。その結果の一例を図 7.18 に示す。一例として集積数の多い直線から上位 5 本を選択し各直線の傾きから速度を算出している。なお，計測は安全面を考慮して想定速度の 1/10 で実施している。その結果，Line #1～#5 でそれぞれ 10.8 km/h，7.75 km/h，8.95 km/h，−0.05 km/h，−0.05 km/h であった。ここで計測車両は 9.0 km/h で走行しているので，Line #4，#5 はクラッタ，それ以外は走行車両と判定できる。

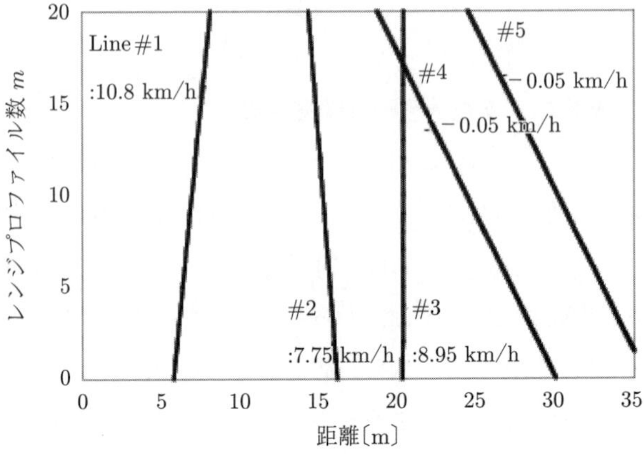

図 **7.18**　クラッタと各目標の軌跡直線

（**2**）**目標情報推定精度と検知確率の改善**　目標情報から target #1～#3 をレンジゲート処理する。例えば，target #1～#3 は 7.0 km/h 以上で走行しているため車両と判定しゲート長を 5 m とする。図 7.19 にレンジゲート処理後のレンジプロファイルを示す。図より，Range-Gate #1～#3 の 6 m，16 m，20 m 付近にある信号は，目標情報から関連付けされた target #1～#3 と判定できる。一方，Range-Gate #3 の 23 m 付近にある大きな信号はクラッタである。ここで，ゲート内に残留もしくは新規クラッタが存在すると誤警報確率が

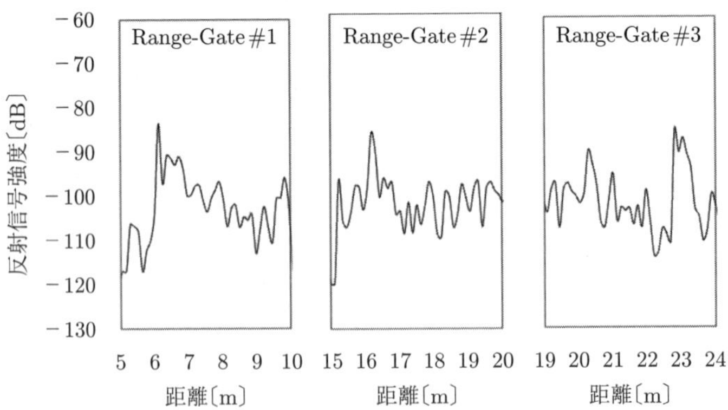

図 **7.19**　レンジゲート処理後のレンジプロファイル例

悪化してしまう。また，正確な追尾を行うためには目標情報推定精度も改善しなければならない。そこでレンジゲート処理した荷重パルス積分により残留・新規クラッタを抑圧しながら高精度な複数移動目標追尾を行う。

まず図 7.20 に，式 (7.23) における $L = 8$ のときのレンジゲート荷重パルス積分結果の一例を示す。なお，しきい値は $L = 8$ で誤警報確率 $p_{fa} = 10^{-3}$ を満足する $Th = -93.6\,\mathrm{dB}$ に設定し，しきい値を基準に正規化した。その結果，図 7.19 と比べてクラッタが十分に抑圧され各目標を正確に検出できており，target #1 と #2 は相対速度を持つため距離が変化していることも確認できる。また，いくつかのピークも視認できるが，これは車体後部のナンバープレートやバンパー，リアパネル，ホイールからの反射波信号であり，その経路長差が距離分解能に応じてレンジ方向への広がりとして表れているためである。

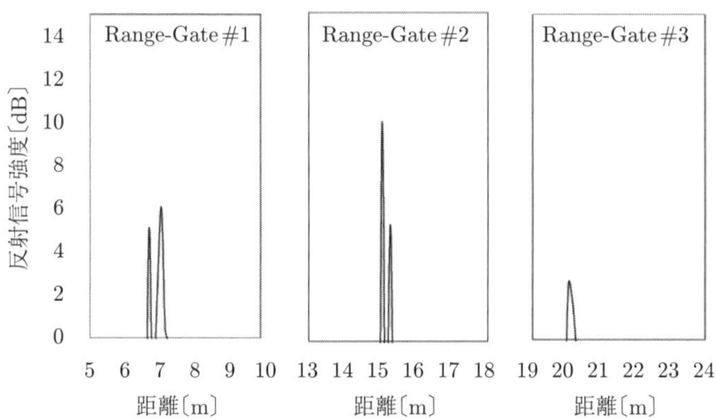

図 **7.20**　荷重パルス積分後のレンジプロファイル例

7.6　今後の課題

車載用ミリ波レーダの普及に必要不可欠となるのがミリ波デバイス・回路の低価格化である。近年，CMOS (complementary metal oxide semiconductor) プロセスで実装可能なミリ波デバイスの開発事例も報告されているが[21),22)]，今後 79 GHz 帯 UWB レーダの開発がさらに加速するものと思われる。しかしながら，UWB レーダではその広帯域性により最大検知性能の延伸が難しく，百数十 m 前方の監視は引き続き 76 GHz 帯レーダが使用され，50 m 以内の近距離周辺監視に 79 GHz 帯 UWB レーダが使用される可能性が高い。

車載用ミリ波レーダの今後の主要課題としては，①レーダの近距離性能向上，②多様な環境での検知能力の向上，③他センサとの協調センシングが考えられる。

7.6.1　レーダの近距離性能の向上[23)]

前述したように，車載レーダは，遠距離用レーダと近距離レーダが別個のセンサとして開発され運用されている。車載用ミリ波レーダが遠近共用・広角・高分解能性を備えることができれば，車載レーダシステム全体の低価格化が実現できる。これを実現するには大きく二つの課題克服が必要となる。

① 限られた電力とアンテナ径での遠距離性と広角化

デ－タレート 20 Hz 以上を維持した上で，距離 200 m の遠距離性と角度 $\pm 40^\circ$ の広角化（近距離），かつ高度分解能化の実現[24)]。

② 限られた周波数帯域幅での遠距離性と高距離分解能

距離 200 m の遠距離性と 50 cm 程度の高い分解能の両立。多 bit 数で数百 MHz の高速 A/D は極めて高価であり高い普及率が必要となる車載用ミリ波レーダには適さない。したがって，少ない周波数占有域で協距離分解能を実現できるレーダ方式の研究・開発が望まれる[25),26)]。

7.6.2　多様な環境での検知能力向上[23)]

前述したように，レーダの受信波には，ほかの車載レーダのからの干渉波，マルチパス，クラッタなどの不要反射波が多く含まれ，それらが所望信号波の検知性能を著しく劣化される。車載用ミリ波レーダが普及し，市街地での利用や多数のレーダが同時に運用される状況が増えると，これらの問題が一気に顕在化すると考えられる。したがって，さらなる不要波への対策が求められる[27)～30)]。

7.6.3 他センタとの協調センシング

今後，車載用レーダは安全運転支援から自動運転のためのセンサとして発展することが予想され，走行環境を認識するためのセンシング技術にはより高い性能が求められる。そこで，単独のセンシングを補間するセンサフュージョン技術に注目が集まっており，レーダと画像によるセンサフュージョンの事例も報告されている[31)]。

7.7 将来の車載レーダ

本章では，車載用ミリ波レーダの検知距離，変調方式の基本原理について解説し，今後開発が加速するであろう 79 GHz 帯・24 GHz 帯 UWB レーダに焦点を当て，クラッタの統計的性質，信号処理の一例（クラッタ抑圧，複数目標検知・識別）について，実用化に際して内包する各種課題に対する解決策への一つの道筋を示した。現在，車載用ミリ波レーダはいまだ広く普及するに至っていない。今後，社会への浸透を図るためには，ミリ波デバイス，回路の低価格化，超高距離分解能化・干渉対策のためのレーダ方式，他センサとのフュージョンシステムの開発など多くの課題が残る。しかしながら，車載用ミリ波レーダの持つ可能性は計り知れないものがあり，必ず，運転支援ひいては自動運転のためのセンサとして発展していくこととなる。

8 合成開口レーダ

合成開口レーダ（synthetic aperture radar，SAR）は，小さなアンテナを航空機や衛星，あるいは地上設置のプラットフォームに搭載し，プラットフォームの移動と信号処理技術を使って仮想の大きなアンテナ開口を合成し，高分解能のレーダ画像を生成する映像レーダである。本章では，パルス圧縮技術によるレンジ方向の高分解能化とアジマス方向の高分解能化を達成する合成開口技術，画像強度（明暗）を左右する基本的な画像変調に関して解説する。つぎに，複数のアンテナあるいは軌道から地表面の時空間的高度変化などを計測する干渉 SAR，さらにマイクロ波の偏波情報を利用する偏波 SAR の原理と応用について解説する。

8.1 パルス圧縮技術[1)]

8.1.1 レンジ方向の分解能：パルス圧縮技術

サイドルッキング機上レーダ（SLAR）によるレンジ方向の画像生成過程は 1.4.5 項で図 1.15 と図 1.16 を使って解説した。ここで追記しておくと，合成開口レーダでも 2.2 節で述べた二次や多次エコーによるゴースト画像が発生する場合がある。SAR 画像ではこのようなゴースト画像はレンジアンビギュイティと呼ばれ，アジマス方向でのゴースト画像はアジマスアンビギュイティと呼ばれる。アンビギュティは，PRF の調整とビームパターンのサイドローブを抑制することである程度軽減することができる。

現在でも，非変調矩形パルスを使った SLAR は使われているが，ほとんどの航空機と衛星搭載 SAR ではパルス圧縮技術を使ってレンジ方向の高分解能化を達成している。

パルス圧縮技術によるレンジ方向の高分解能化では，4.1.3 項で解説したチャープ（FM）パルスを利用する。チャープパルスはスラントレンジ方向の時刻 τ の関数として

$$E_t(\tau) = \cos(2\pi f_c\tau + \alpha\tau^2) \quad \left(-\frac{\tau_0}{2} \leqq \tau \leqq \frac{\tau_0}{2}\right) \tag{8.1}$$

で表示される。ここで，振幅は定数 1 の値となるように規格化してあり，f_c と α はそれぞれ中心周波数とチャープ定数と呼ばれ，τ_0 はパルス持続時間である。$(0 \leqq \tau \leqq \tau_0)$ 間でのチャープ信号を図解すると，図 4.2 のように時間とともに周波数が変化する信号となる。スラントレンジ距離 R_0 にある点状の散乱体からの受信信号は，レーダ方程式に従って振幅が低下するが，波形は送信信号と同じで，送信時刻から $2R_0/c$ だけ遅れた時刻に受信される。受信信号の振幅を E_0 とすると受信信号は

$$E_s(\tau) = E_0 \cos\left(2\pi f_c\left(\tau - 2\frac{R_0}{c}\right) + \alpha\left(\tau - 2\frac{R_0}{c}\right)^2\right) \tag{8.2}$$

と書くことができる。ここで，$|\tau - 2R_0/c| \leqq \tau_0/2$ である。この受信信号は画像となる以前の信号データであることから生データと呼ばれる。

実際の受信信号は式 (8.2) のように実数であるが，パルス圧縮処理では（合成開口技術でも）複素信号化された信号

$$E_s(\tau) = E_0 \exp\left(-i2kR_0 + i\alpha\left(\tau - 2\frac{R_0}{c}\right)^2\right) \tag{8.3}$$

で処理する（複素信号化に関しては 4.1.1 項参照）。ここで，$k = 2\pi/\lambda$ は波数，λ は波長である。高分解能画像は，この受信信号と参照信号とのたたみ込み（コンボリューション）積分を使った相関処理から生成される。参照信号は送信信号の複素共役で

$$E_r(\tau) = \exp\left(-i\alpha\tau^2\right) \quad \left(-\frac{\tau_0}{2} \leqq \tau \leqq \frac{\tau_0}{2}\right) \tag{8.4}$$

で与えられ，たたみ込み積分は

$$E_R(\tau') = \int_{-\infty}^{\infty} E_s(\tau' + \tau)E_r(\tau)\,d\tau \tag{8.5}$$

と定義される。ここで，$E_R(\tau')$ が点散乱体の画像で τ' はスラントレンジ画像面での時間変数である。4.2 節でも説明したが，たたみ込み積分とは，図 8.1（a）に図解したように，二つの関数の一方の位置（ここでは E_s の τ'）を変化させながら乗算した関数に含まれる面積を算出する処理である。式 (8.5) は簡単に積分できて以下の結果が得られる。

$$E_R(\tau') = E_0 \exp(-i2kR_0)\,\mathrm{sinc}\left(\pi B_R\left(\tau' - 2\frac{R_0}{c}\right)\right) \tag{8.6}$$

ここで，$\mathrm{sinc}(z) = \sin(z)/z$，$B_R = |\alpha|\tau_0/\pi$ はチャープバンド幅と呼ばれる定数で，不必要な項は E_0 に含めた。

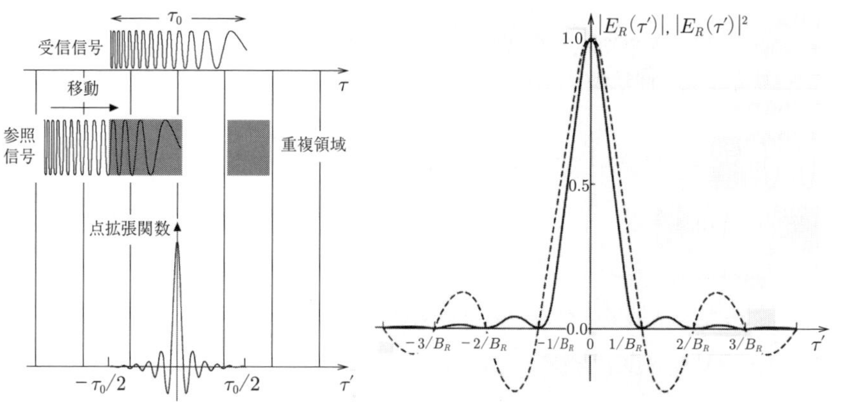

（a）たたみ込み積分による
パルス圧縮処理

（b）レンジ方向の振幅（破線）と
強度（実線）点拡張関数

図 8.1　たたみ込み積分によるパルス圧縮処理
レンジ方向の振幅・強度点拡張関数

式 (8.6) は，アンテナと点散乱体の往復時間 $\tau' = 2R_0/c$ のスラントレンジの位置にある出力信号で，点拡張関数（point spread function，PSF）あるいはインパルスレスポンス（impulse response）と呼ばれ，画像生成システムの最も基本的な関数である。図 8.1（b）に $2R_0/c = 0$ とおいたときの強度点拡張関数を示す。

式 (8.6) と図 8.1 からわかるように，B_R が大きくなるにつれ，つまりパルス幅が長くなるにつれ PSF の幅が狭くなる。これがパルス圧縮技術と呼ばれるゆえんである。

8.1.2 点拡張関数と分解能の基準

点拡張関数の分解能は，レイリー基準（$\delta\tau$）と $-3\,\mathrm{dB}$ 基準（スパロー基準とも呼ばれる）が適用される。前者の定義では，隣接する強度 PSF がメインローブの中心と強度が最初に 0 となる位置の間だけ離れていれば 2 点は識別できるとする。$-3\,\mathrm{dB}$ 基準では規格化された隣接する強度 PSF がピーク値の半分，デシベル表示で約 $-3\,\mathrm{dB}$ の値で交差するときの距離を分解能時間とするもので，この時間は約 $0.88\,\delta\tau$ となる。一般的にはレイリー基準での分解能を $-3\,\mathrm{dB}$ の分解能と近似する場合が多い。

式 (8.6) から，レイリー基準による分解能時間は $\delta\tau = 1/B_R$ となり，スラントレンジ面では $\delta R = c\,\delta\tau/2 = c/(2B_R)$ となる。さらに，スラントレンジからグランドレンジ分解能幅 δY へ変換すると

$$\delta Y = \frac{c}{2B_R \sin\theta_i} = \frac{\pi c}{2|\alpha|\tau_0 \sin\theta_i} \tag{8.7}$$

が得られる。ALOS-PALSAR では，$B_R = 14, 28\,\mathrm{MHz}$ の二つのバンド幅が使われたが，入射角 $40°$，$B_R = 14\,\mathrm{MHz}$ では $\delta Y \simeq 17\,\mathrm{m}$ となり，$28\,\mathrm{MHz}$ では約 $8\,\mathrm{m}$ の分解能幅となる。2014 年に打ち上げられた PALSAR-2 では $B_R = 28, 42, 84\,\mathrm{MHz}$ の三つのバンド幅が使われており，バンド幅 $84\,\mathrm{MHz}$ では約 $3\,\mathrm{m}$（$\theta_i = 40°$）のグランドレンジ分解能幅となっている。矩形パルスを使って同じ分解能を得ようとすると，$\tau_0 = 0.013\,\mu\mathrm{s}$ という非常に短いパルスが必要になる。

パルス圧縮の際に利用される式 (8.5) のたたみ込み積分†は，時間領域で実行すると演算時間が長くなってしまう。実際の処理では，演算時間の非常に短い高速フーリエ変換（FFT）を使って周波数領域で実施される（4.2.1 項参照）。こ

† 4 章の式 (4.12) の正負の符号と違うが，出力座標軸が逆になるだけで内容に変化はない。

の方法では，信号処理の分野ではよく知られているコンボリューション定理を利用する。処理法の詳細は省くが，まず受信信号と参照信号をフーリエ変換し，周波数領域でそれぞれ受信信号スペクトルと参照スペクトルに変換する。つぎに両スペクトルを乗算し逆フーリエ変換をして時間領域に戻すとたたみ込み積分と同じ結果が得られる。この手法は，受信信号スペクトルに「マッチ（match）した」参照スペクトルでフィルタリングすることから，マッチトあるいは整合フィルタリングと呼ばれる。

8.2　合成開口レーダ[1)]

SLARのアジマス方向の分解能はアジマス方向のビーム照射幅に相当することはすでに述べた。アジマス方向のアンテナ長を D_A とすると，スラントレンジ距離 R_0 でのアジマスビームパターンは以下のフーリエ変換から求められる。

$$W_A(x) = \int_{-\frac{D_A}{2}}^{\frac{D_A}{2}} W_{AP}(x') \exp\left(-i\frac{kx}{R_0}x'\right) dx' \tag{8.8}$$

式(8.8)の W_{AP} はアンテナ出力の重みで，ここでは一様とする。結果として

$$W_A(x) = E_0 \operatorname{sinc}\left(\frac{kD_A}{2R_0}x\right) \tag{8.9}$$

が得られる。ビーム幅はビームパターンの強度がピーク値と比べて半分になる位置とすると，ビーム幅は $\lambda R_0/D_A$ となる。

波長 0.25 m の L バンド SLAR でアンテナ長 10 m とすると，$R_0 = 10\,\mathrm{km}$ で 250 m のアジマス分解能幅が得られる。このようなレーダシステムを衛星に搭載したとすると，$R_0 = 700$〜$800\,\mathrm{km}$ では，分解能幅であるビーム幅が 18〜20 km となってしまい実用的ではない。アジマス方向のアンテナを長くすれば分解能は向上するが，10 m の分解能幅を達成するには 18〜20 km のアンテナ長が必要となる。衛星にこのような長さのアンテナを搭載することはできないので，以下に説明する合成開口技術が利用される。

8.2.1 合成開口技術

SARの語源ともなっている合成開口技術は，短いアンテナを使ってアジマス方向に仮想の長いアンテナを合成し高分解能を達成する技術である。アンテナの合成には，図8.2（a）にあるように，プラットフォームの移動とともにアンテナからチャープパルスを放射し後方散乱された信号を受信するプロセスをくり返す。散乱面の座標中心にある点散乱体からの受信信号をパルス圧縮するとレンジ方向のPSF（受信信号）が生成される（図8.1（b））。SLARの場合と同じように，パルス圧縮されたPSFを送信パルスごとに並べ替えると図8.3のようになる。アジマス時刻 t のときのアンテナと点散乱体の距離を $r(t)$ とすると，この二次元信号は式(8.6)から

$$E_R(t,\tau') = E_0 \exp(-i2kr(t)) \operatorname{sinc}\left(\pi B_R \left(\tau' - 2\frac{r(t)}{c}\right)\right) \qquad (8.10)$$

となる。図8.3に式(8.10)のPSFの位置がアジマス時刻とともに変化する様子を示す。スラントレンジ距離 $r(t)$ は，アンテナのポインティング方向にも依存し，衛星搭載SARの場合にはレンジスキューと呼ばれる地球の自転にも依存する。この効果は総称してレンジマイグレーションと呼ばれる。つぎに，図8.3にあるPSFのピーク値をつないだ曲線 Q' を同じレンジ位置に直すレンジ

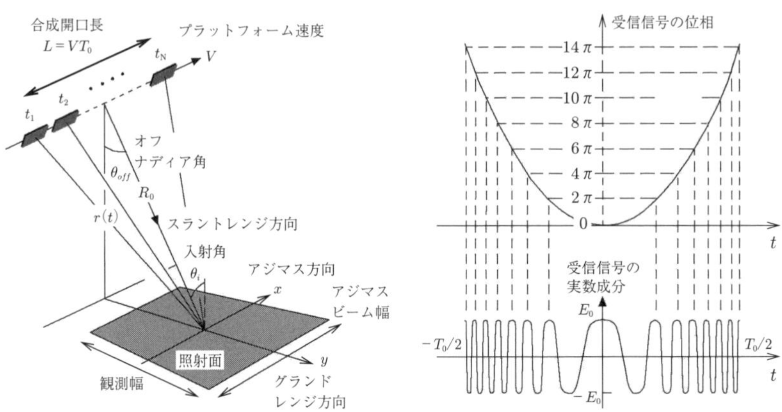

（a） SARのジオメトリ　　（b） 受信信号のドップラー位相

図 8.2 SARのジオメトリと信号位相

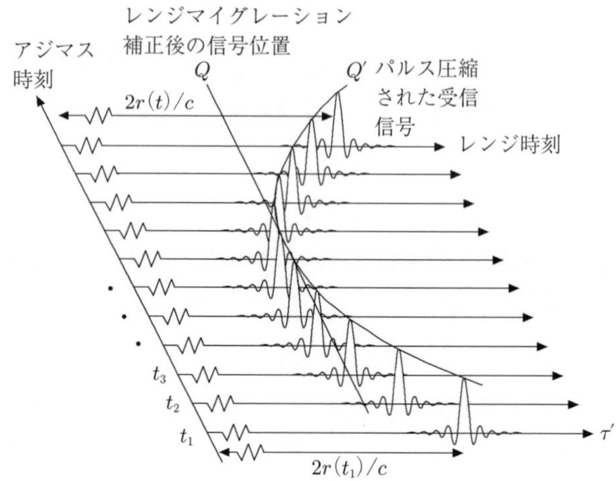

図 **8.3**　パルス圧縮後の二次元受信信号

マイグレーション補正と呼ばれる処理をする。そうすると，レンジ PSF は同一レンジ位置上の直線 Q に並び，アジマス時刻 t への依存性がなくなる。したがって，式 (8.10) で $\mathrm{sinc}((\pi B_R)(\tau' - 2R_0/c))$ とおくことができ，アジマス成分の信号は

$$E_R(t) = E_0 \exp\left(-i2kr(t)\right) \tag{8.11}$$

と書くことができる。

点散乱体からの信号を受信している時間は，点散乱体が照射されている時間 T_0 に相当するので，アジマス方向のビームの広がり角は約 1° 前後と小さい。したがって，アジマス時刻とともに変化するスラントレンジ距離は，$R_0 \gg VT_0$ から

$$r(t) = \sqrt{R_0^2 + (Vt)^2} \simeq R_0 + \frac{(Vt)^2}{2R_0} \tag{8.12}$$

と近似でき，式 (8.11) は

$$E_R(t) = E_0 \exp\left(-i2kR_0\right) \exp\left(-i\beta t^2\right) \tag{8.13}$$

となる。ここで，V はプラットフォームの対地速度で，$\beta = 2\pi V^2/(\lambda R_0)$ とおいた。式 (8.13) と式 (8.3) を比較すると，図 8.2（b）にあるように，式 (8.13)

はチャープ定数αを定数βで置き換えたチャープ信号であることがわかる。この信号は，プラットフォームの移動とともに周波数が変化することからドップラー信号，定数βはドップラー定数と呼ばれる。

ドップラー信号から高分解能画像を生成するにはレンジ方向のパルス圧縮技術と同じく，受信信号と参照関数のたたみ込み積分を使って相関処理をする。ところが，レンジ方向の送信信号に相当するアジマス方向の参照信号は存在しないので，軌道情報からドップラー定数を推定し，参照信号を作成しなければならない。散乱体がスラントレンジ距離R_0にあるとすると，参照信号は

$$E_r(t) = \exp\left(i\beta t^2\right) \quad \left(-\frac{T}{2} \leqq t \leqq \frac{T}{2}\right) \tag{8.14}$$

と推定される。ここで，Tは参照信号による合成開口時間で，距離$L = VT$は合成開口長と呼ばれる。ドップラー定数はスラントレンジ距離に依存するので，散乱面のレンジ位置によって異なるドップラー定数を推定し，各レンジごとの参照信号を作成する。相関処理によるアジマス方向の画像は

$$E_A(t') = \int_{\infty}^{\infty} E_R(t'+t)E_r(t)\,dt \tag{8.15}$$

となる。ここで，t'は画像面でのアジマス時刻である。このたたみ込み積分は，式 (8.5) と同じで以下のアジマス方向の PSF が導出できる。

$$E_A(t') = E_0 \operatorname{sinc}\left(\pi B_D t'\right) \tag{8.16}$$

ここで，$B_D = |\beta|T/\pi = 2V^2T/(\lambda R_0)$はドップラーバンド幅で，レイリー基準による分解能幅は$\delta t' = 1/B_D$となる。空間変数$X = Vt'$での分解能幅は

$$\delta X = \frac{V}{B_D} = \frac{\lambda R_0}{2L} \tag{8.17}$$

となる。合成開口長Lは参照信号の合成開口時間を調整することで設定できる。アジマスビーム幅を合成開口長とすると，式 (8.9) からビーム幅を$L = \lambda R_0/D_A$として式 (8.17) に代入すると，$\delta X = D_A/2$となり，分解能幅はアンテナ長の半分となる。

このように，SAR の原理は，受信信号をアレイ状に並べて合成した仮想の長

いアンテナからあたかも鋭く尖ったビームを照射しているような信号処理を行い，ビーム幅の非常に狭い仮想の照射域を生成し高分解能を達成する。SLARの場合は，アンテナを長くすることでビームを絞って分解能を高めるが，SARの場合は逆に，アンテナを短くすることでビーム幅が広がり合成開口長が長くなることから高分解能が得られる。アンテナ長を極端に短くして無限に広いビーム幅にすれば，理論的には無限の分解能が得られる。しかし，パルス反復周波数によってビーム幅が制限されているので，実際にはアジマス分解能とパルス反復周波数とのバランスを考慮したビーム幅が設定されている。

上述した時間領域での処理法は高精度での画像生成ができ，実際に運用されたが（英国 Royal Aircraft Establishment，現 QinetiQ），演算時間が長くなるという欠点がある。そこで，レンジ方向の処理と同様に周波数領域での画像生成を行う手法が現在のほとんどの SAR プロセッサで利用されている。周波数領域での画像再生では，レンジ圧縮された二次元信号のアジマス成分を高速フーリエ変換し，ドップラー周波数領域でのスペクトルを生成する。このドップラースペクトルにレンジマイグレーション補正をほどこし，参照信号をフーリエ変換して得られた参照スペクトルを乗算する。生成した画像スペクトルに逆フーリエ変換を適用し時間領域での二次元画像を生成する。この画像再生法はレンジ・ドップラー法と呼ばれる。図 8.4 に時間領域と周波数領域での二次元画像生成の流れを示す。

日本の JERS-1 SAR と ALOS-PALSAR のアジマス方向のアンテナ長はそれぞれ 12 m と 8.9 m で，ノミナル分解能幅は 6 m と 4.5 m となる。合成開口長は，ALOS-PALSAR の例で，$\lambda \simeq 24\,\mathrm{cm}$，$R_0 \simeq 700\,\mathrm{km}$ とすると仮想のアンテナ長は約 19 km となる。高度 700 km の衛星速度は秒速 7.5 km 前後なので合成開口時間は約 2.5 秒となる。カナダの C バンド RADARSAT-1 では，$\lambda \simeq 5.7\,\mathrm{cm}$，$R_0 \simeq 800\,\mathrm{km}$，$D_A \simeq 15\,\mathrm{m}$ とすると仮想アンテナ長は約 3.0 km となり，合成開口時間は 0.4 秒になる。また，参照信号の合成開口長は任意に設定できるので分解能も任意に設定できるが，ビーム幅より長い領域では信号のパワーが低下するので信号対雑音比が低下し実用的でない。したがって，後

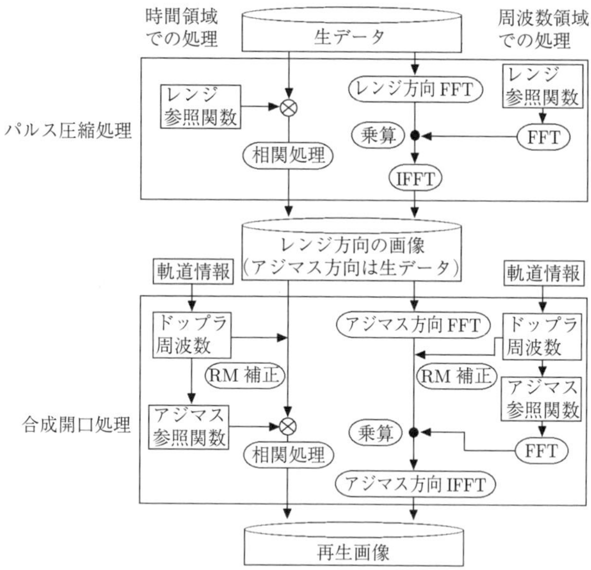

図 8.4 時間領域と周波数領域でのレンジ・ドップラー法による SAR 画像生成プロセス

述するマルチルック処理等で合成開口長を短くすることはあっても，最長の合成開口長はビーム幅に設定するのが一般的な処理法である。

式 (8.6) と式 (8.16) から，二次元 PSF は空間領域で

$$E_p(X,Y) = E_0 \operatorname{sinc}\left(\frac{\pi X}{\delta X}\right) \operatorname{sinc}\left(\frac{\pi Y}{\delta Y}\right) \tag{8.18}$$

となる。図 8.5 に電波反射鏡とその二次元強度 PSF を示す。

広がりのある地表面や海面等の画像生成プロセスに関しては，観測面には多くの散乱要素となる点散乱体があり，画像はこれらの点散乱体からの PSF の集合となる。後方散乱場を $a(x,y) = |a(x,y)| \exp(i\psi(x,y))$ とすると複素画像振幅は

$$A(X,Y) = \int\!\!\int_{-\infty}^{\infty} a(x,y)\, E_p(x-X, y-Y)\, dxdy \tag{8.19}$$

で与えられる。ここで，$\psi(x,y)$ は後方散乱場の位相角で，積分は対象となる観測面となる。式 (8.19) は，たたみ込み積分を利用していることから，コンボ

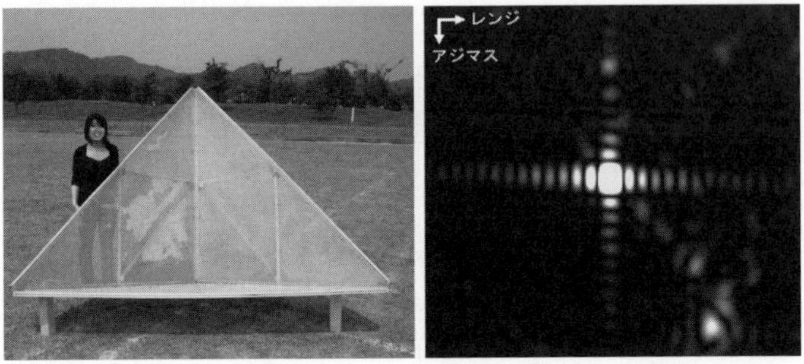

（a）　三面三角の電波反射鏡　　（b）　ALOS-PALSAR による強度点拡張関数

図 8.5　電波反射鏡とその二次元強度 PSF
(生データ提供：JAXA)

リューション（たたみ込み）モデルと呼ばれる。SAR 画像解析では，画像振幅 $|A|$ あるいは強度 $|A|^2$ から散乱面の識別や分類，物理的情報を抽出する[2),3)]。

図 8.6（a）は ALOS-PALSAR の富士山域の生データで，図（b）のパルス圧縮された画像では識別は困難だがレンジ方向に画像が生成されている。図（c）はアジマス方向に合成開口処理をした画像で，中央左に富士山，右下に相模湾が写っているが，再生画像は地図情報と空間的に一致せず，アジマス方向に伸びた画像となっている。この画像はシングルルック画像と呼ばれ，一般的にアジマス方向の方がレンジ方向よりも分解能が高いことに由来する。そこで，アジマス方向の相関処理で式 (8.14) の参照関数を複数に分割し，おのおのの（サブ）参照関数を使って同一領域の複数の画像を生成し，画像強度の加算平均をとるマルチ（サブ）ルック処理が適用される。図（d）の画像がマルチルック画像で地図とほぼ一致しているのがわかる。このようにマルチルック処理は，アジマスとレンジ方向の分解能をほぼ等しくすると同時に，相関していないサブルック画像の加算平均からノイズを軽減する効果を持っている。

8.2.2　移動体の画像

合成開口処理では，静止している散乱体を仮定して参照信号を作成しているので，合成開口時間に散乱体が動くとドップラー受信信号の位相が変化し PSF

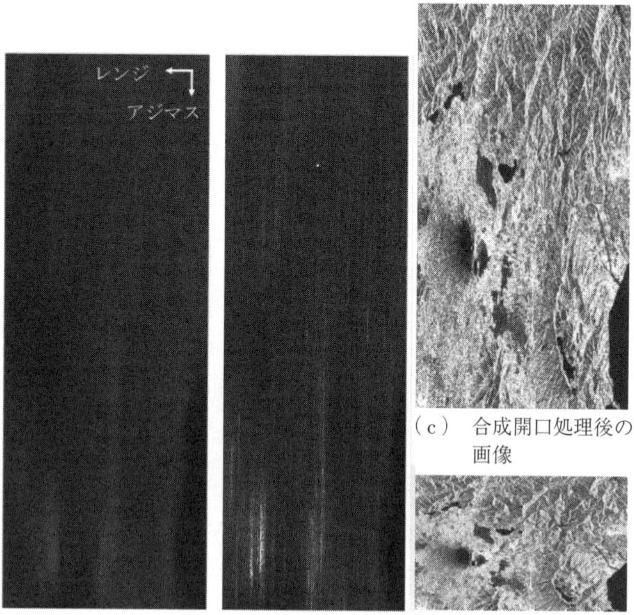

（c） 合成開口処理後の画像

（a） 富士山域の生データ　（b） パルス圧縮後の画像　（d） マルチルック画像

図 **8.6**　ALOS-PALSAR による富士山域のデータ
（生データ提供：JAXA）

も変化する。例えば，スラントレンジ方向に速度 v_R で移動している点散乱体では，式 (8.12) は

$$r(t) = \sqrt{(R_0 + v_R t)^2 + (Vt)^2} \simeq R_0 + v_R t + \frac{(Vt)^2}{2R_0} \tag{8.20}$$

と近似できる。ここで，$V \gg v_R$ とした。そうすると，PSF の時間領域での位置は $t' = -R_0 v_R/V^2$ となり，空間的にはアジマス方向に $-R_0 v_R/V$ だけずれた位置に画像が生成される。この現象は，アジマス画像シフトとして知られており，走行車の画像が道路からアジマス方向にずれて写っていたり，船舶画像が航跡と違った位置に生成される等の例がある。逆に，シフト位置から移動体のレンジ速度成分が推定できる。レンジ方向の加速度やアジマス方向の運動等は受信信号のドップラー定数が参照信号と異なるため焦点が合わず画像ぼけを

引き起こす。また，プラットフォームの動揺も同じ効果を引き起こすので，プラットフォームに搭載したセンサや画像から動揺補正をし焦点のあった画像を生成する必要がある。この技術はオートフォーカスとして知られている。衛星搭載SARの場合はプラットフォームの動揺は少ないが，航空機搭載SARの場合，オートフォーカス処理が必要になってくる。

8.2.3 画像変調

画像強度は，図8.7にあるように散乱体からの後方散乱プロセスによって大きく異なる。凪状態の水面や舗装道路などの鏡面状の散乱面に入射するマイクロ波のほとんどは反対方向に反射され，アンテナで受信されないため画像強度はシステムノイズのみの非常に暗い画像となる。水面のさざ波や土壌等のランダムな粗面では，入射波の一部は鏡面反射されるが，あらゆる方向に散乱される拡散成分があるため，ある程度の受信信号があり適度な強度を持ったやや明るい画像となる。画像強度は実効的な表面の粗さに依存し，粗さがマイクロ波の波長と比べて大きくなるに従い増加する。波長の長いPバンドやLバンドマイクロ波は森林等の観測対象の内部に侵入することができるため，枝や幹によって多重（体積）散乱され大きな強度値の明るい画像となる。Xバンドなどの短波長マイクロ波は，媒質への侵入距離が短いため樹冠や氷面による散乱に支配される。都市などでは路面と家やビルの壁面による2回反射が生じ，偏波と入射角にもよるが（2.1節参照）非常に大きな強度値の明るい画像となる。た

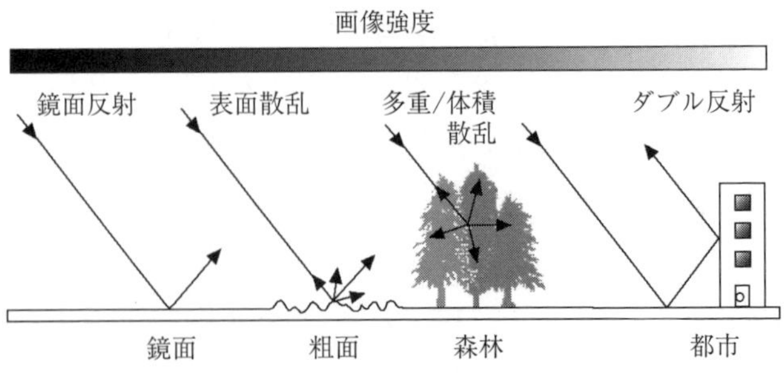

図 **8.7**　散乱体によって異なる後方散乱プロセス

だし，信号が受信されるのは壁面がレーダ方向を向いている場合に限られ，それ以外の場合は逆に暗い画像となる。

2.1 節で説明したが，マイクロ波の散乱強度は散乱体の電気的性質によっても異なり，金属や海水などの導電性の高い物質は大きな反射係数を持ち，逆に乾燥した土壌等の伝導性の低い物質の反射係数は小さい。

画像変調には，レイオーバー（layover）とフォアショートニング（foreshortening）と呼ばれる観測対象の幾何学的構造に由来するものがある。図 8.8 に，レンジ方向に並んでいる同じ高さの山によるジオメトリック画像変調のメカニズムを示す。ここで，散乱面からの後方散乱強度は一定とする。レンジ方向の画像位置はアンテナと散乱体の往復距離によって決まるので，往復距離の短い散乱体 B の画像位置が参照面にある散乱体 A の画像位置と逆転してしまう。そうすると散乱体 A と B にあるすべての散乱体の画像が狭い画像領域に入ってしまうので，非常に大きな画像強度を持った明るい画像となる。この効果はレイオーバーと呼ばれる。また，散乱体 E の往復距離は散乱体 D の往復距離と比べてレイオーバーするほどの違いはないが，画像 D に近い位置に画像が生成され，画像 D と E の間の領域は非常に強い画像強度となる。この効果はフォア

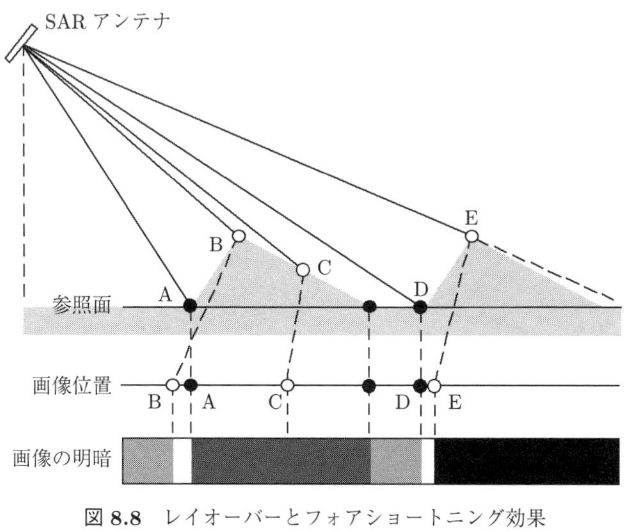

図 8.8　レイオーバーとフォアショートニング効果

ショートニングと呼ばれる。散乱体 E からファーレンジ方向の散乱面は陰影領域なので受信信号はなく画像強度はシステムノイズの値となる。

図 8.8 からもわかるように，陰影効果は別として，ジオメトリック変調はオフナディア角が小さくなるにつれ大きくなる。したがって陸域を主観測目的としたSAR では，レイオーバーの効果の少ないある程度大きなオフナディア角（30°～45°）が適しており，後方散乱の少ない海面の観測にはより小さなオフナディア角（20°～30°）が適している。このように，山岳地帯等の起伏のある観測対象の画像には幾何学的ひずみが生じるので地図座標と一致しなくなる。正射投影画像を生成するには，ディジタル高度モデル（DEM）とジオイド情報を使ってひずみ補正をしなければならないが，レイオーバーの補正はできない。

図 8.9 に画像例を示す。富士山の火口は陰影領域で，山中湖や相模湾の水面は非常に暗い画像となっている。富士演習場や裸地，畑などは適度に暗い画像で，植生の増加とともに画像強度も増加する。青木ヶ原などの森林地帯では体積散乱による後方散乱が大きくなっており，市街地はダブル反射によってさらに大きな画像強度となって明るく写っている。富士山をはじめとする山岳地帯にはレイオーバーとフォアショートニングによる画像ゆがみが見られる。

図 **8.9**　ALOS-2 PALSAR-2 による富士山域の画像
（生データ提供：JAXA/EORC）

図 8.10 はイギリス海峡の 100 km 四方の SAR 画像で，海面の画像変調は，ほとんどの場合，表面の粗さの違いによる。凪状態の海面やオイルスリックのある海面は鏡面に近く弱い後方散乱だが，風が強くなるにつれ散乱要素となるさざ波が発達し明るい画像となる。この依存性を利用した海上風の計測は研究テーマの一つとなっている。SAR 画像によく現れる波浪画像は，波浪方向にもよるがおもに波浪の勾配に依存する局所入射角の違いによるもので，アジマス方向に進行している波浪では速度バンチングと呼ばれる非線形変調によるとされている。全球的な波浪の波長と方向の計測は ENVISAT-ASAR 等によって波浪モード（wave-mode）として定常運用されている。浅瀬領域では波が立つので明るく写っており，航跡や油膜があるとさざ波の発達が抑制され暗い画像となる。また，漁業情報に欠かせない潮目と船舶が明瞭に判断できる。船舶画像は船舶構造による多重散乱によるもので，多くの検出手法が提案されている。

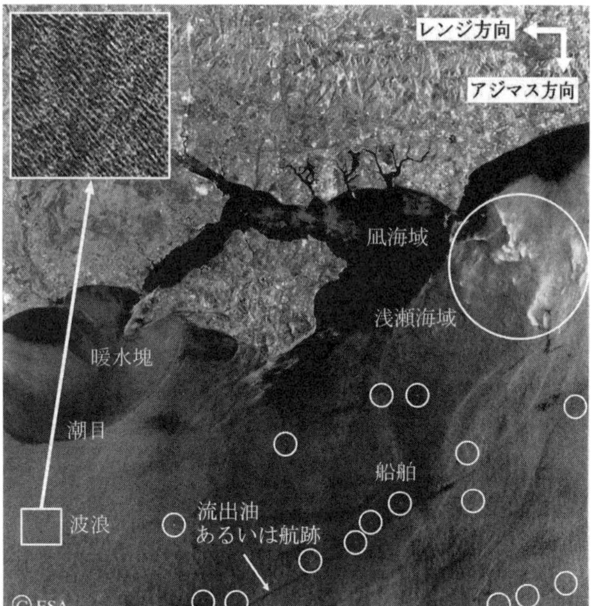

図 8.10 イギリス海峡の ERS-1SAR 画像（中央の島はワイト島）（画像提供：ESA/英国 QinetiQ, Farnborough）

8.2.4 観測モード

SAR の観測モードにはいくつかの種類がある。図 8.11 にあるストリップ(マップ) モードとは，前節で解説したアンテナ真横下方にビームを照射し画像生成をする方法で，画像はアジマス方向に帯状になる (実際にはレンジ方向の観測領域と同じ程度にアジマス方向に領域を区切った画像を生成し，必要に応じて画像をつなぎ合わせる)。スクイント・ストリップマップモードでは，プラットフォーム進行方向あるいは後方にビームを照射しストリップマップ画像を生成する。スキャンモードでは，プラットフォーム進行とともにビームをレンジ方向にスキャンし画像生成する。分解能は劣化するがレンジ方向にビーム幅より広いレンジ方向の領域の画像が生成できる。例えば，PALSAR-2 のストリップマップ高分解能モードの観測幅は 50〜70 km だが，スキャンモードでは最大 350〜490 km となる。スポットライトモードでは，プラットフォーム進行とともにアジマス方向のビームをステアリングし同一時間観測領域にビームを照射する。観測領域は限定されるが，ストリップマップモードより長い合成開口時間となるため非常に高分解能の画像が得られる。PALSAR-2 スポットライトモードでは，観測幅 25 km でアジマス分解能は 1 m となっている。

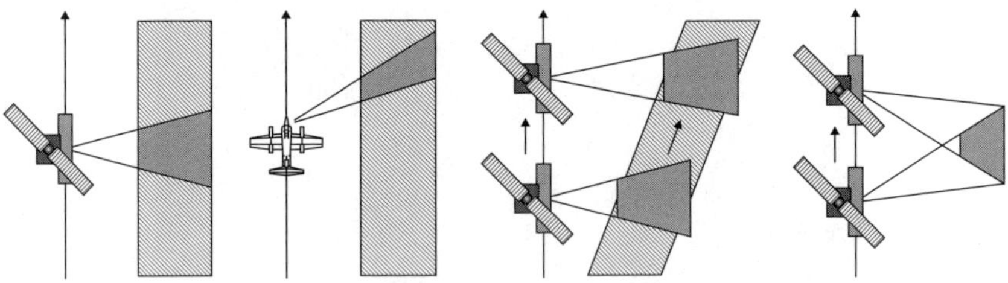

（a） ストリップマップ　（b） スクイント・ストリップマップ　（c） スキャン　（d） スポットライト

図 8.11　SAR の観測モード

8.3　干渉合成開口レーダ[1)〜6)]

クロストラック干渉合成開口レーダ（cross-track interferometric SAR，CT-InSAR），あるいは干渉 SAR（InSAR）と一般的に呼ばれているレーダは，同じ観測領域の複数の複素画像を干渉させて生成されるインタフェログラムと呼ばれるデータから地表高度（digital elevation model，DEM）や地殻変動による高度変化を計測する確立された技術である。

8.3.1　干渉 SAR の原理と複素インタフェログラム

InSAR では，図 8.12 にあるようにプラットフォームの異なるクロストラック位置に設置した 2 台のアンテナ，あるいは 1 台のアンテナで異なる軌道から収集したデータから 2 セットの複素画像を再生し，複素インタフェログラムと呼ばれる干渉データを生成する。航空機に搭載した 2 台のアンテナを利用する方法は 1 回の飛行で 2 セットの生データが収集できるので，シングルパス InSAR と呼ばれる。衛星のプラットフォームでは 2 台のアンテナ搭載は困難であるため異なる軌道を利用する。この方法はマルチパス，あるいは，リピートパス InSAR と呼ばれる。

ここでは，簡単のため参照面（地球楕円体面）を図 8.12 にあるように平面と

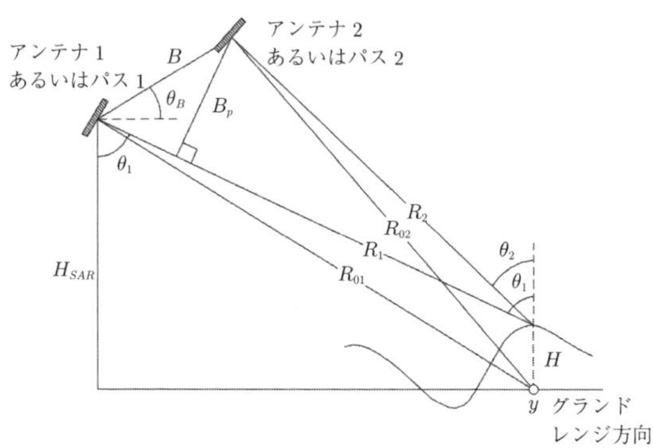

図 **8.12**　InSAR のジオメトリ

する。航空機搭載 InSAR の場合は，観測幅が長くないので参照面を平面と近似できるが，衛星搭載 InSAR の場合は地球曲面を考慮に入れなければならない。アンテナ 1 と 2 からグランドレンジ位置 y にある高さ H の散乱要素までの距離をそれぞれ R_1 と R_2 とすると，それぞれのアンテナで信号が受信されるまでの往復時間は，$\tau_j = 2R_j/c\ (j = 1, 2)$ である。受信信号は複素形で

$$E_j = E_0 \exp(i2\pi f \tau_j) = E_0 \exp(i2kR_j) \tag{8.21}$$

となる。受信信号の複素インタフェログラムは，式 (8.21) の E_1 と E_2 の複素共役を乗算して以下のように得られる。

$$E_1 E_2^* = |E_0|^2 \exp\left(i2k(R_1 - R_2)\right) \tag{8.22}$$

複素インタフェログラムの位相は受信信号の位相差 $\phi = 4\pi(R_1 - R_2)/\lambda$ で，スラントレンジ距離の差（$R_1 - R_2$）が $\lambda/2$ 変化すると干渉位相が 2π 変化し，干渉縞の 1 サイクルとなる。図 8.12 から，$R_j \simeq R_{0j} - H\cos\theta_j$ と近似することができ，θ_1 と θ_2 の中間の角度を θ_c とし，$\theta_1 = \theta_c - \delta\theta/2$，$\theta_2 = \theta_c + \delta\theta/2$ とおくと，非常に小さな角度差 $\delta\theta$ の条件下で $\sin(\delta\theta/2) \simeq \delta\theta/2$ と近似できる。したがって，干渉位相は

$$\phi = 2k(R_{01} - R_{02}) - 2kH\delta\theta \sin\theta_c \tag{8.23}$$

と書くことができる。

式 (8.23) の $2k(R_{01} - R_{02})$ は，アンテナ 1 と 2 と参照地表面とのスラントレンジ距離の差に比例する位相で，軌道位相（orbital phase）または，平面位相（flat phase）とも呼ばれ，高度変化のない平坦な面でもレンジ方向に軌道干渉縞（orbital fringes）あるいはベースライン干渉縞と呼ばれる干渉縞を生成する。式 (8.23) の右辺第 2 項の $-2kH\delta\theta \sin\theta_c$ が地表高度 H に依存する地形位相で，地形干渉縞あるいは地形フリンジ（topographic fringes）と呼ばれる干渉縞を生成する。干渉位相から地表高度情報を抽出し DEM を作成するには，前者の平面位相を取り除かなければならない。

8.3.2 地表標高の計測

軌道位相と地形位相の変化率は次式から求められる。

$$\phi = 2k(R_1 - R_2) = 2kB\sin(\theta_1 - \theta_B) \tag{8.24}$$

$$y = R_1 \sin\theta_1 \tag{8.25}$$

$$H = H_{SAR} - R_1 \cos\theta_1 \tag{8.26}$$

ここで，θ_B は水平方向に対するアンテナ 1 と 2 の角度である（図 8.12 参照）。式 (8.24) の微分 $\partial\phi/\partial\theta_1$ と式 (8.25) の微分 $\partial y/\partial\theta_1$ からグランドレンジ距離に対する位相変化率

$$\frac{\sigma_\phi}{\sigma_y} \equiv \frac{\partial\phi}{\partial y} = \frac{4\pi B_p}{\lambda R_1 \cos\theta_1} \tag{8.27}$$

が導出される。ここで，$B_p = B\cos(\theta_1 - \theta_B)$ は直交基線と呼ばれる。

地表高度に対する位相変化率も式 (8.24) の微分と式 (8.26) の微分 $\partial H/\partial\theta_1$ から

$$\frac{\sigma_\phi}{\sigma_H} \equiv \frac{\partial\phi}{\partial H} = \frac{4\pi B_p}{\lambda R_1 \sin\theta_1} \tag{8.28}$$

が得られる。PALSAR-2 のような衛星搭載データではグランドレンジ距離変化が数十 km と大きく高度変化は数 km であるので，干渉縞は前者に支配される。高度変化の計測では，支配的な平面位相を除去する補正を干渉位相に適用した後に，式 (8.28) の 2 点における干渉位相の変化 σ_ϕ と地表高度変化 σ_H の関係から標高を算出する。例えば，PALSAR-2 の例で，$\lambda = 23.5\,\mathrm{cm}$，$R_1 = 770\,\mathrm{km}$，$\theta_1 = 35°$，$B_p = 1\,\mathrm{km}$ とすると，2π の位相変化は約 52 m の高度差に相当し，直交距離を $B_p = 2\,\mathrm{km}$ にのばすと約半分の 26 m の高度差となる。一方，軌道間隔が長くなるにつれてインタフェログラムのコヒーレンス（2 画像の相関性または干渉度）も低下し，干渉縞のコントラストが低下する。同様に，マイクロ波の波長が短くなるにつれて干渉縞の 1 サイクルに相当する高度差が減少し，計測精度が上昇するが軌道間隔に由来するコヒーレンスが低下する。コヒーレンスは，直交距離以外に観測対象の時空間的変化にも依存し，リピートパス InSAR

のデータ取得間に観測対象の位置や構造が大きく変化するとコヒーレンスが低下する。さらに森林などの体積散乱を生じる観測対象ではコヒーレンスが低下し良質のインタフェログラムが作成できない。一般的に，森林等の時空間的変化の大きい対象よりも粗面や露岩などの固定された観測対象の方がコヒーレンスが高く，X/C バンドよりも L バンド InSAR の方が高コヒーレンスのインタフェログラムが生成される。

8.3.3 地表高度変化の計測

前節のリピートパス InSAR では，データ取得間に地表面の高度変化はないと暗黙に仮定した。ここでは，地震や火山活動などの地殻変動によって地表面の高度が ΔH だけ変化したとする。この高度変化のスラントレンジ成分は $\Delta H \cos\theta_1$ となり，干渉位相は

$$\phi = 2k\left(R_1 - (R_2 + \Delta H \cos\theta_1)\right) \tag{8.29}$$

となる。もし，パス 1 と 2 の軌道がまったく同じとすると，$R_1 = R_2$ とおき，干渉位相は $\phi = 4\pi\Delta H \cos\theta_1/\lambda$ となる。干渉縞の 1 サイクルは $\Delta H = \lambda/(2\cos\theta_1)$ の高度変化に相当する。実際には同一軌道でのデータ取得は困難な場合が多く，変化前の 2 セットのデータや既存の DEM などから生成した平面位相と地形位相を変化前後の干渉位相から除いて変位位相を抽出するのが一般的な方法である。この手法は，干渉位相の差分から変位位相を計測するので差分干渉 SAR (differential InSAR，DInSAR) と呼ばれる。DInSAR は，氷河のようにデータ取得間で変化の大きい観測対象では前述したコヒーレンスが低下し良質のインタフェログラムが作成できない場合がある。

衛星搭載 SAR データを利用するときに注意しなければならないことの一つに大気中の水蒸気によるマイクロ波の遅延の影響がある。この影響は，特に，差分干渉 SAR に見られる現象で，局所的に高密度の水蒸気によるマイクロ波の遅延は地形とは関係のない干渉縞を生成する。水蒸気の影響を軽減し地表の変位を長期的に計測する方法に PSInSAR (permanent/persistent scatterer InSAR)[6)]

がある。この技術は DInSAR の 1 種で，数十セットの時系列 SAR データを使い，つねに後方散乱の大きい点状散乱体の干渉位相を計測することで年間数ミリ程度の地殻変動が計測できる。PSInSAR は離散的に分布している多数の強い散乱体を必要とするので，裸地などが多く含まれている観測対象よりも都市などでの計測に有効な手法である。また，PSInSAR と従来の DInSAR を利用して裸地を含んだ観測対象の地殻変動計測法も開発されている。地上設置の DInSAR は，固定したレール上でアンテナを移動し開口合成を行い，時系列データから傾斜面等の変化を計測するシステムである。

8.3.4　InSAR データ処理の流れ

InSAR データ処理の流れを図 8.13 に示す。まず，SLC1（single-look complex）画像に位置が重複するように SLC2 画像をリサンプリングし幾何補正をする。前者と後者の画像はそれぞれ，マスターとスレーブ画像と呼ばれる。軌道間隔にもよるが，補正精度は 1/8〜1/10 ピクセル程度が目安となる。つぎに，SLC1 画像のピクセル値 E_1 に幾何補正された SLC2 画像のピクセル値の複素

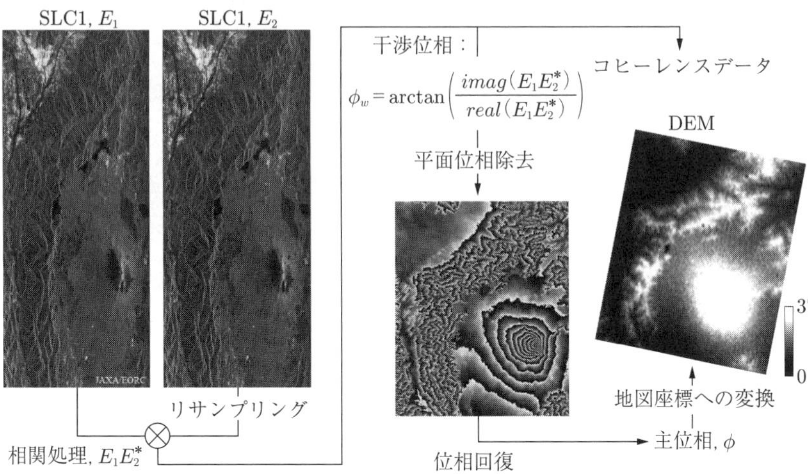

図 **8.13**　InSAR データ処理の流れ
（干渉画像データ提供：東京電機大学 島田正信氏）

共役 E_2^* を乗算する。この処理を画像全ピクセルに適用し複素インタフェログラム $E_1E_2^*$ を生成する。干渉位相 ϕ_w は

$$\phi_w = \arctan\left(\frac{imag(E_1E_2^*)}{real(E_1E_2^*)}\right) = \phi + j2\pi \quad (j = 0, \pm 1, \pm 2, \cdots) \tag{8.30}$$

から算出される。ここで，ϕ は実位相（true phase）あるいは主位相（principal phase）で，平面位相と地形位相の変化を含んでおり，算出された干渉位相 ϕ_w は 2π ごとに折り返され $[0, 2\pi)$ の間に包み込まれている。

この段階で，標高計測では式 (8.27) を使って平面位相を干渉位相から除去する。変位計測では式 (8.27) と式 (8.28) を使って平面位相と地形位相を干渉位相から除去する。しかし実際には，これらの計算式のみから正確に平面位相や地形位相を除去することは困難で，衛星軌道情報とジオイドおよび地上参照点などを使って除去作業を繰り返しながら計測精度を向上している。

式 (8.30) の干渉位相から地形位相あるいは変位位相が抽出されたら，つぎに，2π ごとに折り返されたラップ（wrapped）位相 ϕ_w から主位相 ϕ を回復しなければならない。この処理は，位相アンラッピング（phase unwrapping）あるいは位相回復と呼ばれ，いくつかのアルゴリズムが提案されている。位相回復の基本的な考え方は，高コヒーレンスの基準ピクセルからつぎのピクセルへと位相変化を求めていき，位相の折り返し点を見つける。位相が 0 から 2π まで増加し折り返し点で 0 に変化したときには 2π を加算し，逆に位相が 2π から 0 に減少し折り返し点で 2π にジャンプしたときには -2π を加算する。このプロセスを位相画像全体に適用することで主位相 ϕ が回復される。コヒーレンスの低いデータでは，ノイズ等による位相の不連続点が多くあり，地形位相あるいは変位位相の折り返し点と混同され位相回復が困難になる。一般的な位相回復アルゴリズムでは，ノイズ軽減フィルタを使って位相の不連続点を減少・除去する方法や不連続点を迂回する方法がとられている。

アンラップされた位相から式 (8.28) を使って標高値あるいは変位値に変換する。最後に，標高データに残っているフォアショートニングによるひずみを補

正し，地図データへの幾何補正を行い InSAR-DEM を作成する。

地殻変動の計測では，SLC2（あるいは SLC1）データともう一つの SLC3 データから DEM を生成し，SLC1 と SLC2 の DEM から差し引く。SLC2 と SLC3 のデータ取得時に高度変化がない場合は，両者の DEM は同じとなり差分 DEM には干渉縞は生じない。しかし，地殻変動があると差分 DEM に高度変化による干渉縞が生じる。ここでは，DEM の差分を紹介したが，位相回復をする前に位相の差分をとる方法と主位相の差分をとる方法などがある。これが DInSAR の原理である。

口絵 6 は，1995 年 1 月 17 日に発生した兵庫県南部地震による地殻変動を示す DInSAR の例で，野島断層†の南東側が最大 1.2 m 隆起した。DInSAR 画像には 10 サイクルの干渉縞が見られる。1 サイクルの干渉縞が約 11.8 cm の高度変化に相当するので，DInSAR による計測が地上での計測とほぼ一致していることがわかる。前述したように，InSAR と DInSAR は，ほぼ確立された技術で，2011 年に発生した東日本大震災や 2016 年の熊本地震による地殻変動を始めとする地殻変動と火山活動や氷河のモニタリングなどに利用されている。

ここでは紹介のみにとどめるが，アロングトラック干渉合成開口レーダ（along-track InSAR, AT-InSAR）[1),7)] と呼ばれる干渉 SAR では，航空機の機体に沿ってアジマス方向に複数のアンテナを設置し，インタフェログラムを生成する。インタフェログラムの位相は散乱体のスラントレンジ方向の速度成分を含んでおり，移動体の検出や海流の流速計測に利用されている。SAR の周波数バンドにもよるが，AT-InSAR のアンテナ間隔は，航空機搭載で数十センチ以上，衛星搭載では数十メートル以上必要である。このようなアンテナを衛星に搭載することは困難なので，AT-InSAR は航空機によるものに限られていたが，2 機の同じ衛星搭載 SAR（TerraSAR-X と TanDEM-X）のタンデム飛行による AT-InSAR が研究されている[5)]。

† 淡路島北西の海岸線に沿った約 10 km の活断層。

8.4　偏波合成開口レーダ[8),9)]

8.4.1　偏波情報と散乱行列

一般的なSARでは，水平偏波（horizontal polarization）あるいは垂直偏波（vertical polarization）の単偏波マイクロ波を利用するが，近年の技術の発展により，多偏波を使ったポラリメトリックSAR (polarimetric SAR, PolSAR) が開発され実験研究が進んでいる。現在のほとんどの航空機搭載SARは多偏波機能を持ち，衛星搭載PolSARとしては初のALOS-PALSARを始め多くの衛星搭載SARが，観測頻度は少ないながらも多偏波での運用を実施している。

一般的なPolSARでは，水平と垂直偏波マイクロ波を交互に送信し水平偏波と垂直偏波のみの後方散乱波を受信し画像生成することで，HH（水平偏波送信，水平偏波受信）とVV（垂直偏波送信，垂直偏波受信），およびHVとVH偏波の4セットの偏波組み合せ複素画像が得られる。これらの複素データから散乱体の物理的・電気的特性を計測する技術はレーダポラリメトリまたはSARポラリメトリ（SAR polarimetry）と呼ばれる。

PolSARで得られる散乱体の偏波情報は散乱行列 (scattering matrix) $[S]$ で表示し，送信波ベクトル E_t と受信波ベクトル E_s の関係を示す以下の式で記述される。

$$E_s = [S]\,E_t = \begin{bmatrix} S_{HH} & S_{HV} \\ S_{VH} & S_{VV} \end{bmatrix} E_t \tag{8.31}$$

ここで，$E_t = [E_H^t\ E_V^t]^T$，$E_s = [E_H^s\ E_V^s]^T$，$S_{mn} = |S_{mn}| \exp(i\varphi_{mn})$（$m = H,V$, $n = H,V$，T は行列の転置を意味する）。1台のアンテナで送受信を行うモノスタティックSARでは，$S_{HV} = S_{VH}$ となる。また，散乱行列の各成分の位相は絶対値ではないため，一般的にはHH偏波の複素振幅の位相を0としてほかの相対位相を表示している。したがって，散乱行列は，各偏波成分の振幅 $|S_{HH}|$，$|S_{HV}|$，$|S_{VV}|$ と位相差 $\phi_{HV} = \varphi_{HV} - \varphi_{HH}$，$\phi_{VV} = \varphi_{VV} - \varphi_{HH}$

から構成され，つぎのように書くことができる。

$$[S] = \begin{bmatrix} |S_{HH}| & |S_{HV}|e^{i\phi_{HV}} \\ |S_{HV}|e^{i\phi_{HV}} & |S_{VV}|e^{i\phi_{VV}} \end{bmatrix} \tag{8.32}$$

偏波 SAR データの全パワー P はスパン（Span）と呼ばれ，$P = \mathrm{Span}[S] = \mathrm{Trace}\left([S][S]^{*T}\right) = |S_{HH}|^2 + 2|S_{HV}|^2 + |S_{VV}|^2$ と定義される。ここで，Trace は正方行列の対角成分の和（あるいは固有和）である。

図 8.14 は ALOS-PALSAR の東京湾の偏波画像で，都市域からの後方散乱が大きくなっており，HV 偏波画像では海面からの後方散乱がほとんどなく，点状の船舶画像がきわだって強調されている。

楕円偏波が一般的な偏波状態を示すことは 2.1 節でも述べた。楕円の傾きを示す傾き角と楕円の膨らみを示す楕円角を平面座標とし，電場の振幅を縦軸として表した偏波シグネチャという表現法が従来から使われてきた。偏波シグネチャは送受信信号の偏波状態を異なる散乱体ごとに表示したものだが，実用的な観点から現在ではあまり多用されていない。近年注目を浴びている観測対象を識別する方法としては以下の手法がある。

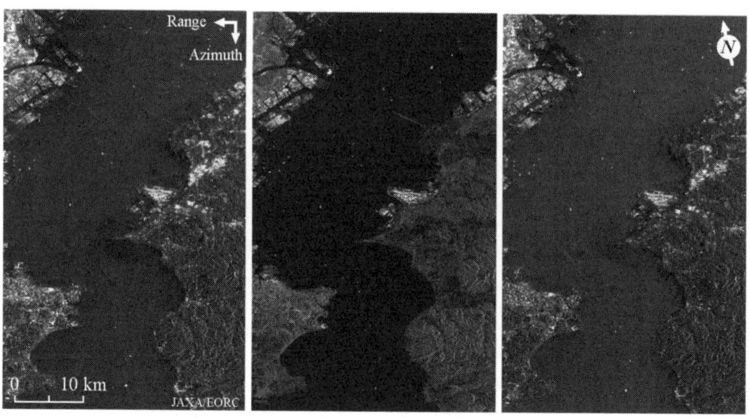

（a） HH 偏波画像　（b） HV 偏波画像　（c） VV 偏波画像

図 8.14　東京湾の HH, HV, VV 偏波 ALOS-PALSAR 画像。左上が横浜，左下が浦賀，右が千葉県の木更津と富津（生データ提供：JAXA）

8.4.2 散乱成分の電力分解と固有値解析

詳細は専門書[8),9)]に譲るが，3 成分散乱パワー分解法（3-component scattering power decomposition analysis）では，散乱モデルに基づき，観測対象による後方散乱プロセスを 1 回反射と 2 回反射，体積散乱に分解する。さらに，4 成分散乱パワー分解法では，交差したワイヤーや 1/4 波長離れた 2 面構造物等による直線偏波の入射波を円偏波に変化させるヘリックス散乱を加えてある。

図 8.15 に，ALOS-PALSAR 偏波データから算出された東京湾の 4 成分散乱パワー分解のうちの 3 成分を示す。1 回反射散乱では，海面からの表面散乱と人工物による直接反射による寄与が大きく，2 回反射画像では，都市における建物と地表面とのダブル反射と海面と船体の 2 回反射の寄与が大きいことがわかる。2 回反射成分は反射面がマイクロ波入射方向と直交している場合に生じるため，レンジ方向に直交していない構造の都市領域からの寄与はほとんどない。これは，図 8.15 の 2 回反射画像で横浜と木更津の一部の都市領域のみが明るく写っていることからも理解できる。この補正法として，散乱成分を算出する共分散行列（4 種の偏波画像の自己相関と相互相関値からなる行列）あるいはコヒーレンシー行列に回転を与えて体積散乱成分を最小化し，2 回反射成分

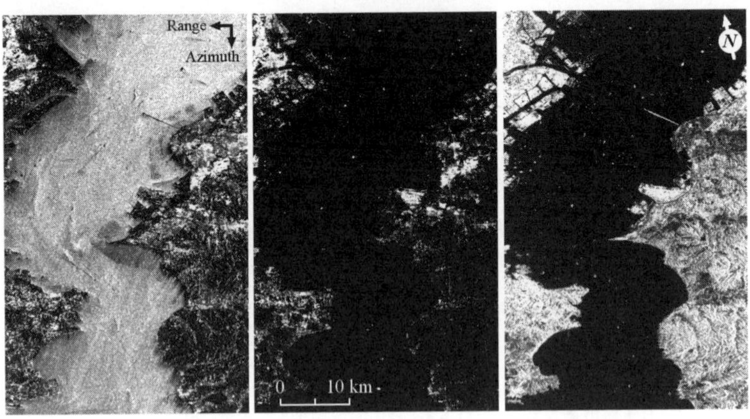

（a） 1 回反射　　（b） 2 回反射　　（c） 体積散乱パワー画像

図 8.15 東京湾の ALOS-PALSAR 4 成分散乱パワー分解（生データ提供：JAXA）

の寄与を大きくする方法が提案されている。体積散乱成分は森林領域で大きく，都市と船体構造による多重反射による寄与も大きい。

異なる散乱プロセスに分類する手法に，コヒーレンシー（coherency）行列の固有値解析から散乱プロセスのランダム性を示すエントロピー（entropy）と偏波依存性を示すアルファ角 (alpha angle) を利用する方法がある。3 章の K-L 情報量の項でも述べたが，SAR 偏波解析でのエントロピー H_p は

$$H_p = \sum_{j}^{N} -p_j \log_N p_j \tag{8.33}$$

と定義される。ここで，$p_j = \lambda_j/(\lambda_1 + \lambda_2 + \lambda_3 + \cdots + \lambda_N)$ は N 個の散乱プロセスのうち j のプロセスが発生する確率で，λ_j は固有値である。多偏波 SAR データの $N = 3$ の場合では，表面散乱のみの場合はコヒーレンシー行列が 1 個の固有値（$\lambda_1 = P$）しかなく，$H_p = 0$ となる。一方，$H_p = 1$ の場合は同じ値を持つ 3 個の固有値（$\lambda_1 = \lambda_2 = \lambda_3 = P/3$）が存在する。これは，信号は同じパワーを持った三つの散乱プロセスからなっていることを意味し，森林等の等方性を持った体積散乱体に相当する。アルファ角は $0° \sim 90°$ の値を持ち，平板等からの表面散乱は 0°，ダイポール散乱は 45° となり，さらに増加するに従い誘電体による 2 回反射となり，完全導体による 2 回反射ではアルファ角は 90° となる。このような特性を利用して，縦軸にアルファ角，横軸にエントロピー値を使った散乱プロセスの分類法が提案されている。また，異方性（anisotropy）あるいはスパンの軸を加えた三次元分類法も提案されている。偏波解析は海氷や農林業[2),10),11)] などさまざまな分野への応用が研究されている。

干渉 SAR と偏波解析を組み合わせた偏波干渉 SAR（Pol-InSAR）[4),11)] で樹高を計測する研究が進んでいる。この方法では，まず異なる入射角の 2 セットの偏波画像から散乱プロセスを識別する。つぎに，インタフェログラムから地表と幹とのダブル反射の位置と体積散乱の中心位置を計測し，その差から樹高を推定するのだが，体積散乱の中心は森林内部なので樹高と散乱中心の位置を知る必要がある。InSAR 位相やコヒーレンスからの樹高を計測する試みもされているが，Pol-InSAR の場合と同様に定量的に安定した樹高計測にはさらなる

検証が必要とされている。

8.5　将来の合成開口レーダ[2),5)]

従来の衛星搭載 SAR の重要な課題として回帰日数の長さがある。現在の PALSAR-2 の回帰日数は 14 日で緊急を要する海洋監視や災害等の対策は困難である。そのため，イタリアの COSMO-SkyMed は 4 機の衛星で観測頻度を 12 時間に短縮している。今後の傾向として，複数の小型衛星搭載 SAR による回帰日数の短縮があげられる。例えば，日本の宇宙科学研究所では 100 kg 程度の 10～20 機の X バンド Micro-X SAR を計画している。分解能幅もスポットライトモードを使うことで 10 数メートルからサブメートルになりつつあるが，スポットライトモードでは観測幅が狭く，観測幅の広い ScanSAR モードでは分解能が劣化する。このように分解能と観測幅は相反する関係にある。現在研究中の受信型ディジタルビームフォーミング（digital beam forming）SAR（DB-SAR）は，広域のビームを照射してレンジ方向に分割した領域から受信したデータをディジタル処理することでストリップマップモードの分解能幅（$< 10\,\mathrm{m}$）と同じ程度の分解能幅を達成する技術で，そう遠くない将来には衛星搭載 DB-SAR が実現される予定である。航空機搭載 SAR は多くの機関で開発運用されているが，NASA の UAVSAR に代表されるような無人機搭載 SAR が開発され運用され始めており，有人航空機では危険な地域や震災地などでの利用が考えられる。InSAR と DInSAR はこれからも定常運用されていくが，情報量を多く含んだ PolSAR の実利用には今後の研究成果が期待される。

9 地中レーダ

地中レーダ（Ground Penetrating Radar，GPR）は電波を地上から地中に向けて放射し，地下物体からの反射を利用した地下計測法である。ほかのレーダと比較した場合，地中での電波伝搬を利用するという点が一見異なるが，レーダの原理について大きな違いはない。しかし，地中媒質の特性に起因するさまざまな特殊な技術が利用されており，本章ではこうした点について説明する。最近はGPRの呼称が定着してきたので本章では「地中レーダ」をGPRに統一して使用する。

絶縁体中の電波は伝搬速度が異なるだけで空気中とまったく同じ振る舞いをする。氷や乾燥した岩体はこうした条件にあてはまり，1970年代より電波を利用した媒質中の計測に利用されてきた。1980年代に入り，地表面から地中を計測するGPR装置が市販されるようになり，実用化が始まった。2000年代に入るとPCの処理速度の向上により，データ取得のディジタル化，装置の小型化，信号処理機能の強化などが行われ，急速にGPR利用が普及してきている[1)]。

土木建築，地質調査[2)]など，比較的浅い地層中で使用される計測手法はGPRに限るものではない。弾性波や直流電流を使用するほかの手法と比べGPRは高速，高精度に可視化できる。さらにGPR地中は弾性波（人工地震）探査などほかの地下計測手法と比較して計測対象が電磁波に対して特徴的な性質を持つとき有効である。具体的には地層中の水分率に変化があるような岩体と土壌の地層境界面判別，土壌の水分率分布，岩体中の水みち，地下き裂検出，人工的な埋設物や遺物等の検出などが挙げられる。また電波が空気中も伝搬することから，破砕帯や空洞中など地震波，超音波が利用できない対象も計測が可能である。

GPRの特徴を活かした応用は各種目的に広がりつつある。特に日本では都市部での人工的な埋設物検出（パイプ，ケーブル）や路面空洞調査，コンクリート保全調査などに多く活用されている。これに対して国外では地質調査，氷床，地下水，凍土計測など環境問題への応用例も多く，また近年地雷探査[3),4)]，遺跡探査[5),6)]への利用も盛んに検討されている。また井戸を利用するボアホールレーダも深部計測などで重要な技術である[7)]。

9.1　GPR の 原 理

9.1.1　地中の電磁波伝搬

地中での電磁波速度は媒質の電気的性質，つまり導電率 σ_e，誘電率 ε，透磁率 μ によって定まる。しかし GPR では 10 MHz より高い周波数領域で計測が行われるため，誘電的な性質が卓越し地下媒質の電気的性質は誘電率 ε が支配的になる。また地中物質のほとんどが $\mu = \mu_0$，つまり真空と同じ透磁率 μ_0 で近似できる。媒質が比誘電率 ε_r であるとき，地中での電磁波速度は

$$v = \frac{c}{\sqrt{\varepsilon_r}} = \frac{3 \times 10^8}{\sqrt{\varepsilon_r}} \text{〔m/s〕} \tag{9.1}$$

で与えられる。表 9.1 にあるように，地中媒質は 1 より大きな比誘電率を持つから，地中の電磁波速度は空中より遅い。また空中の波長を λ としたとき地中では

$$\lambda_e = \frac{v}{f} = \frac{\lambda}{\sqrt{\varepsilon_r}} \text{〔m〕} \tag{9.2}$$

として波長が短縮される。導電率 σ_e が電波の速度に与える影響はほとんど無視してかまわない。ただし，電波の減衰率は導電率 σ_e が増えるにつれ増加する。また電波の減衰率は高い周波数ほど大きくなる。ここでは誘電率を実数としていたが，媒質が誘電的な損失を持つ場合には複素数として表される。導電性や誘電損失を持つ物質中を伝搬する電波の速度は周波数依存性を持つため波形に

表 9.1　代表的な地球構成物質の導電率と比誘電率（100 MHz）（Daniels, 1996）[1)]

媒　質	比誘電率	
	乾燥状態	湿潤状態
空　気	1	
真　水	81	
海　水	81	
粘　土	2〜6	15〜40
花崗岩	5	7
土　壌	4〜6	15〜30

ひずみを生じる。

9.1.2 電磁波の反射

GPRでは電磁波パルスを地表に置かれた送信アンテナから地中に放射し，受信アンテナで受信する。送信アンテナから放射された電波は地中を伝搬し，地層境界面などによって反射を受ける。受信アンテナが捉えた反射波を記録する。地中の電波速度がわかっている場合，送信電波が反射波として戻ってくる時間 τ〔s〕を計測することで反射体の深度 d〔m〕は次式で推定できる。

$$d=\frac{\tau}{2}\cdot v\,〔\mathrm{m}〕 \tag{9.3}$$

電波が地中から反射するのは地中に不均質な物質が存在することによる。電波を反射する不均質物体は金属のような導体が最も顕著であるから，パイプやケーブルのGPRによる検出は容易である。しかし電波に対しては絶縁体も反射体となりうる。ただし反射が発生するためには2種類の異なる比誘電率を持った絶縁体が存在する必要がある。

最も簡単な場合として図9.1では上層と下層で比誘電率の異なる2層媒質構造を考える。このとき，上層から入射する振幅1の電波は境界面で反射を受け，振幅 Γ_r の反射波が発生する。Γ_r は反射係数であり水平な2層構造の境界面で

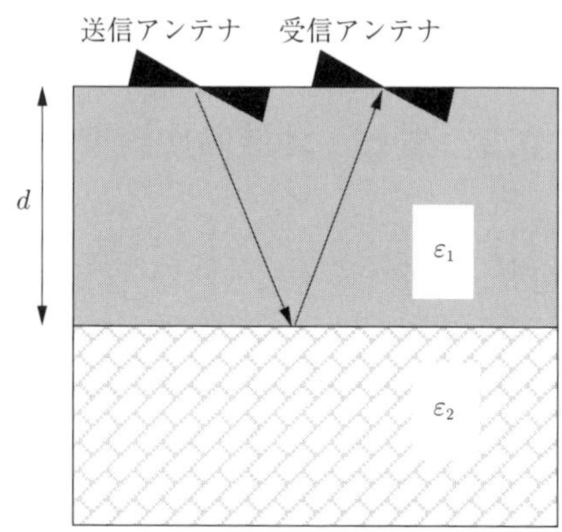

図 9.1　地層境界面からの電磁波反射

は次式（フレネルの反射係数）で与えられる。

$$\Gamma_r = \frac{\sqrt{\varepsilon_1} - \sqrt{\varepsilon_2}}{\sqrt{\varepsilon_1} + \sqrt{\varepsilon_2}} \tag{9.4}$$

式 (9.4) は 2 層の異なる媒質の比誘電率の比率が反射波の大きさを決めることを示している。反射係数は $-1 \leqq \Gamma_r \leqq 1$ の範囲に存在する。これに対して下層媒質が導体である場合，反射係数は

$$\Gamma_r = -1 \tag{9.5}$$

となり，最大となる。したがって金属からの反射体は最も顕著に検出することができる。

実際の GPR では無限に広い金属板や地層境界面からの反射を計測することはなく，反射体は有限の大きさを持つ。一般に波長に比べて大きな物体ほど強い反射を発生する。電磁波に対する物体の反射率をレーダ反射断面積（RCS）として評価することができる。

一方，パイプのような線状導体からの反射は電磁波の偏波依存性がきわめて強い。電磁波の偏波方向と線状導体の方向が一致するとき，線状導体の直径が小さくともきわめて大きな反射を発生する。これに対して，同一の反射体であっても偏波方向と線状導体の方向が直交するとまったく反射を発生しなくなる。こうした性質から，パイプやケーブルなどの検出には偏波の向きと計測対象を一致させる必要がある。

9.2　岩石・地層の比誘電率

土壌，岩石など代表的な地球構成物質の導電率，誘電率は表 9.1 に乾燥状態と湿潤状態での代表値が示されているが，乾燥状態では地質によらず 3～5 程度の比誘電率であるのに対し，湿潤状態では値が大きく変化することがわかる。これは水の比誘電率が他の媒質よりきわめて大きいため，地層の比誘電率は，地層に含まれる水分率によってほぼ定まることがわかる。つまり，媒質中に水が含まれる空隙の比率（空隙率）が比誘電率を規定している。

土壌の体積水分率 θ_v と比誘電率 ε_r について，つぎの実験式（Topp の式）が与えられており[8)]

$$\theta_v = -0.0503 + 0.0292\varepsilon_r - 5.5 \times 10^{-4}\varepsilon_r^2 + 4.3 \times 10^{-6}\varepsilon_r^3 \qquad (9.6)$$

これを図 9.2 に示す。これと式 (9.4) から，何らかの原因によって土壌の水分が変化する境界面で電波の反射が発生することがわかる。

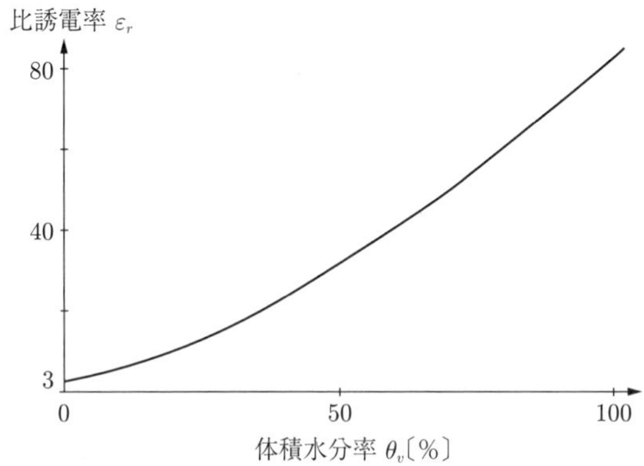

図 9.2　土壌水分率と比誘電率

実際の地層中で土壌水分率が異なる原因として，同一地層で水分率が異なる場合と異なる地層が異なる水分率を有する場合が想定できる。前者は灌漑（かんがい）状況調査や地下水面の調査，地下水浸透状況や土壌の補強のために薬剤を注入するグラウチングのモニタリングなどに利用される。土壌や岩石の比誘電率の変化が小さい場合でも地層，土質による水分含有率には大きな変化が現れる。したがって水を含む地層においては GPR による地層境界面検出が有効に行われる。さらに同一の土壌であっても圧密を受けた部分と受けない部分では水分率の変化が現れる。例えば，遺跡調査などによって建物跡や昔の地表面が検出されるのはこうした理由による。また土壌に含まれる岩石や礫は土壌に比べ水分率が極端に小さい。これらも遺跡調査などでよく見られる状況である。

9.3　GPR 計 測

9.3.1　レーダシステムの性能評価

レーダの性能はどれだけ深い位置にある埋設物を検出できるかという「最大探査深度」ならびに，どれだけ互いに近接した二つの物体をレーダ画像として分離して識別できるかという「レーダ分解能」で評価できる。

レーダが反射体を検知可能な最大深度は送信電力と受信検知可能な最小電力（これは通常受信機のノイズレベル）の比率（performance factor，PF）で規定される。同一のレーダ装置を使用しても地下媒質が変われば最大探査深度は変化する。

地中を伝搬する電磁波は媒質から強い減衰を受ける。電磁波の減衰は周波数によって一様ではなく，一般に周波数が高くなるほど大きな減衰を受ける。したがって同一の媒質であっても，より高い周波数を使用すると最大探査深度は低下する。一方，レーダ分解能は波長と関連している。

もし複数の埋設パイプからそれぞれ別の反射波が確認できるなら，分解能はパイプの間隔以下であると判断される。もし計測に使用する波長がより長いと，たがいの波形は互いに重なり合って識別不能となる。こうしたレーダの性能を支配するパラメータをまとめると以下のようになる。

周波数	低い — 高い
波長	長い — 短い
減衰量	小さい — 大きい
分解能	低い — 高い
探査距離	大きい — 小さい

分解能と探査距離は周波数に対して相反するため，周波数の選択は計測の特性を支配するもっとも重要な要因である。通常 GPR では 50 MHz～1 GHz 程度の周波数が利用されている。

9.3.2 GPRシステム

GPR の基本的な構成を図 9.3 に示す。装置は送信機，受信機，それぞれに接続された送受信アンテナ，ならびに波形表示装置などから構成される。これらすべてが一体化された図 9.4 のような装置と，それぞれの部分が分離している図 9.5 のような装置がある。埋設物検知などの目的では一体型の装置を利用したプロファイル測定（後述）が一般的であるが，深度方向の地層分布を知る必

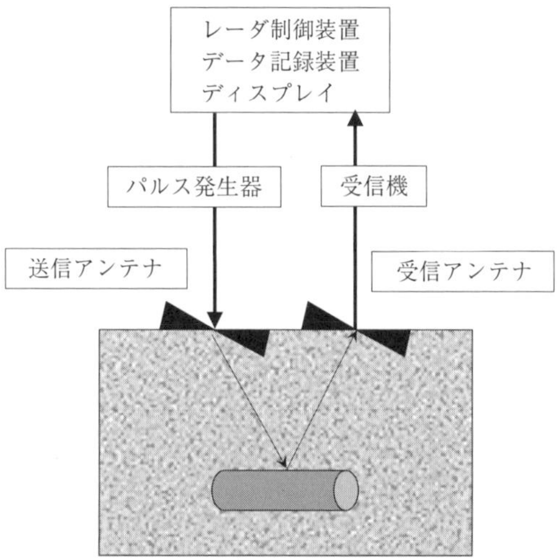

図 **9.3** GPR の基本構成

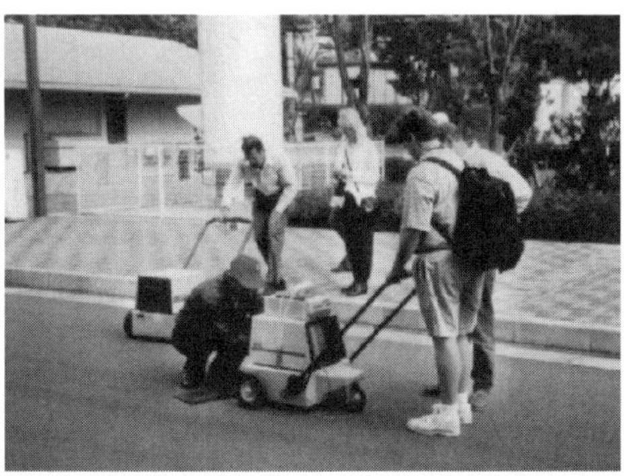

図 **9.4** 一体型地中レーダ

要がある場合ワイドアングル測定が利用される。

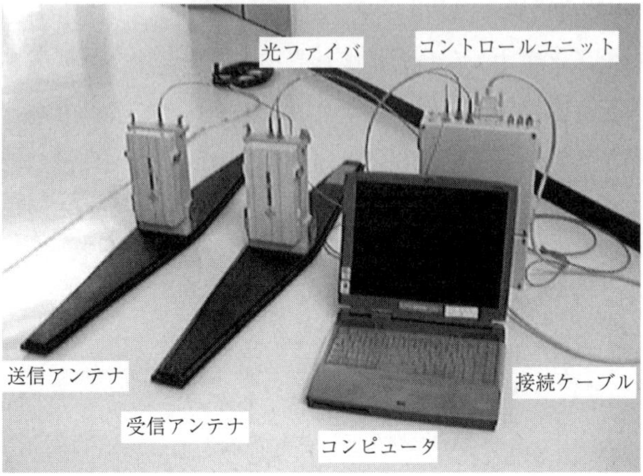

図 9.5　送受信分離型地中レーダ装置

9.3.3　レーダ送信波形

現在市販されている GPR システムのほとんどがインパルスレーダ方式である。インパルスレーダでは時間幅数 ns（10^{-9} 秒）以下の送信パルスをアンテナに直接印加して電波を放射する。送信電波の周波数スペクトルは送信パルスの波形と，送信アンテナの特性で決定される。特に送信アンテナはアンテナの全長が半波長になる周波数で共振を起こし帯域通過フィルタの役割を果たす。したがって，送信電波の周波数はほぼアンテナの長さで決定される。図 9.6 に GPR の送信波形とそのスペクトルの例を示す。波形は単一のパルスではなく，リンギングと呼ばれる共振波形が現れる。

9.3.4　受　信　波　形

GPR の受信波形には送信アンテナから直接受信アンテナに空中を伝搬する直達波（エアーウェーブ），地表面で反射される地表反射波，最も重要な地下か

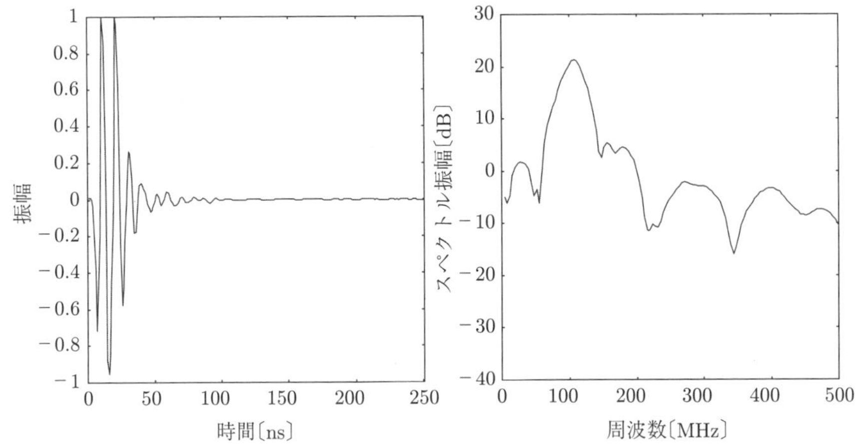

（a） 送信波形　（b） スペクトル

図 9.6　地中レーダからの過渡放射電界とスペクトル

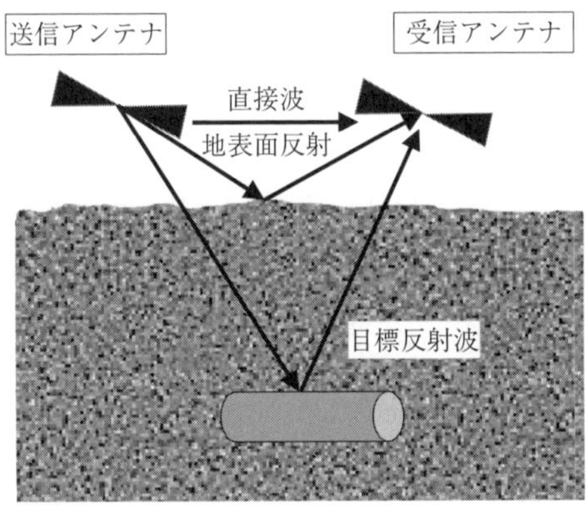

図 9.7　送受信アンテナ間の電波伝搬（直達波，地表面反射，目標反射波の順番で到達する）

らの反射波が混在する。図 9.7 の伝搬の経路を模式的に表す。1 カ所にアンテナを置いて測定すると図 9.8 右側に示すような波形（A スキャン）が得られる。振幅を白黒の濃淡値に変換し，アンテナを移動しながら測定した波形を二次元的に表示した波形が図 9.8 左側に示す B スキャンである。単一の波形から地中構造を推定するのは難しいが B スキャンで連続する波形を観察することで理解

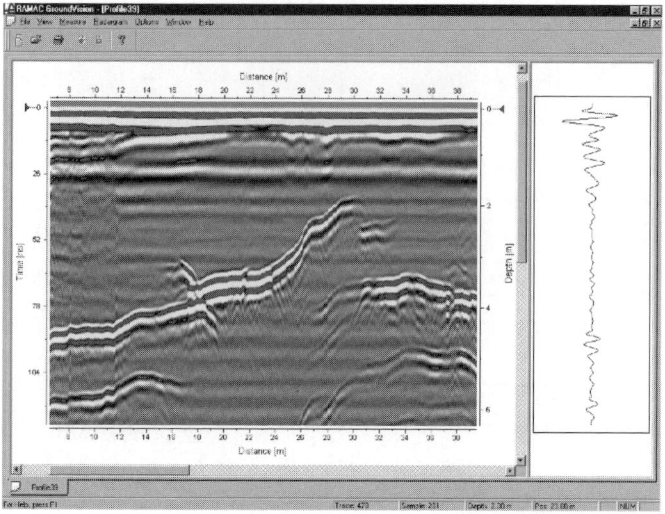

左図はレーダプロファイル(B スキャン),
右図はその中の 1 トレース(A スキャン)

図 9.8　地中レーダプロファイル（Mala geoscience）

が容易になる。また図 9.8 より，直接波と地表面反射波の振幅が大きく，地中反射波が小さいことがわかる。さらに反射波にはリンギングが現れている。GPR 信号処理は直接波と地表面反射波を取り除いて地中反射波を強調するために主として行われる。

9.3.5　波 形 表 示

計測した GPR 波形の表示は，データ解釈を効率的に行うために重要である。前述した A スキャン，B スキャンは標準的に用いられる表示法であるが目的に応じて多数の測線で取得したデータを等時刻で揃えて表示する水平断面図（C スキャン）（口絵 7），あるいは図 9.9 に示す三次元表示の利用も反射対の三次元的な構造を理解するために有効である。

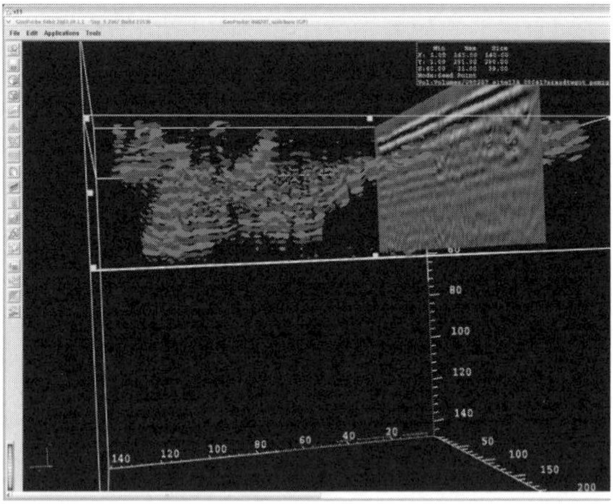

図 9.9　三次元表示（宮崎県西都原古墳の地下式墓地）

9.4 計　測　手　法

9.4.1 アンテナ配置

地表で行う GPR 計測において，大別して送受信アンテナ間隔を固定して行うプロファイル測定（図 9.10，コモンオフセット測定）と送受信アンテナ間隔を可変として測定するワイドアングル測定（図 9.11，CMP（common mid point）測定）の二通りがある。通常の GPR では，測定の簡易さと高速性からほとんどの場合プロファイル測定が行われるが，地層構造を精密に測定する場合や，通常より深い深度の測定が必要な場合，ワイドアングル測定が行われる。

プロファイル測定では送受信アンテナ直下の反射体深度を連続的に測定することで対象物の水平的な位置検出とおおよその深度を測定する。プロファイル測定によってレーダ測線に沿う垂直断面図がリアルタイムで得られる。しかし，対象物深度を正確に推定するためには電磁波速度をあらかじめ知る必要があるが，プロファイル測定のみでは正確な速度を知ることができない。

反射体の正確な深度や，より深い位置の反射体検出などを必要とする場合，ワイドアングル計測が行われる。このとき，送受信アンテナの中心位置を固定し

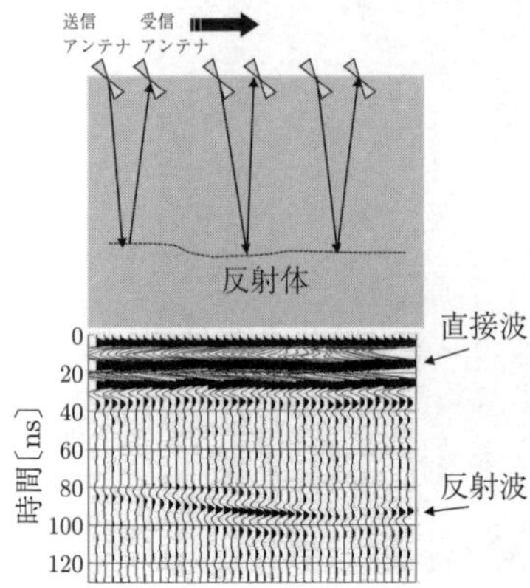

図 9.10　プロファイル測定

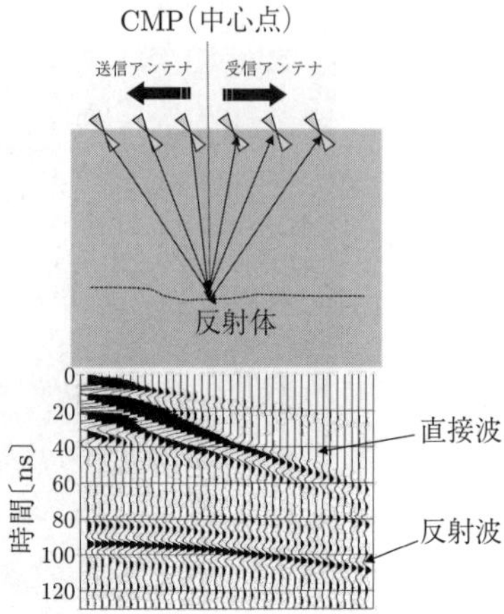

図 9.11　ワイドアングル（CMP）測定

て間隔を変えながら数回の測定を行う。同一反射点からの一連の測定データは伝搬距離の違いにより異なる時刻に受信される。各受信点での受信時刻の変化より電磁波速度が正確に推定することができ，逆に伝搬時間の違いを補正することができる（NMO（normal moveout）補正）。こうして到達時刻を揃えた一連の波形の平均値をとることで一種の空間相関をとることになり，受信波形の S/N 比を向上できる。

9.4.2　誘電率分布測定

地下構造の深度を正しく知るためには電磁波速度の正確な測定が必要になる。速度測定は GPR データを利用する手法とほかの測定装置を利用する手法がある。以下に速度推定法を並べる。

(1) プロファイル測定で埋設管など既知の点反射体からの反射波形を利用する

(2) ワイドアングル測定で CMP 解析を行う

(3) TDR を利用し地表面付近の誘電率を計測する

(4) 岩石・土壌のサンプル計測を実験室で行う

TDR（time domain reflect meter）装置は電波の反射を利用して速度を測ることで水分率を求める簡易型水分計であり，地表面から非掘削で計測が行える。また水分率と誘電率は Topp の式 (9.6) や図 9.2 を利用して換算できる。実際の GPR では (1)，(3) の方法が簡便であるためよく用いられている。

9.5 データ処理技術

GPR は簡便な計測技術であり，測定現場でただちに測定波形を見ることができ地下構造の可視化が行えるなど，ほかの計測手法にない特長を持つ。GPR 波形の特徴を理解することで，さらに有効に地下構造を理解することが可能となる。このためには電波の地中で伝搬や反射の原理を理解すること，信号処理を理解することで適切な処理を選択することが重要である。

一方で，GPR が計測している生波形は地下構造をそのまま表してはおらず，その散乱波形にすぎない。その様子は，衛星に搭載された合成開口レーダで計測された生波形と本質的には同じであり，本来の地下構造を見るためには合成開口レーダ（SAR）処理を必要とする。一般に GPR における SAR 処理をマイグレーション（migration）処理と呼ぶ。これは，GPR 信号処理が地震波による地下計測技術から派生してきたことから，地震波信号処理での用語が導入された歴史的な経緯による。

9.5.1 地下構造とレーダ波形

プロファイル測定では送信・受信アンテナ間隔を固定して同時に地表面を移動しながら計測を行うことで測定位置直下での反射体の深度が連続的にわかるので，図 9.12 のように地中の擬似断面図を描くことができる。しかし，実際の計測においては図（a）に示すほぼ水平な地層境界のように反射体からの反射波が真上にのみ戻るわけではなく，図（b）のように，パイプのような小さな物体は電磁波をあらゆる方向に散乱する。したがって計測された波形はそのまま地下の構造を表しているわけではなく，解釈を必要とする。図 9.13 に実際の

GPR で計測された波形例を示す。図 9.14 は波形を見やすくするために後述する信号処理を行った波形であるが，20～30 ns にいくつかの双曲線反射波が確認できる。また 5～10 ns には水平に近い地層境界面を見ることができる。

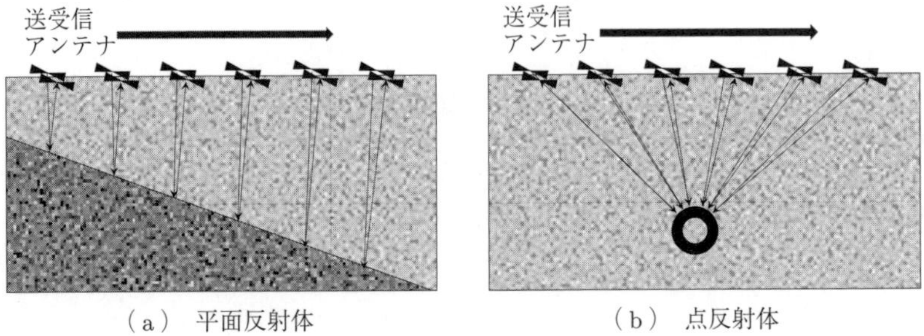

図 9.12　地中レーダアンテナの移動と反射波の発生

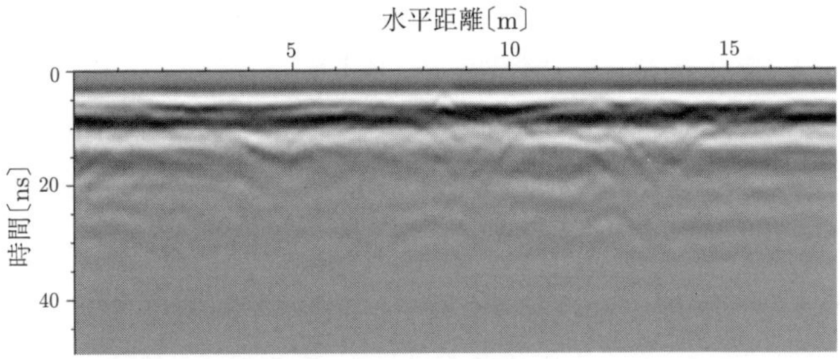

図 9.13　原　波　形

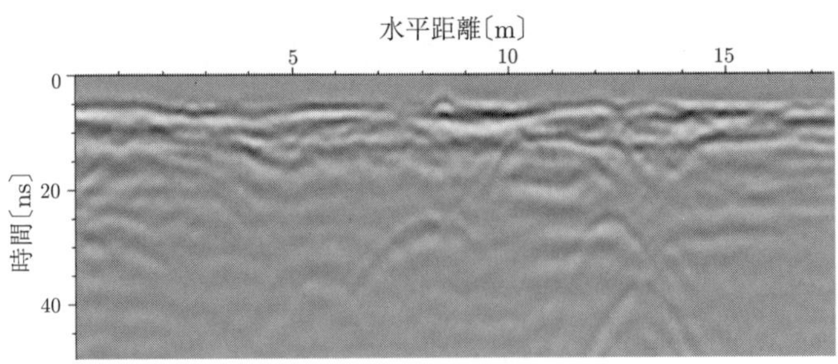

図 9.14　時刻移動，平均値除去による直達波除去

9.5.2 信号処理

(1) GPR 信号処理の特徴　GPR の計測波形は各種信号処理用，画像処理用ソフトウェアのほか，専用ソフトウェアによって解析が行われる。商用レーダシステムの場合，専用のデータ取り込み，表示，印刷用ソフトウェアを使用することが多い。またこれらには基本的な信号処理用のソフトウェアが含まれることもある。

計測された GPR は B スキャン（アンテナ位置–時間）の二次元座標空間中の振幅分布として二次元データ配列に格納されている。これは一般的な白黒（グレースケール）画像データの形式であるから，画像・写真処理用汎用ソフトウェアによる画像処理も可能である。

しかし，GPR 波形には物理的な意味があり，これを利用した波動信号処理を行うことがより有効である。こうした観点から，弾性波計測・地震探査用信号処理ソフトウェアは，多くの部分を GPR の信号処理に利用できる。現状では GPR メーカごとに独自のデータ形式を利用しているが，SEG-Y（ただし SEG (society of exploration geophysicists)）のような地震探査で標準的なデータフォーマットも GPR で利用されている。GPR 専用，あるいは GPR と地震探査のいずれにも利用できるソフトウェアが市販されている。市販の GPR 処理用ソフトウェアは，ユーザ・インタフェース，埋設物の深度や形状推定，地中電磁波速度推定など GPR 特有の専用アルゴリズムが用意されているなど，データ解釈や処理を行う上で効率的である。

しかし，地震波探査においては計測に使用する波長が計測対象に対して一般に十分小さいこと，また媒質中での減衰が小さいことが，GPR との大きな差異である。地震波探査で利用される波線追跡による波動伝搬シミュレーションや広範囲で取得されたデータを利用する CMP 解析などでは，そのまま GPR のデータ解析に利用できないことがある。

(2) 信号処理手法　GPR に対して地下構造の理解を容易にするために，あるいは地下埋設物を検出する目的で以下に示すような信号処理が標準的に利用されている。しかし，GPR は信号処理を行わなくとも地下の構造がある程度理解できる計測手法であり，現場での判断などでは信号処理を使わない場合もありうる。

- 直流除去
- 周波数フィルタリング
- 空間フィルタリング
- 周波数-空間（f-k: frequency-wavenumber）フィルタリング
- デコンボリューション
- スムージング
- 平均減算処理
- マイグレーション
- 振幅補正（AGC: automatic gain control，STC: sensitivity time control）

一方，GPR 信号の性質を解析したり，信号処理に必要な電波速度を求めるために以下の解析が利用できる。

- 点反射対象に対するフィッティング
- CMP による速度解析
- 周波数スペクトラム解析

（3） **周波数フィルタ**　　GPR では受信機の直流・低周波のドリフト・オフセットが発生する場合があり，放送電波など外来ノイズ，システムノイズが高周波帯域に含まれることがある。そこで一般に帯域通過型フィルタにより，GPR 信号の主要スペクトル成分を取りだす処理が有効である。

（4） **直達波の除去**　　反射波を強調するためには直達波と地表反射波を除去するのが有効である。これらの波は固定された間隔のアンテナ間において空中を伝搬するため，アンテナが移動してもほぼ同じ時刻に現れる。したがって，アンテナが移動しても変化しない信号成分を原信号から除去することで行える。このためには平均信号除去と，f-k フィルタリングなどが用いられている。

地中レーダの生波形は通常強い送受信結合波 $d(t, x)$ とそれに続く微弱な反射 $r(t, x)$ からなる。ここで，t は時間で x はアンテナの水平位置である。測線に沿って地表面の状態が大きく変化しない場所で，送受信アンテナの間隔を一定に保ちながら測定した波形においては，送受信結合波，$d(t,x)$ はほとんど変動しない。この条件はプロファイル測定（コモンオフセット計測）で成立している。アンテナ位置 x_j で測定された生波形はつぎのように表される。

$$f(t,x_j)=d(t,x_j)+r(t,x_j) \tag{9.7}$$

ここで N 個の測定波形の平均をとれば

$$\bar{f}(t)=\frac{1}{N}\sum_{j=1}^{N}(d(t,x_j)+r(t,x_j))\simeq d(t,x) \tag{9.8}$$

となり，平均波が送受信結合波 $d(t,x)$ とよく似た波形となることを示している。これは，レーダ反射波 $r(t,x)$ が移動するアンテナの位置で毎回ランダムであるため，多くの波形を平均することで相殺されるからである。そこで，生波形から平均波形を減算することで反射波 $r(t,x)$ のよい近似波形が得られる。つまり反射波はつぎの演算で強調される。

$$f(t,x_j)-\bar{f}(t)\simeq r(t,x_j) \tag{9.9}$$

(5) AGC処理　レーダ波形は地中で減衰を受けるため，地下深部からの反射信号は地下浅部の信号に比べ微弱になる。反射波形を明瞭にするためには振幅を拡大して表示すればよいが，一律に拡大したのでは地下浅部の信号だけ強調されてしまい，深部からの信号をみることができない。そこで，各時刻における受信信号の最大振幅が一様になるように増幅率を時間とともに変化させる AGC，または時間に対して増幅率を変化する STC などの手法が使用される。AGC や STC は反射波の強調処理には有効であるが，振幅情報が失われるので，マイグレーションなどほかの処理の後に行うべきである。

(6) 誘電率の推定　深度が既知である反射体が存在すれば，電磁波速度の推定は反射波到達時間から行える。既知の反射体がなくとも，金属パイプのような明確な反射体がある場合，速度と埋設物深度を同時に推定することができる。深度 d，水平位置 x_0 に点反射体があり，電磁波速度を v とするとき，送

受信アンテナが x に位置するときのプロファイル測定による反射波到来時間は次式で与えられる。

$$\tau = \sqrt{\frac{(x - x_0)^2 + d}{2v}} \tag{9.10}$$

式 (9.10) は深度 d，水平位置 x_0，電磁波速度 v の三つが未知のパラメータである。このとき，埋設物の水平位置 x_0 は通常明瞭であるから，深度 d と電磁波速度 v を変えながら測定波形の双曲線カーブに理論到達時刻がフィットするようにパラメータを変化させることで反射体位置と電磁波速度の同時推定が可能である。

（7）マイグレーション　GPR 計測は基本的にアンテナを移動させながら複数点で反射波を計測する点において，衛星搭載や航空機搭載型の SAR と同等である。しかし，アンテナの移動速度は電波がアンテナから計測対象物まで往復する時間に比べて非常に遅いため，計測は 1 点ずつ停止して行うのと変わりがない。したがって，プラットフォームの移動によるドップラー現象は生じない。こうした SAR 計測を Stop アンド Go と呼ぶ。

計測した GPR の生波形は衛星搭載や航空機搭載型の SAR と同様に二次元の SAR 処理を行うことで，元の散乱体の形状を推定できる。信号処理によって GPR 波形を実際の物体の形状に戻すのがマイグレーション処理である。マイグレーション処理には数多くの手法が提案されているが，最も単純なアルゴリズムがディフラクション・スタッキング（diffraction stacking）である。ディフラクション・スタッキングでは，地表面の位置 x で計測された GPR 信号を $u(x,t)$，ただし t は計測時間としたとき，地下の構造 $y(x,z)$ を

$$y(x,z) = \int u\left(x', t = \frac{r}{v}\right) dx' \tag{9.11}$$

ただし

$$r = \sqrt{(x - x')^2 + z^2} \tag{9.12}$$

として推定する。ここで v は地中の電波伝搬速度である。式 (9.11) は，反射が発生する場所 $P(x,z)$ を仮定し，$P(x,z)$ を頂点とする双曲線上の GPR 波形を

積分している。したがって $P(x,z)$ に反射体が存在する場合にはエネルギーが加算され $y(x,z)$ は大きな値を持つが，存在しない場合には小さな値しかとらない。GPR におけるマイグレーションの難しさの一つは地中媒質中の電波伝搬速度の正しい推定である。速度の推定が正しくないと処理は適切に行われず，逆に虚像を発生する。

図 9.15 は図 9.14 の GPR 波形に対してマイグレーション処理を施して得られた画像である。図 9.14 の縦軸は時間であるのに対し，図 9.15 では深度に変換されている。図 9.14 では埋設管からの反射波が双曲線になって表れているが，図 9.15 では水平距離 12 m にある埋設管は小さな点となり，元の形状に戻っているが，ほかの位置の埋設管は双曲線の形をやや残している。これは場所により電波の伝搬速度が変化しているため，マイグレーション処理がうまく機能していないためである。

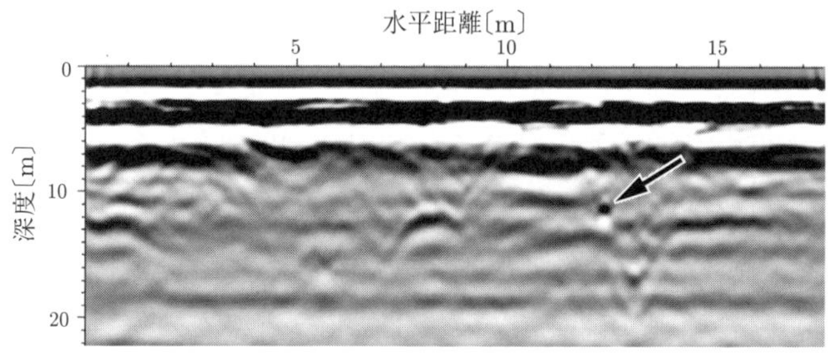

図 9.15　図 9.14 の波形に対するディフラクション・スタッキングによるマイグレーション処理で得られた地下埋設物構造

衛星搭載や航空機搭載型の SAR では，地表面のあらゆる点が反射体として働くから，計測される反射波は，非常に多数の反射波の重畳となり，生波形を見ても，元の反射体の形状を予想することは難しい。しかし，GPR では通常埋設管や地層構造など，有限の離散的な反射体を計測することがある。例えば，埋設管のような物体からの GPR 波形は埋設物の位置を頂点とする双曲線状の反射波形を持つから，実際の反射物体の形状とレーダ波形が異なって見える。しかし，双曲線を個別に識別できるならその頂点に埋設物が存在することが予想できる。また地表面と平行か，あるいはやや傾いた地層境界面からの反射波は，実際の構造と類似した波形となって現れる。またGPRでは電波の減衰によって，離れた場所に位置する物体からの反射波は急激に弱まるので，信号の重畳も少ない。したがって，熟練するとGPR生波形からある程度実際の反射物体形状を推定できるためマイグレーション処理を行わず生波形からの判断が行われることが多い。

9.6 モデリング

GPR計測では埋設管など単純な形状の対象物については信号処理を行うことなく，原波形から直接地下埋設物の位置を検知できるなどの高速性，簡易性に優れた特徴を持つ。しかし，複雑な形状物からの反射については回折，屈折などの波動現象が地震探査に比べて顕著であるため，簡単に解釈できなくなる。マイグレーションは計測された波形から実際の反射物の形状を推測するのに優れた方法であるが，細かな形状や，物体の誘電率推定などにおいて限界がある。波形から対象物の形状を推定することは本来，逆問題を解くことに相当する。逆問題を解くうえで，まず対象物の形状を仮定したうえで，GPR波形をシミュレーションするフォワード（順方向）モデリングを行い，計測波形と比較することで，地下構造の推定を行う。本節ではこのうち（フォワード）モデリングについて説明する。

9.6.1 波線追跡法

波動計測では，物体の大きさに比べて波長が極めて短い場合，波動の直進性が顕著であり解釈は容易である。光学や多くの地震探査ではこの近似条件（幾何光学近似）が成立している。このとき反射波の到達時刻を計算するために波線理論が利用できる。波線理論ではスネルの法則によって波線の屈折，反射の方向が決定されるから，反射波の理論到達時刻と測定される到達時刻を比較することで，地下構造の推定を行う。

図9.16に波線追跡法によって得られたGPRシミュレーション波形とそのモ

デルを示す。しかし反射物体の大きさと計測波長が同程度の場合，電波は波動的性質による回折の効果が顕著である。また単純な波線追跡法では反射波の振幅が計算できない。したがって，波の初動到達時刻が推定できても，実際の波形がまったく異なる場合も発生してくる。GPR においても波線理論によるデータの解釈は簡易であるため，しばしば用いられる。特に埋設管のように反射物体形状が既知である場合，有効な手法である。

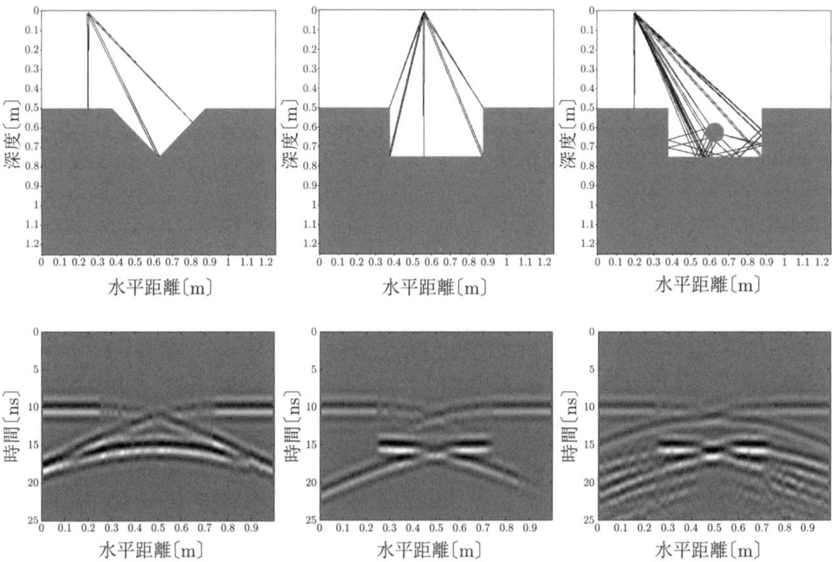

図 **9.16**　波線追跡法によるシミュレーション

9.6.2 FDTD

GPR では減衰を小さくするため測定波長と計測対象物の大きさが同程度であることが多く，物体からの反射，屈折挙動は複雑である。この場合にもスネルの法則で与えられる波線に沿って波動の初動は到達するが，波動エネルギーの主要部分はこれより遅れて到来する。こうした現象解析は波線理論では行えず，より精密な波動解析が必要となる。近年，パーソナルコンピュータの能力向上によって，FDTD 法（finite difference time domain，時間領域–差分法）

が GPR の波形解析に実用的に利用できるようになった[9)]。

FDTD 法は三次元的に配置したグリッドの上に電磁界ベクトル成分を直接配置するようにコンピュータのメモリに格納し，微分方程式であるマクスウェルの方程式を差分化することで，各時刻ごとの電磁界を逐次的にシミュレーションする方法である。FDTD 法では三次元的な媒質のパラメータの設定が容易であるため，複雑な形状についての電磁界解析を容易に行うことができる。加えて時間領域で過渡現象を計算するため，GPR 波形を直接シミュレーションすることが可能である。

図 9.17 にプロファイル測定と FDTD 法による反射波シミュレーションの結果を比較する。また図 9.18 に地下を伝搬する地中レーダ波の様子を FDTD 法で計算した結果を示す。実際の計測では得ることのできない，地中での電磁波伝搬の様子が視覚的に明らかにできる。電磁波の広がり方が複雑であり，地中レーダ受信波形が細かな波形の集合で形成される様子が予想できる。

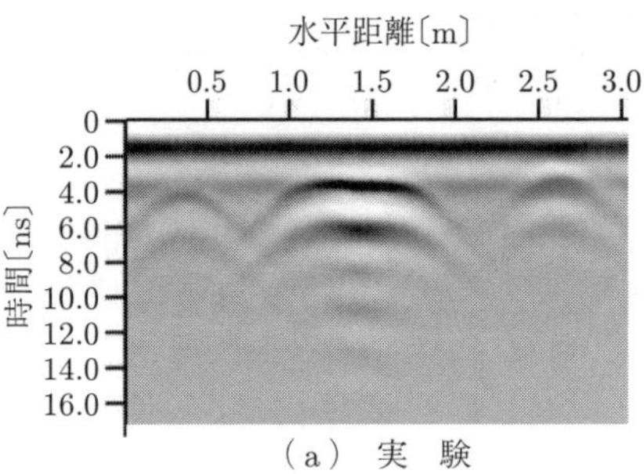

（a）実　験

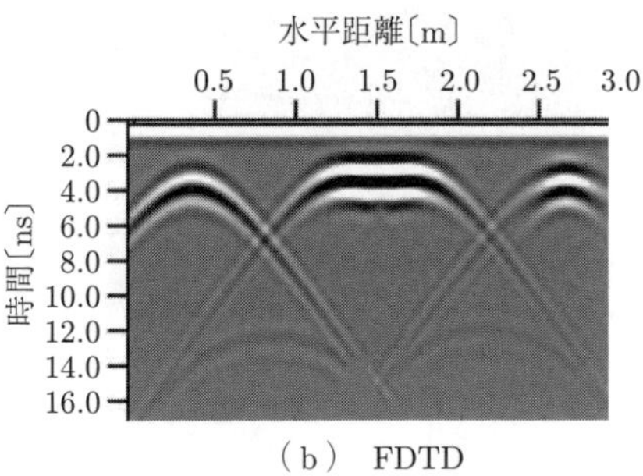

（b）FDTD

左から金属パイプ，金属板，発泡スチロールが埋設されている

図 9.17　FDTD シミュレーションと実計測波形の比較

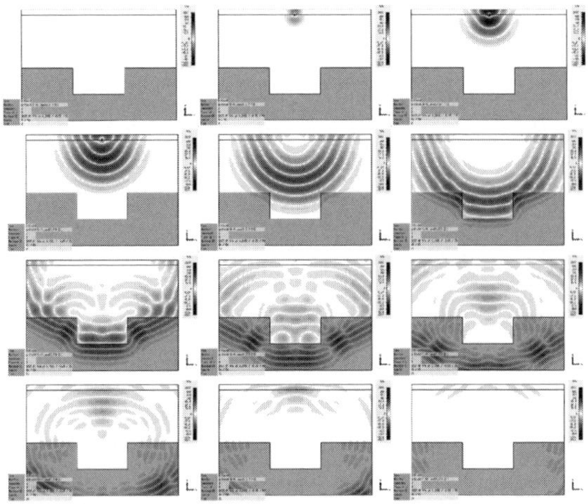

図 **9.18**　FDTD による地中レーダ波形の伝搬シミュレーション

9.7 応　　　用

わが国における GPR の最も普及している応用が地下埋設管検知と鉄筋コンクリート内部の鉄筋確認作業である。地下に新たなケーブルなどを埋設する目的で掘削を行う際，すでに埋設されているガス管，水道管，電力ケーブル，通信ケーブルなどを誤って損傷する危険を回避するため，GPR による現場での確認が有効である。埋設物の位置情報が与えられた場合でも，GPR を利用することで 10 cm 以内の精度で埋設物の位置を確認できる。また鉄筋コンクリートの建造物では外部壁面から内部の鉄筋の位置や本数を確認できるので，建造物の安全確認に広く利用されている。

一方，地中レーダの特性を活かした特殊な利用法も拡大している。東北大学では 2002 年以来地雷検知機である ALIS (advanced landmine imaging system) を開発してきた[3),4)]。図 9.19 に示す ALIS は電磁誘導を利用する金属探知機と GPR を組み合わせたセンサを操作員が手動で走査することで地雷検知作業を行う。ALIS はセンサ位置追跡システムを搭載しており，取得したデータに対

図 9.19　カンボジアで活躍する地雷検知用地中レーダ ALIS

してマイグレーションを行うことで図 9.20 に示すように地下埋設物を三次元可視化することができる。マイグレーション処理により地中のクラッタ除去が行われ，地雷の可視化画像の質が改善されている。ALIS は 2009 年からカンボジアの実地雷原で稼働しており 2015 年までに 80 個以上の対人地雷を検知・除去した。

2011 年に起きた東日本大震災以降，東北大学では GPR 技術を利用して減災，復興活動を行ってきた。津波被害を受けた住宅の高台移転に伴い，多数の遺跡調査が行われている。GPR は非開削の探査技術であり，遺跡の有無を迅速に判断することができる。また発掘に先立ち，GPR によって遺跡状況を把握することで，効率のよい調査が実現できる。こうした目的で東北大学は図 9.21 に示すアレイ型 GPR「やくも」を開発し，地方自治体の遺跡探査へ実践的な技術協力・技術指導することで震災復興を推進する活動を展開してきた[6)]。さらに津波被災者の捜索活動に「やくも」を利用している。「やくも」は 8 対の送受信ア

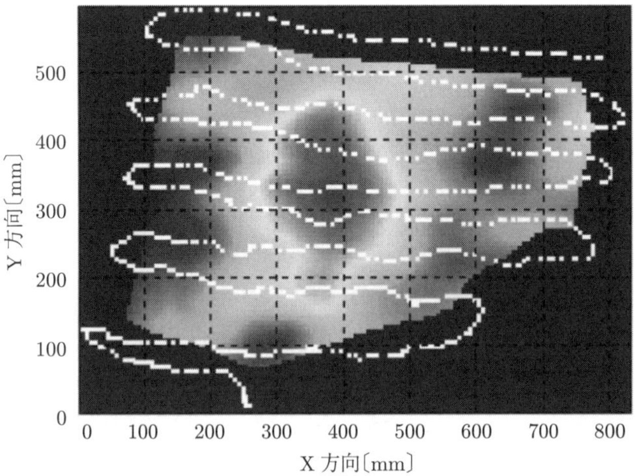

地雷の円い形状がはっきり現れている。ALIS はマイグレーション信号処理によって地雷の可視化を可能にした。

図 9.20　ALIS による GPR の画像化データとセンサの動いた軌跡

図 9.21　アレイ型 GPR「やくも」による津波被災者捜索

ンテナを備えており，幅 2 m の範囲を一度に可視化する能力を持つ。また一つの送信アンテナから放射された電波による反射波を八つのアンテナで受信することで，より高度な信号処理が行えるマルチ・スタティックレーダ装置である。

「やくも」は 2 m 幅で三次元的な地下構造を可視化できるため，従来の GPR 計測に比べて格段に高速に精度の高い計測が行える。図 9.22 に砂浜で「やくも」計測した B スキャンを示す。砂が堆積する層状の構造と，津波で漂着した物体が確認できる。

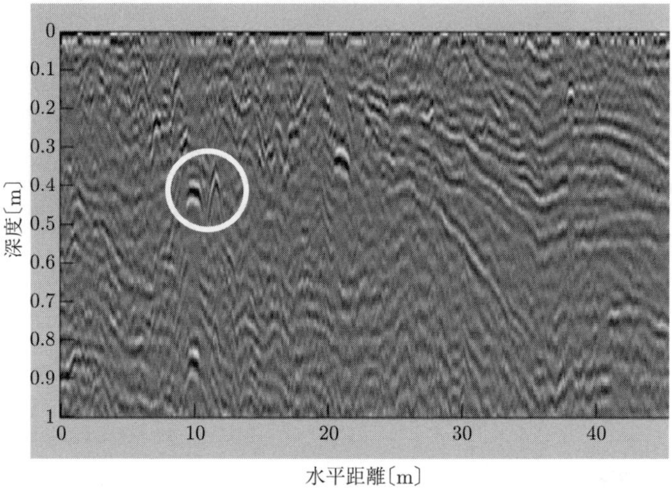

図 9.22　「やくも」で得られた砂浜の GPR 垂直断面図
（検知した住宅の梁材の位置を円で示す）

9.8　電磁波を用いた地下計測

本章では主として GPR による地下計測技術を説明したが，計測対象とする土壌が湿っているなどして電波に対する減衰が非常に大きい場合や，計測対象がレーダの能力を超えるような深い位置にある場合，レーダ以外の計測手法を利用することで，より精度の高い計測が実現できることもある。より低い周波数の電磁波を利用することで，電磁波の土壌に対する浸透能力は上がるが，同時に波動としての伝搬性質を失い，拡散する性質を強く持つ。この場合には電磁誘導の原理を利用して，コイルを用いて数 10 kHz 程度の電磁界で導電性の高い物質中に渦電流を発生させ，これを受信コイルで検知する電磁計測手法が利用できる。前節で紹介したALISで用いる金属探知機はこうした原理を利用している。また地表面に電極を埋設し，直流電流を利用して地下の導電率を直接計測して地下の構造を推定する電気探査法も土木分野では広く利用されている。

9.9　将来の地中レーダ

本章ではGPRに関して，電磁波計測技術の基礎事項を整理したうえで，GPRの有効な利用のための信号処理，シミュレーションについて述べた。GPRの応用は地雷探査など新たな分野への発展が期待される。これら基本原理の理解がGPRの応用を押し広げることは疑う余地がない。

引用・参考文献

口絵

1) F. Kobayashi, Y. Sugawara, M. Imai, M. Matsui, A. Yoshida and Y. Tamura: Tornado generation in a narrow cold frontal rainband —Fujisawa tornado on April 20, 2006—, SOLA, **3**, pp.21-24 (2007)
2) 小林文明，鈴木菊男，菅原広史，前田直樹，中藤誠二：ガストフロントの突風構造，日本風工学会論文集，**32**, pp.21-28 (2007)
3) F. Kobayashi, T. Takano and T. Takamura: Isolated cumulonimbus initiation observed by 95-GHz FM-CW radar, X-band radar, and photogrammetry in the Kanto region, Japan, SOLA, **7**, pp.125-128 (2011)

1章

1) E. Hecht（著）尾崎義治，朝倉利光（訳）：ヘクト光学１基礎と幾何光学，丸善 (2002)
2) 大内和夫：リモートセンシングのための合成開口レーダの基礎（第２版改訂版），東京電機大学出版局 (2009)
3) M. I. Skolnik：Introduction to Radar Systems (Third Edition), McGraw-Hill Companies Inc. (2001)
4) M. I. Skolnik (Ed.)：Radar Handbook (Third Edition), McGraw-Hill Companies Inc. (2008)
5) 吉田　孝（監修）：改訂 レーダ技術，電子情報通信学会 (1991)
6) 関根松夫：レーダ信号処理技術，電子情報通信学会 (1991)
7) 渡辺康夫：レーダの歴史，知識ベース　知識の森，11 群 2 編 5 章，電子情報通信学会 (2011) (ウェブサイト URL：http://ieice-hbkb.org/portal/doc_539.html)
8) 菅原博樹，橋本英樹，平木直哉，板垣隆博，川原　登，島田　尚，川口　優：レーダー装置の変遷，日本無線技報，**60**，pp.13-20 (2011)
9) 日本無線：百年の歩み (2016)
10) 辻　俊彦：レーダーの歴史—英独暗夜の死闘（第２版），共立出版 (2014)
11) R. C. Whiton, P. L. Smith, S. G. Bigler, K. E. Wilk, and A. C. Harbuck：History of operational use of weather radar by U.S. weather survives. Part I: The pre-NEXRAD era, Weather and Forecasting, **13**, pp.219-243 (1998)

12) H. P. Groll and J. Detlefsen：History of automobile anti collision radars and final experimental results of a mm-wave car radar developed by the Technical University of Munich, IEEE AES Syst. Mag., pp.15-19 (1997)
13) A. P. Annan：Ground Penetrating Radar Principles, Procedures, & Applications: Sensors & Software (2003)
14) 小菅義夫：レーダによる単一目標追尾法の現状と将来, 信学論 (B), **93**, 11, pp.1504-1511 (2010)
15) 小菅義夫：追尾技術，知識ベース　知識の森，11 群 2 編 5 章，電子情報通信学会 (2011) (ウェブサイト URL：http://ieice-hbkb.org/portal/doc_539.html)
16) Frederic Fabry：Radar Meteorology: Principles and Practice, Cambridge University Press (2015)
17) 稲葉敬之，桐本哲郎：車載用ミリ波レーダ，自動車技術，**64**，2, pp.74-79 (2010)
18) 佐藤源之，金田明大，高橋一徳（編著）：地中レーダーを応用した遺跡探査-GPR の原理と利用，東北大学出版会 (2016)

2 章

1) R. A. Serway（著），松村博之（訳）：科学者と技術者のための物理学 III 電磁気学，学術図書出版社 (1998)
2) 大内和夫：合成開口レーダの基礎—リモートセンシングのための（第 2 版），東京電機大学出版局 (2009)
3) M. Born and E. Wolf：Principles of Optics, Pergamon (1975)
4) L. A. Klein and C. T. Swift：An improved model for the dielectric constant of sea water at microwave frequencies, IEEE Trans. Antennas Propagat., **25**, 1, pp.104-111 (1977)
5) E. G. Nijoku and J. A. Kong：Theory for passive microwave remote sensing of near-surface soil moisture, J. Geophys. Res., **82**, pp.3108-3118 (1997)
6) F. Sagnard, F. Bentabet, and C. Vignat：*In situ* measurements of the complex permittivity of materials using reflection ellipsometry in the microwave band: Experiments (part III), IEEE Trans. Instrum. Meas., **54**, 3, pp.1274-1282 (2005)
7) M. I. Skolnik：Introduction to Radar Systems (Third Edition), McGraw-Hill Companies (2001)
8) M. I. Skolnik (Ed.)：Radar Handbook (Third Edition), McGraw-Hill Companies (2008)
9) P. A. Peebles：Radar Principle, Wiley (1998)
10) 中司浩生：レーダシステム検討のために，シュプリンガーフェアラーク東京 (2004)
11) 吉田　孝（監修）：改訂 レーダ技術，電子情報通信学会 (1991)

12) V. K. Saxena：Stealth and counter-stealth Some emerging thoughts and continuing debates, J. Defense Studies, **6**, 3, pp.19-28 (2012)
13) 防衛技術協会編：ハイテク兵器の物理学，日刊工業新聞社 (2006)
14) 橋本　修（監修）：電波吸収体の技術と応用 II，シーエムシー出版 (2008)
15) 畠山賢一，蔦岡孝則，三枝健二（監修）：最新 電波吸収体設計・応用技術，シーエムシー出版 (2008)

3 章

1) 川口　優，長田政嗣，原　泰彦，須藤正則，河島茂男：当社レーダ開発の歴史と技術動向：日本無線技報，**48**, pp.2-9 (2005)
2) 大内和夫：合成開口レーダによる船舶検出技術の研究，第 4 回レーダ関連分科会資料，防衛省研究本部電子装備研究所
3) M. I. Skolnik：Introduction to Radar Systems (Third Edition), McGraw-Hill Companies (2001)
4) 大内和夫：合成開口レーダの基礎—リモートセンシングのための（第 3 版）：東京電機大学出版局 (2009)
5) 関根松夫：レーダ信号処理技術，電子情報通信学会 (1991)
6) C. J. Oliver and S. Quegan：Understanding Synthetic Aperture Radar Images, Artech House (1998)
7) M. Sekine and Y. H. Mao：Weibull Radar Clutter, IEE Peter Peregrinus (1990)
8) E. Jakeman and P. N. Pusey：A model for non-Rayleigh sea echo, IEEE Trans. Antennas Propagat., **24**, 6, pp.806-814 (1976)
9) S. Kullback and R. A. Leibler：On information and sufficiency, Ann. Math. Stat., **22**, 1, pp.79-86 (1951)
10) 坂元慶行，石黒真木夫，北川源四郎：情報量統計学（情報科学講座 A・5・4），共立出版 (1989)
11) 柴田文明：確率・統計（理工系の基礎数学 7），岩波書店 (1996)
12) 赤池弘次，甘利俊一，北川源四郎，樺島祥介，下平英寿：赤池情報量基準 AIC—モデリング・予測・知識発見—，共立出版 (2007)
13) M. E. Smith and P. K. Varshney：Intelligent CFAR processor based on data variability, IEEE Trans. Aerosp. Electron. Syst., **36**, 3, pp.837-847 (2000)
14) 吉田　孝（監修）：改訂 レーダ技術，電子情報通信学会 (1991)
15) M. P. Wand and M. C. Jones：Kernel Smoothing, Chapman & Hall (1995)
16) K. El-Darymli, P. McGuire, D. Power, and C. Moloney：Target detection in synthetic aperture radar imagery: a state-of-the-art survey, J. Appl. Remote Sens., **7**, 1 (2013)

4章

1) 新井朝雄：ヒルベルト空間と量子力学，共立出版 (1997)
2) 高橋宣明：工学系学生のためのヒルベルト空間入門，東海大学出版会 (1999)
3) 中村　周：フーリエ解析（応用数学基礎講座 4），朝倉書店 (2003)
4) 伊藤　清：確率過程，岩波書店 (2007)
5) 松原　望：入門確率過程，東京図書 (2003)
6) L. Cohen：Time-frequency distributions A review, Proc. IEEE , **77**, 7, pp.941-981 (1989)
7) L. Cohen（著），吉川　昭，佐藤俊輔（訳）：時間-周波数解析，朝倉書店 (1998)
8) J. Capon：High-resolution frequency-wavenumber spectrum analysis, Proc. IEEE, **57**, 8, pp.1408-1418 (1969)
9) R. Schmidt：Multiple emitter location and signal parameter estimation, IEEE Transactions on Antennas and Propagation, **34**, 3, pp.276-280 (1986)
10) C. K. Sung, F. de Hoog, Z. Chen, P. Cheng and D. Popescn：Time of arrival estimation and interference mitigation based on Bayesian compressive sensing, Proc. IEEE on ICC2015 (2015)
11) 辻井重男，鎌田一雄：ディジタル信号処理，昭晃堂 (1990)
12) E. O. Brigham and R. E. Morrow：The fast Fourier transform, IEEE Spectrum, **4**, 12, pp.63-70 (1967)
13) A. V. Oppenheim and R. W. Shafer（著），伊達　玄（訳）：ディジタル信号処理（上，下），コロナ社 (1978)

5章

1) M. I. Skolnik：Radar Handbook, McGraw-Hill (1970)
2) S. S. Blackman：Multiple Target Tracking with Radar Applications, Artech House (1986)
3) Y. Bar-Shalom and T. E. Fortman：Tracking and Data Association, Academic Press (1988)
4) S. S. Blackman and R. Popoli：Design and Analysis of Modern Tracking Systems, Artech House (1999)
5) Y. Bar-Shalom, X. R. Li and T. Kirubarajan：Estimation with Applications to Tracking and Navigation, John Wiley & Sons (2001)
6) 小菅義夫：レーダによる単一目標追尾法の現状と将来, 信学論 (B), **93**, 11, pp.1504-1511 (2010)
7) C. B. Chang and J. A. Tabaczynski：Application of state estimation to target tracking, IEEE Trans. Autom. Control, **29**, 2, pp.98-108 (1984)
8) S. A. Hovanessian：Radar System Design and Analysis, Artech House (1984)

9) 小菅義夫，亀田洋志：α-β フィルタを使用したレーダ追尾における最適ゲイン，信学論 (A)，**82**, 3, pp.351-364 (1999)
10) 高橋進一，池原雅章：ディジタルフィルタ，培風館 (1999)
11) A. Gelb (Ed.)：Applied Optimal Estimation, The M.I.T. Press (1974)
12) A. H. Jazwinski：Stochastic Processes and Filtering Theory, Academic Press (1970)
13) 小菅義夫，亀田洋志：カルマンフィルタから導出した各種 α-β フィルタの比較，信学論 (B)，**84**, 9, pp.1690-1700 (2001)
14) 小菅義夫，辻道信吾，立花康夫：航跡型多重仮説相関方式を用いた多目標追尾，信学論 (B-II)，**79**, 10, pp.677-685 (1996)
15) 小菅義夫，辻道信吾：最適クラスタによる旋回多目標用の航跡型 MHT，計測自動制御学会論文誌，**36**, 5, pp.371-380 (2000)

6 章

1) 小平信彦，立平良三：予報防災業務への利用，気象研究ノート，**112**, pp.108-128 (1972)
2) E. E. Gossard and R. G. Strauch：Radar Observation of Clear Air and Clouds, Elsevier, pp.1-51 (1983)
3) 立平良三：レーダによる雨量測定と短時間予報，気象研究ノート，**139**, pp.79-108 (1980)
4) V. N. Bringi and V. Chandrasekar：Polarimetric Doppler Weather Radar, Cambridge Univ., pp.1-44 (2001)
5) D. S. Zrnic and A. V. Ryzhkov：Polarimetry for weather surveillance radars, Bull. Amer. Meteor. Soc., **80**, pp.389-406 (1999)
6) 深尾昌一郎：二重偏波ドップラーレーダーによる日本海沿岸冬季雷雲の研究，雷レーダー研究会報告書，pp.1-104 (1994)
7) 石原正二：ドップラー気象レーダーの原理と基礎，気象研究ノート，**200**, pp.1-38 (2001)
8) F. Kobayashi, Y. Sugimoto, T. Suzuki, T. Maesaka and Q. Moteki：Doppler radar observation of a tornado generated over the Japan Sea coast during a cold air outbreak, J. Meteor. Soc. Japan, **85**, pp.321-334 (2007)
9) Y. Sugawara and F. Kobayashi：Structure of a waterspout occurred over Tokyo Bay on May 31, 2007, SOLA, **4**, pp.1-4 (2008)
10) 小林文明，菅原祐也：2007 年 5 月 31 日東京湾で発生した竜巻とマイソサイクロンの関係，第 20 回風工学シンポジウム論文集，pp.151-156 (2008)
11) 小林文明，鈴木菊男，菅原広史，前田直樹，中藤誠二：ガストフロントの突風構造，日本風工学会論文集，**32**, pp.21-28 (2007)

12) 橋口浩之：風のリモートセンシング技術 (2) ウィンドプロファイラー，日本風工学会誌，**120**, pp.333-336 (2009)
13) 石井昌憲：風のリモートセンシング技術 (4) ドップラーライダー，日本風工学会誌，**120**, pp.341-344 (2009)
14) 伊藤芳樹：風のリモートセンシング技術 (5) ドップラーソーダ，日本風工学会誌，**120**, pp.345-348 (2009)
15) 小平信彦：気象レーダの基礎，気象研究ノート，**139**, pp.1-31 (1980)
16) F. Kobayashi, A. Katsura, Y. Saito, T. Takamura, T. Takano and D. Abe：Growing speed of cumulonimbus turrets, J. Atmos. Electr., **32**, pp.13-23 (2012)
17) K. Hirano and M. Maki：Method of VIL calculation for X-band polarimetric radar and potential of VIL for nowcasting of localized severe rainfall —Case study of the Zoshigaya Downpour, 5 August 2008—, SOLA, **6**, pp.89-92 (2010)
18) D.-S. Kim, M. Maki, S. Shimizu and D.-I. Lee：X-band dual-polarization radar observations of precipitation core development and structure in a multi-cellular storm over Zoshigaya, Japan, on August 5, 2008, J. Meteor. Soc. Japan, **90**, pp.701-719 (2012)
19) 石原正二，田畑　明：降水コアの降下によるダウンバーストの検出，天気，**43**, pp.215-226 (1996)

7 章

1) 大口勝之，生野雅義，岸田正幸：自動車用 79 GHz 帯超広帯域レーダ，富士通テン技報，**31**, 1 (2013)
2) 総務省，情報通信審議会，情報通信技術分科会，移動通信システム委員会（第 7 回）資料 7-2-2 (2012)
3) M. I. Skolnik: Radar Handbook (second edition), McGraw-Hill (1990)
4) 住吉浩次，谷本正幸，駒井又二：変形 M 系列を用いた同期式スペクトル拡散多重通信方式，信学論 (B)，**J67-B**, 3, pp.297-304 (1984)
5) 四分一浩二，江馬浩一，槇　敏夫：拡大するミリ波技術の応用，島田理科技報，21, pp.37-48 (2011)
6) M. Marc-Michael and R. Hermann: Combination of LFCM and FSK Modulation Principles for Automotive Radar Systems, German Radar Symposium, GSR2000, Berlin (2000)
7) 特開 2003-167048，発明の名称：2 周波 CW 方式のレーダ
8) 黒田浩司，近藤博司，笹田善幸，永作俊幸：ミリ波レーダの小型化と高性能化，日立評論，**89**, 8, pp.64-67 (2007)

9) 稲葉敬之：多周波ステップICWレーダによる多目標分離法，信学論(B)，**J89-B**, 3, pp.373-383 (2006)
10) 梶原昭博：自動車衝突警告用ステップドFMパルスレーダ，信学論(B-II)，**J81-B-II**, 3, pp.234-239 (1998)
11) 松波　勲，中畑洋一朗，尾野克志，梶原昭博：24 GHz帯UWBレーダによる路上クラッタ特性，信学論(B)，**J92-B**, 1, pp.363-366 (2009)
12) 室田一雄，土屋　隆（編），赤池弘次，甘利俊一，北川源四郎，樺島祥介，下平英寿（著）：赤池情報規準AIC，共立出版 (2007)
13) M. Sekine, T. Musha, Y. Tomita, T. Hagisawa, T. Irabu and E. Kikuchi: Log-Weibull distribution sea clutter, IEE Proc., **127**, 3, pp.225-228 (1980)
14) 佐山周次，関根松夫：ミリ波レーダにより計測される海面反射の振幅確率密度関数と一定誤警報確率，信学論(C)，**121-C**, 2, pp.454-460 (2001)
15) 松波　勲，梶原昭博：24 GHz帯車両RCS特性の実験的検討，信学論(B)，**J93-B**, 2, pp.394-398 (2010)
16) Y. Asano, S. Ohshima and K. Nishikawa: A Method for Accomplishing Accurate RCS Image in Compact Range, IEICE Trans. Commun., **E79-B**, 12, pp.1799-1805 (1996)
17) 関根松夫：レーダ信号処理技術，電子情報通信学会 (1991)
18) 松波　勲，梶原昭博：車載用超広帯域レーダにおける荷重パルス積分によるクラッタ抑圧，信学論(B)，**J94-B**, 4, pp.655-659 (2011)
19) 岡本悠希，松波　勲，梶原昭博：車載用広帯域レーダにおける複数車両検知・識別技術に関する実験的検討，信学論(B)，**J95-B**, 8, pp.976-979 (2012)
20) 松波　勲，梶原昭博，中村遼兵：UWB車載レーダによる複数移動目標追尾のための実験的検討，信学論(B)，**J96-B**, 12, pp.1662-1667 (2012)
21) 高野恭弥ほか：79 GHz帯レーダシステム用CMOS電力増幅器の温度補償，電子情報通信学会総合大会講演論文集，エレクトロニクス (1)，31 (2014)
22) 宮本和彦：79 GHz帯レーダシステムの高度化に関する研究開発，ITUジャーナル，**44**, 7 (2014)
23) 稲葉敬之，桐本哲郎：車載用ミリ波レーダ，自動車技術，**64**, 2, pp.74-79 (2010)
24) 稲葉敬之ほか：多周波ステップICWレーダにおける距離・角度の超分解推定法，信学論(B)，**J91-B**, 7, pp.756-767 (2008)
25) 渡辺優人，稲葉敬之：多周波NL-SWWにおける距離サイドローブ低減効果，電子情報通信学会総合大会講演論文集，通信 (1)，277 (2009)
26) 中村僚兵，梶原昭博：ステップドFM方式を用いた超広帯域マイクロ波センサ，信学論(B)，**J94-B**, 2, pp.274-282 (2011)
27) 稲葉敬之：FMICWレーダにおけるスタガPRIによる干渉対策，信学論(B)，

J88-B, 12, pp.2358-2371 (2005)
28) 稲葉敬之ほか：干渉波環境での車載用レーダ信号処理構成の検討，信学論 (B)，**J87-B**, 3, pp.446-456 (2004)
29) 稲葉敬之：前方監視レーダのための Element・Localized Doppler STAP 法，信学論 (B)，**J87-B**, 10, pp.1771-1778 (2004)
30) 大津　貢，中村僚兵，梶原昭博：ステップド FM による超広帯域電波センサの干渉検知・回避機能，信学論 (B)，**J96-B**, 12, pp.1398-1405 (2013)
31) 島伸　和ほか：運転支援システム用フュージョンセンサの開発，富士通テン技報，**19**, 1 (2001)

8 章

1) 大内和夫：合成開口レーダの基礎—リモートセンシングのための（第 2 版改訂版），東京電機大学出版局 (2009)
2) K. Ouchi：Recent trend and advances of synthetic aperture radar with selected topics, Remote Sens., **5**, 2, pp.716-807 (2013)
3) M. Shimada, T. Tadono and A. Rsenqvist：Advanced Land Observing Satellite (ALOS) and monitoring global environmental change, Proc. IEEE, **98**, 5, pp.780-799 (2010)
4) P. Rosen, S. Hensley, I. R. Joughin, F. K. Li, S. N. Madsen, E. Rodriguez and R. Goldstein：Synthetic aperture radar interferometry, Proc. IEEE, **88**, 3, pp.333-382 (2000)
5) G. Krieger, I. Hajnsek, K. P. Papathanassiou, M. Younis and A. Moreira：Interferometric synthetic aperture radar (SAR) missions employing formation flying, Proc. IEEE, **98**, 5, pp.816-843 (2010)
6) A. Ferretti, C. Prati and F. Rocca：Permanent scatterers in SAR interferometry, IEEE Trans. Geosci. Remote Sens., **39**, 1, pp.8-20 (2001)
7) R. Romeiser, H. Runge, S. Suchandt, R. Kahle, C. Rossi and P. S. Bell：Quality assessment of surface current fields from TerraSAR-X and TanDEM-X along-track interferometry and Doppler centroid analysis, IEEE Trans. Geosci. Remote Sens., **52**, 5, pp.2759-2772 (2014).
8) 山口芳雄：レーダポーラリメトリの基礎と応用—偏波を用いたレーダリモートセンシング，電子情報通信学会 (2007)
9) J.-S. Lee and E. Pottier：Polarimetric Radar Imaging—From Basics and Applications, CRS Press (Taylor & Francis Group) (2009)
10) M. S. Moran et al.：A RADARSAT-2 quad-polarized time series monitoring crop and soil conditions in Barrax, Spain, IEEE Trans. Geosci. Remote Sens., **50**, 4, pp.1057-1070 (2012)

11) I. Hajnsek, F. Kugler, S.-K. Lee and K. P. Papathanassiou：Tropical-forest-parameter estimation by means of Pol-InSAR: The INDREX-II campaign, IEEE Trans. Geosci. Remote Sens., **47**, 2, pp.481-493 (2009)

9 章

1) D. J. Daniels (Ed.)：Ground Penetrating Radar (2nd Edition), Institution of Electrical Engineers (2004)
2) C. S. Bristow and H. M. Jol (Ed.)：Ground Penetrating Radar in Sediments, Geological Society (2003)
3) 佐藤源之：地中レーダ（GPR）技術と人道的地雷検知への応用，RF ワールド，4, pp.54-63 (2008)
4) K. Furuta and J. Ishikawa (Ed.)：Anti-personnel Landmine Detection for Humanitarian Demining, pp.19-26, Springer (2009)
5) L. Conyers and D. Goodman：Ground-Penetrating Radar—An Introduction for Archaeology, Altamira Press (1997)
6) 佐藤源之，金田明大，高橋一徳：地中レーダーを応用した遺跡探査-GPR の原理と利用，東北大学出版会 (2016)
7) 物理探査学会（編）：物理探査ハンドブック II 手法編　第 7 章地中レーダ，物理探査学会 (2016)
8) G. C. Topp, J. Davis and P. Annan：Electromagnetic determination of soil water content: Measurements in coaxial transmission lines, Water Resources Research, **16**, 3, pp.574-582 (1980)
9) 宇野　亨，何　一偉，有馬卓司：数値電磁界解析のための FDTD 法，コロナ社 (2016)

索　　引

―― 編著者略歴 ――

大内　和夫（おおうち　かずお）

1976年　University of Southampton 物理学科卒業
1977年　Imperial Collage, University of London 大学院修士課程修了（物理学専攻）
1980年　Imperial Collage, University of London 大学院博士課程修了（物理学専攻）
1980年　Imperial Collage, University of London 助手
1981年　Doctor of Philosophy（理学博士）（University of London）
1982年　Queen Elizabeth Collage, University of London 研究員
1984年　King's Collage, University of London 主任研究員
1992年　Imperial Collage, University of London 特別研究員
1996年　広島工業大学教授
1999年　高知工科大学教授
2006年　防衛大学校教授
2013年　韓国海洋科学技術院 Brain Pool Program 研究員
2015年　株式会社IHI航空宇宙事業本部 主任調査役（非常勤）
2020年　東京大学生産技術研究所 シニア協力員
現在に至る

―― 著 者 略 歴 ――

平木　直哉（ひらき　なおや）

1987年　日本大学生産工学部電気工学科卒業
1989年　日本大学大学院生産工学研究科博士前期課程修了（電気工学専攻）
1989年　日本無線株式会社勤務
現在に至る

松田　庄司（まつだ　しょうじ）

1976年　京都大学工学部電気工学第2学科卒業
1978年　京都大学院工学研究科修士課程修了（電子工学専攻）
2006年　京都大学院情報学研究科博士後期課程修了（通信情報システム専攻）
博士（情報学）（京都大学）
1985年　三菱電機株式会社勤務
現在に至る

小林　文明（こばやし　ふみあき）

1984年　北海道大学理学部地球物理学科卒業
1986年　北海道大学大学院理学研究科博士前期課程修了（地球物理学専攻）
1991年　北海道大学大学院理学研究科博士後期課程修了（地球物理学専攻）
理学博士
1991年　防衛大学校助手
1995年　防衛大学校講師
1997年　防衛大学校助教授
2011年　防衛大学校教授
現在に至る

佐藤　源之（さとう　もとゆき）

1980年　東北大学工学部通信工学科卒業
1985年　東北大学大学院工学研究科博士課程修了（情報工学専攻）
工学博士
1985年　東北大学助手
1990年　東北大学助教授
1997年　東北大学教授
現在に至る

木寺　正平（きでら　しょうへい）

2003年　京都大学工学部電気電子工学科卒業
2005年　京都大学大学院情報学研究科修士課程修了（通信情報システム専攻）
2007年　京都大学大学院情報学研究科博士後期課程修了（通信情報システム専攻）
博士（情報学）（京都大学）
2009年　電気通信大学大学院助教
2014年　電気通信大学大学院准教授
2016年　University of Wisconsin Madison研究員
現在に至る

小菅　義夫（こすげ　よしお）

1972年　早稲田大学理工学部数学科卒業
1974年　早稲田大学大学院理工学研究科修士課程修了（数学専攻）
1974年～2004年　三菱電機株式会社勤務
1997年　博士（工学）（東北大学）
2004年　長崎大学教授
2014年　電子航法研究所勤務
電気通信大学勤務
現在に至る

松波　　勲（まつなみ　いさむ）

2005年　北九州市立大学国際環境工学部情報メディア工学科卒業
2007年　北九州市立大学大学院国際環境工学研究科博士前期課程修了（情報工学専攻）
2008年　日本学術振興会特別研究員DC2
2010年　北九州市立大学大学院国際環境工学研究科博士後期課程修了
博士（工学）
2010年　長崎大学助教
2010年　電子航法研究所客員研究員（兼任）
2013年　北九州市立大学准教授
2020年　株式会社インターリンク勤務
現在に至る

レーダの基礎　――探査レーダから合成開口レーダまで――
Principles of Radar　――From probing radar to SAR――

2017 年 3 月 3 日　初版第 1 刷発行　★
2021 年 6 月 15 日　初版第 3 刷発行

検印省略

編 著 者　大　内　和　夫
著　　者　平　木　直　哉
　　　　　木　寺　正　平
　　　　　松　田　庄　司
　　　　　小　菅　義　夫
　　　　　小　林　文　明
　　　　　松　波　　　勲
　　　　　佐　藤　源　之
発 行 者　株式会社　コ ロ ナ 社
　　　　　代 表 者　牛 来 真 也
印 刷 所　三 美 印 刷 株 式 会 社
製 本 所　有限会社　愛千製本所

112–0011　東京都文京区千石 4–46–10
発 行 所　株式会社　コ ロ ナ 社
CORONA PUBLISHING CO., LTD.
Tokyo Japan
振替 00140–8–14844・電話(03)3941–3131(代)
ホームページ　https://www.coronasha.co.jp

ISBN 978–4–339–00894–4　C3055　Printed in Japan　(森岡)

電気・電子系教科書シリーズ

(各巻A5判)

■編集委員長　高橋　寛
■幹　　　事　湯田幸八
■編 集 委 員　江間　敏・竹下鉄夫・多田泰芳
　　　　　　　中澤達夫・西山明彦

配本順		書名	著者		頁	本体
1.	(16回)	電気基礎	柴田尚志・皆藤新一	共著	252	3000円
2.	(14回)	電磁気学	多田泰芳・柴田尚志	共著	304	3600円
3.	(21回)	電気回路Ⅰ	柴田尚志	著	248	3000円
4.	(3回)	電気回路Ⅱ	遠藤勲・鈴木靖	共著	208	2600円
5.	(29回)	電気・電子計測工学(改訂版) ―新SI対応―	吉澤昌純 編著 降矢典雄・福田恵子・吉村拓巳・高﨑和之・西山明彦	共著	222	2800円
6.	(8回)	制御工学	下西二郎・奥平鎮正	共著	216	2600円
7.	(18回)	ディジタル制御	青木立・西堀俊幸	共著	202	2500円
8.	(25回)	ロボット工学	白水俊次	著	240	3000円
9.	(1回)	電子工学基礎	中澤達夫・藤原勝幸	共著	174	2200円
10.	(6回)	半導体工学	渡辺英夫	著	160	2000円
11.	(15回)	電気・電子材料	中澤・藤原・押田・服部・森山	共著	208	2500円
12.	(13回)	電子回路	須田健二・土田英一	共著	238	2800円
13.	(2回)	ディジタル回路	伊原充博・若海弘夫・吉澤昌純	共著	240	2800円
14.	(11回)	情報リテラシー入門	室賀進也・山下巌	共著	176	2200円
15.	(19回)	C++プログラミング入門	湯田幸八	著	256	2800円
16.	(22回)	マイクロコンピュータ制御プログラミング入門	柚賀正光・千代谷慶	共著	244	3000円
17.	(17回)	計算機システム(改訂版)	春日健・舘泉雄治	共著	240	2800円
18.	(10回)	アルゴリズムとデータ構造	湯田幸八・伊原充博	共著	252	3000円
19.	(7回)	電気機器工学	前田勉・新谷邦弘	共著	222	2700円
20.	(31回)	パワーエレクトロニクス(改訂版)	江間敏・高橋勲	共著	232	2600円
21.	(28回)	電力工学(改訂版)	江間敏・甲斐隆章	共著	296	3000円
22.	(30回)	情報理論(改訂版)	三木成彦・吉川英機	共著	214	2600円
23.	(26回)	通信工学	竹下鉄夫・吉川英機	共著	198	2500円
24.	(24回)	電波工学	松田豊稔・宮田克正・南部幸久	共著	238	2800円
25.	(23回)	情報通信システム(改訂版)	岡田正・桑原裕史	共著	206	2500円
26.	(20回)	高電圧工学	植月唯夫・松原孝史・箕田充志	共著	216	2800円

定価は本体価格+税です。
定価は変更されることがありますのでご了承下さい。

図書目録進呈◆